"十四五"职业教育国家规划教材

陕西省"十四五"首批职业教育规划教材
职业教育国家在线精品课程配套教材
高等职业教育 CAD/CAM/CAE 系列教材

UG NX 12.0 三维建模及自动编程项目教程

主　编　徐家忠　金　莹
副主编　曹旭妍　赵小刚
参　编　潘俊兵　李　林　解　辉　王广林
　　　　燕杰春　惠　明　郭震宇
主　审　高　葛

U0190923

机械工业出版社

本书是 2022 年职业教育国家在线精品课程"UG 软件应用"、思政示范课"UG 软件应用（CAM）"的配套教材。本书为校企合作教材，内容源于编者多年教学实践过程的总结，以及对近年来全国职业院校技能大赛赛项内容的分析提炼，能有效培养读者的 UG NX 软件使用能力、动手能力和创新意识。

　　本书采用项目化任务驱动模式编写，包括零件三维建模及工程图制作、产品装配及装配工程图制作、平面加工编程和曲面加工编程 4 个项目共 23 个任务。每个任务都选用经典案例，既具有生产一线的实用性，又与教学过程、相关技能大赛赛点相结合。

　　本书内容以启发、引导为主，并以二维码、在线课程（网址为 https://www.icourse163.org）、国家资源库课程（网址为 https://wzk.36ve.com）为补充，适合不同专业基础的读者使用。

　　本书可作为高等职业院校机械类专业 CAD/CAM 相关课程的教材，也可作为工程技术人员自学 UG NX 12.0 软件的参考书。

　　本书配有电子课件，凡使用本书作为教材的教师可登录机械工业出版社教育服务网 www.cmpedu.com 注册后下载。咨询电话：010-88379375。

图书在版编目（CIP）数据

UG NX 12.0 三维建模及自动编程项目教程/徐家忠，金莹主编. —北京：机械工业出版社，2023.9（2025.1 重印）
职业教育国家在线精品课程配套教材　高等职业教育 CAD/CAM/CAE 系列教材
ISBN 978-7-111-73789-6

Ⅰ.①U…　Ⅱ.①徐…　②金…　Ⅲ.①计算机辅助设计-应用软件-高等职业教育-教材　Ⅳ.①TP391.72

中国国家版本馆 CIP 数据核字（2023）第 167264 号

机械工业出版社（北京市百万庄大街 22 号　邮政编码 100037）
策划编辑：薛　礼　　　　责任编辑：薛　礼
责任校对：牟丽英　王　延　　封面设计：鞠　杨
责任印制：刘　媛
涿州市京南印刷厂印刷
2025 年 1 月第 1 版第 4 次印刷
184mm×260mm · 19.75 印张 · 488 千字
标准书号：ISBN 978-7-111-73789-6
定价：59.00 元

PREFACE 前言

党的二十大报告指出：建设现代化产业体系。坚持把发展经济的着力点放在实体经济上，推进新型工业化，加快建设制造强国、质量强国、航天强国、交通强国、网络强国、数字中国；实施产业基础再造工程和重大技术装备攻关工程，支持专精特新企业发展，推动制造业高端化、智能化、绿色化发展。这为我国机械行业的智能化、数字化发展指明了方向。

随着智能制造技术的飞速发展，数字化设计与制造的相关领域也显得越来越重要，特别是机械 CAD/CAM/CAE 软件的应用能力对提升我国工业生产向智能化发展起着至关重要的作用。

本书以 UG NX 12.0 软件为载体，遵循技术技能养成规律，采用校企合作模式编写。西安北方光电科技防务有限公司、东北工业集团吉林东光奥维汽车制动系统有限公司等企业一线人员参与了编写。本书主要特色如下：

1）坚持正确的价值导向，秉持培养耐心细致和勇于创新的新时期大国工匠精神为目标，坚持社会主义核心价值观的立德树人理念，在项目学习导航、技能目标、任务实施方案设计、任务实施步骤等内容中融入素质教育和创新能力培养的元素，将"科技强国"等内容融入教材。

2）对标机械产品三维模型设计"1+X"证书考核标准，针对机械产品三维建模、工程图制作、产品虚拟装配和数控铣床三轴自动编程等内容，通过若干任务的具体实施，学生可掌握 UG NX 三维建模及自动编程技术；对接"1+X"证书要求，实现书证融通、课证融通。

3）将任务的知识点与职业院校技能大赛、全国数控大赛等相关赛项的赛点相融合，做到课赛融通。

4）采用项目式编写体例，实施任务驱动。每个任务包括课前知识学习、课中任务实施和课后拓展训练。在实施方案和任务实施过程中，通过示范引导学生自行设计并完成每个任务，从而达到掌握知识和技能的目的。

本书配套资源全面、丰富，配有二维码教学视频、课程学习平台、助学 PPT 以及习题库等资源，可以方便地实现碎片化、个性化学习，线上线下混合式教学。其中，课程共享教学平台（https://www.icourse163.org/course/GFXY-1003096001?%20appId=null&outVendor=zw_mooc_pcsslx_）于 2022 年被评为国家在线精品课程。

本书由陕西国防工业职业技术学院徐家忠和咸阳职业技术学院金莹担任主编，陕西国防工业职业技术学院曹旭妍、赵小刚任副主编，陕西国防工业职业技术学院潘俊兵、李林、解辉、王广林，四川信息职业技术学院燕杰春，西安北方光电科技防务有限公司惠明以及东北工业集团吉林东光奥威汽车制动系统有限公司郭震宇参与了编写。其中，金莹编写任务 1.1、1.2，曹旭妍编写任务 1.3、1.4、1.5、1.6，赵小刚编写任务 1.7、1.8、1.9，潘俊兵编写任务 2.1、2.2、2.3，燕杰春编写任务 2.4、2.5，李林编写任务 3.1、3.2，王广林编写任务 3.3、3.4，徐家忠编写任务 4.1、4.2、4.5，解辉编写任务 4.3、4.4，惠明、郭震宇参与全书技术审核及 PPT 制作。

本书由陕西国防工业职业技术学院高葛教授审阅，辽宁交通高等专科学校高显宏教授也对本书提出了很多宝贵意见，在此一并表示衷心的感谢！

由于编者水平有限，书中难免存在错误和不足之处，敬请读者批评指正。

编 者

目录 CONTENTS

项目1 零件三维建模及工程图制作

PROJECT 1

学习导航

【教学目标】

- 熟悉零件三维建模的相关国家标准。
- 能准确按照图样要求、综合专业知识进行零件的三维建模及工程图样创建。
- 能根据需要合理选择基本体素特征工具进行轴、盘、套类零件三维建模。
- 能根据需要合理使用孔、圆角、斜角、抽壳、拔模、槽、腔、凸台等工程特征工具。
- 能合理选择草图、拉伸、旋转、扫掠、通过曲线组等建模工具进行建模。
- 能正确使用同步建模工具、编辑特征工具、建模辅助工具。
- 能依据国家制图标准正确选择工程图图纸、图框和零件的工程图表达形式。
- 能依据国家制图标准和零件图样表达需要，合理标注尺寸、几何公差、表面粗糙度、技术要求等。

【知识重点】

- 草图、拉伸特征、旋转特征、扫掠、通过曲线组、圆柱、长方体等。
- 孔、圆角、特征阵列、特征编辑工具、同步建模工具。
- 图层、矢量、选择过滤器、显示工具等建模辅助工具。
- 图纸、图框、基本视图、常用剖视图。
- 尺寸标注、几何公差、中心线、符号、注释等。

【知识难点】

- 草图、扫掠、工程特征定位对话框。

【教学方法】

- 线上线下结合、任务驱动，自主学习探索，实施全过程考核。

【建议学时】

- 32~48 学时。

【项目描述】

通过完成阶梯轴、端盖、拨叉、连杆、摇臂、泵缸、笔筒、虎钳等零件的三维建模及工程图制作任务，学习和掌握零件三维建模和工程图制作的基本思路、技巧和常用工具，熟悉建模与工程图制作的国家标准，培养模型分析能力、数字化建模软件和专业知识的综合应用能力，勇于实践和创新的精神。

【知识图谱】

项目1知识图谱如图1-1所示。

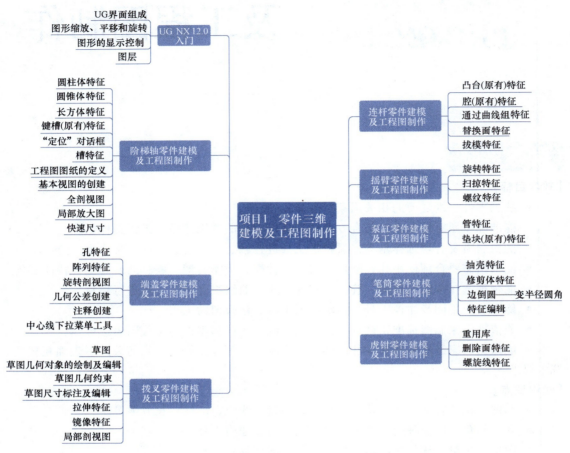

图 1-1　项目 1 知识图谱

任务 1.1　UG NX 12.0 入门

【知识点】
- UG 界面。
- 图形缩放、平移和旋转工具。
- 图形的显示控制工具。
- 图层工具。

【技能目标】
- 能根据需要定制和使用 UG 界面。
- 能根据需要改变视角方向、模型显示方式。
- 能显示、隐藏对象，改变部件显示颜色及更改图层操作。

【任务描述】

通过完成本任务，掌握 UG 软件的特点、启动、界面的组成和使用，能在软件界面中进行基本操作，如：能正确使用鼠标、更换角色、更改对象的显示状态，能熟练进行文件操作，能进行工具按钮的显示和隐藏操作。了解数字化设计与制造的概念、发展和未来，及其对提升我国各方面在国际上的竞争能力、增强智能生产核心技术的关键作用、建立学好课程的决心和信心。

1.1.1 课前知识学习

1. UG 界面组成

UG NX12.0 界面由快速访问工具条、主标题栏、功能选项卡、工具栏、上边框条、子标题栏、资源工具面板、状态信息提示区、绘图区组成，如图 1-2 所示。各组成部分的作用见表 1-1。

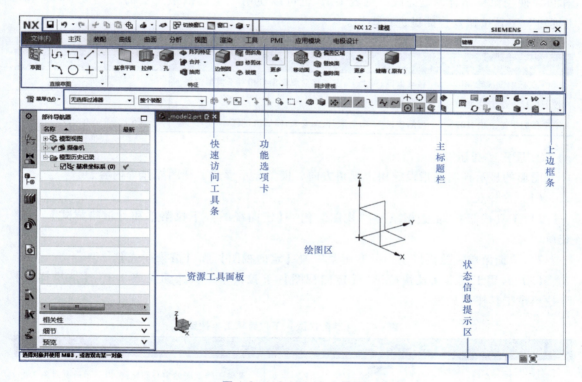

图 1-2　UG NX 12.0 界面

表 1-1　UG NX 12.0 界面各组成部分的作用

各组成部分名称	作　　用
快速访问工具条	为用户提供选择最近使用的命令、剪贴板操作、文件操作等命令的便捷通道
主标题栏	用于显示软件版本、工作模块、当前文件名称及状态等信息和窗口操作按钮
功能选项卡	用于切换不同作用的工具栏
工具栏	显示当前激活功能选项卡下的工具栏和工具按钮

（续）

各组成部分名称	作　用
上边框条	包含菜单组、选择组、视图组、实用工具组等工具
子标题栏	显示当前软件打开的文件，可以快速在各文件间切换
资源工具面板	包括装配导航器、部件导航器、主页浏览器、历史记录、系统材料等导航工具，对于每一种导航器，都可以直接在相应的条目上右键单击，快速地进行各种操作
状态消息提示区	执行有关操作时，与该操作有关的系统提示信息会显示在消息区。消息区左侧是提示栏，右侧是状态栏，对于大多数的命令，用户可以利用提示栏的提示来完成操作
绘图区	用于显示工作模型，并能够对图形进行建模和编辑、显示控制等操作

2. 图形缩放、平移和旋转

在 UG NX 中为了方便观察模型，经常需要对模型进行缩放、平移和旋转操作。这些操作可以使用鼠标结合键盘完成，见表1-2，也可以使用"上边框条"上的"缩放""平移""旋转"工具按钮及快捷键进行操作。

表 1-2　鼠标操作

鼠标操作	用　途	快捷键	工具按钮
Shift+鼠标中键滚轮 MB2	移动鼠标，可上下、左右移动观察窗口相对于模型位置		
按下鼠标中键滚轮 MB2	移动鼠标，可旋转模型	F7	
滚动鼠标中键滚轮 MB2	可缩放模型：向前滚，模型变大；向后滚，模型缩小	F6	

3. 图形的显示控制

图形的显示控制是指设定用户视角方向、模型显示模式、视图操作等内容。

（1）命令位置

1）工具按钮："上边框条"→"视图"组→【定向视图】下拉菜单和【渲染样式】下拉菜单。

2）快捷菜单：绘图区空白处右键菜单项【定向视图】和【渲染样式】。

（2）常用工具含义及快捷键　【定向视图】下拉菜单工具按钮见表1-3，【渲染样式】下拉菜单工具按钮见表1-4。

表 1-3　【定向视图】下拉菜单工具按钮

命令	图标	快捷键	作　用
适合窗口		F	调整工作视图的中心和比例，以显示所有对象
正三轴测图		Home	定向工作视图，以与正三轴测图对齐
俯视图		Ctrl+Alt+T	定向工作视图，以与俯视图对齐
正等轴测图		End	定向工作视图，以与正等轴测图对齐
左视图		Ctrl+Alt+L	定向工作视图，以与左视图对齐

（续）

命令	图标	快捷键	作　用
前视图		Ctrl+Alt+F	定向工作视图，以与前视图对齐
右视图		Ctrl+Alt+R	定向工作视图，以与右视图对齐
后视图			定向工作视图，以与后视图对齐
仰视图			定向工作视图，以与仰视图对齐

表1-4　【渲染样式】下拉菜单工具按钮

命令	图标	作　用
带边着色		用光顺着色和打光渲染（工作视图中）面并显示面的边
着色		用光顺着色和打光渲染（工作视图中）面，不显示面的边
带有淡化边的线框		按边几何元素渲染（工作视图中的）面，使隐藏边淡化，并在旋转视图时动态更新面
带有隐藏边的线框		按边几何元素渲染（工作视图中的）面，使隐藏边不可见，并在旋转视图时动态更新面
静态线框		按边几何元素渲染（工作视图中的）面
艺术外观		根据指派的基本材料、纹理和光逼真地渲染面
面分析		用曲面分析数据渲染（工作视图中）面分析面，并按边几何元素渲染其余的面

4. 图层

图层是 UG NX 进行图形管理的有效工具，用户可以根据不同需要将图层设置为工作图层、仅可见图层、可选择图层、不可见图层等状态，也可以在图层之间移动对象，复制对象。

（1）命令位置

1）工具按钮："上边框条"→"视图"组→【图层】下拉菜单。

2）菜单：【菜单】→【格式】。

（2）常用工具含义及快捷键　图层常用的命令有图层设置、移动至图层和复制至图层等。

1）图层设置。"图层设置"操作可以改变图层的状态，使用快捷键 Ctrl+L、工具按钮 或菜单项【图层设置】等方式激活。命令激活后系统弹出"图层设置"对话框，如图1-3所示。

2）移动至图层。"移动至图层"操作把选择的对象移动到指定的图层。使用菜单项【格式】→【移动至图层】或者单击工具按钮 **移动至图层** 激活命令，命令激活后系统弹出"类选择"对话框，在绘图区中选择目标对象后单击"类选择"对话框中的"确定"按钮，系统弹出"图层移动"对话框，如图1-4所示。在对话框中"目标图层或类别"下的编辑条中输入图层号或者在"图层"列表中选择相应的图层编号，然后单击"确定"按钮完成操作。

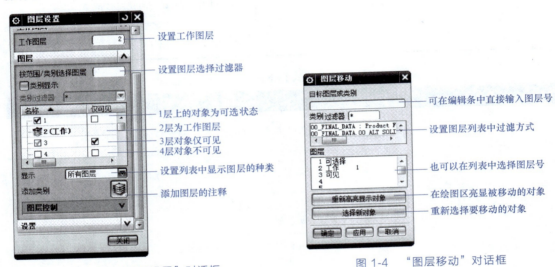

图1-3　"图层设置"对话框　　　　　图1-4　"图层移动"对话框

3）复制至图层。"复制至图层"操作用于把对象从一个图层复制到另一个图层，且源对象依然保留在原来的图层上，操作步骤与"移动至图层"类似，不再赘述。

1.1.2　课中任务实施

1. 课前预习效果检查

（1）单选题

1）（　　）可以绕点旋转模型。

A. 单击中键　　　　B. 按住中键不放　　　C. 单击左键　　　D. 左、右键同时按下

2）在NX的用户界面里，（　　）区域提示你下一步该做什么。

A. 信息窗口　　　　B. 提示栏　　　　　　C. 状态栏　　　　D. 部件导航器

3）UG NX是（　　）Siemens PLM Software公司出品的CAD/CAM/CAE软件。

A. 德国　　　　　　B. 美国　　　　　　　C. 法国　　　　　D. 中国

4）UG NX用户界面为了便于用户观察模型，可以使用（　　）对模型实时缩放。

A. 鼠标左键　　　　B. 鼠标右键　　　　　C. 鼠标滚轮键　　　D. Ctrl+鼠标左键

5）按住（　　）移动鼠标可以对模型进行平移操作。

A. 鼠标左键　　　　　　　　　　　　　　　B. 鼠标右键

C. 鼠标中键+鼠标右键　　　　　　　　　　D. Ctrl+鼠标中键

（2）填空题

1）调用"图层设置"对话框的快捷键是_____。

2）F6 是_____命令的快捷键，F7 是_____命令的快捷键。

3）新建文件的快捷键是_____。

4）图层的状态有仅可见、不可见、可编辑、_____。

5）可以使用快捷键_____将图形显示的大小变为适合窗口。

（3）判断题

1）快捷键 F8 可以将当前视图定向到法向最接近屏幕法向的平面。（   ）

2）UG NX 中可以通过选择角色改变用户界面。（   ）

3）UG NX 用户环境是不可以定制的。（   ）

4）鼠标中键（MB2）的用途只是确认选择的对象。（   ）

2. 任务实施方案设计

（1）实施方案——参考　请选择任意一种方式启动和关闭软件，对照软件界面学习 UG NX 12.0 界面的组成和基本定制。进行文件的新建、保存和打开操作，并学习模型显示、图层等操作。

（2）实施方案——学生　填写表 1-5。

表 1-5　实施方案——学生

序号	任务项	任务项预设实施方法
1	软件启动和关闭	
2	界面组成	
3	界面定制	
4	鼠标使用	
5	模型显示	
6	图层	
7	文件操作	
8	对象属性修改	

3. 任务实施步骤

（1）任务实施步骤——参考

1）启动 UG NX 12.0。方法：

① 双击桌面上的 UG NX 12.0 软件的快捷方式图标，启动软件。

② 单击【开始】→【程序】→【Siemens NX 12.0】→【NX 12.0】，启动软件。

2）退出 UG NX 12.0。方法：

① 使用功能选项卡【文件】→【退出】命令退出 UG。

② 使用标题栏右角的 ✖ 按钮退出 UG 软件。

③ 使用菜单项【文件】→【关闭】→【全部保存并退出】退出 UG 软件。

3）新建、保存和关闭文件。要求采用以下方法新建文件：

方法一：

① 新建文件使用功能选项卡【文件】→【新建】新建文件 sample1-1-01.prt，单位选择

"毫米"，模板选择"模型"，文件夹选择"F:"。

② 保存文件使用快捷键 Ctrl+S。

③ 关闭文件使用功能选项卡【文件】→【关闭】→【保存并关闭】。

方法二：

① 新建文件使用"快速访问"工具条中"新建文件"工具按钮📄新建文件 sample1-1-02.prt，单位选择"毫米"，模板选择"装配"，文件夹选择"F:"。

② 保存文件使用功能选项卡【文件】→【保存文件】。

③ 关闭文件使用【菜单】→【文件】→【关闭】→【保存并关闭】。

方法三：

① 新建文件使用快捷键 Ctrl+N 新建文件 sample1-1-03.prt，单位选择"毫米"，模板选择"产品外观设计"，文件夹选择"F:"。

② 保存文件使用"快速访问"工具条中"保存"工具按钮💾。

③ 关闭方式自选。

4）打开文件。方法：

① 使用功能选项卡【文件】→【打开】，打开 F 盘下文件 sample1-1-01.prt。

② 使用"快速访问"工具栏下"打开文件"工具按钮📂打开 F 盘下文件 sample1-1-02.prt。

③ 使用快捷键 Ctrl+O 打开 F 盘下文件 sample1-1-03.prt。

5）显示和隐藏"拉伸"工具按钮下文字。方法：

① 使用快捷键 Ctrl+1 调出"定制"对话框。

② 在"拉伸"工具按钮上单击鼠标右键，在右键菜单中选择【仅显示图标】选项，"拉伸"工具按钮下的文字消失。

③ 在"拉伸"工具按钮上单击鼠标右键，选择右键菜单【图标和文本】项，显示工具按钮下文字。

④ 单击"定制"对话框下"关闭"按钮，退出定制对话框。

6）添加和删除"特征重播组"工具栏。方法：

① 在【主页】选项卡下，单击工具栏选项卡最右侧的"功能区选项"按钮▼，系统弹出【主页】下拉菜单。

② 在菜单中【特征重播组】选项上单击，会在该菜单项前添加对号，此时"特征重播组"工具栏就会显示出来。

③ 去掉【特征重播组】菜单项前的对号，工具栏就会消失。

7）添加删除"槽"工具按钮🔩。方法：

① 单击【主页】选项卡"特征"工具栏后的"工具栏选项"按钮▼，在弹出的下拉菜单中选【设计特征】下拉菜单【槽】，为"特征"工具栏添加"槽"工具按钮🔩。

② 单击【主页】选项卡"特征"工具栏后的"工具栏选项"按钮▼，在弹出的下拉菜单中，取消【设计特征】下拉菜单【槽】前的对号，隐藏"特征"工具栏中的"槽"工具按钮🔩。

8）模型渲染样式更改。方法：

① 选择"特征"工具栏中"圆柱体"工具按钮 ▮，系统弹出"圆柱"对话框。

② 确认对话框中参数：直径 50mm，高度 100mm，其余参数使用默认值，单击"确定"完成圆柱体创建，如图 1-5a 所示。

③ 使用鼠标在绘图区空白处长按右键，弹出九宫格快捷按钮如图 1-5b 所示，将模型显示形式改为带有淡化边的线框，如图 1-5c 所示。

④ 使用"上边框条"→【渲染样式】下拉菜单→"着色"工具按钮 ▮，将模型显示形式改变为着色，如图 1-5d 所示。

⑤ 使用右键快捷菜单项【渲染样式】→【带有隐藏边的线框】将模型显示形式改为带有隐藏边的线框模式，如图 1-5e 所示。

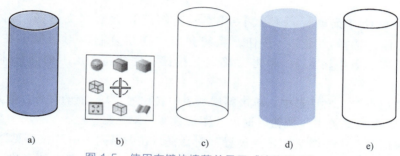

a)   b)   c)   d)   e)

图 1-5　使用右键快捷菜单显示"渲染样式"

a）带边着色　b）空白处长按右键弹出快捷菜单　c）带有淡化边的线框　d）着色　e）带有隐藏边的线框

9）视角定向操作。方法：

① 使用"上边框条"→【定向视图】下拉菜单→"左视图"工具按钮 ▮，将视图显示改为左视图，如图 1-6a 所示。

② 使用右键菜单项【定向视图】→【正三轴测图】（或者快捷键 Home），将视图改为正三轴测图，如图 1-6b 所示。

观看步骤 1）至 9）操作视频，请扫二维码 E1-1。

10）视图操作。方法：

① 分别使用鼠标中键、"视图"工具栏→【视图操作】下拉菜单下 ◌ 旋转 选项、快捷键 F7 和鼠标配合、右键快捷菜单项【旋转】等方式对图形进行旋转。

② 分别使用鼠标中键、"视图"工具栏→【视图操作】下拉菜单下 ◌ 放大/缩小 选项等方式对图形进行实时缩放。

③ 分别使用鼠标 Shift+中键、"视图"工具栏→【视图操作】下拉菜单下 ▭ 平移 选项、

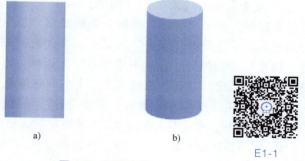

a)   b)

图 1-6　视图定向

a）左视图　b）正三轴测图

E1-1

右键快捷菜单项【平移】等方式对图形进行平移。

11）隐藏和显示对象。方法：

① 分别使用右键菜单项【隐藏】、选中对象后屏幕上弹出的快捷工具按钮 、快捷键 Ctrl+B、"实用工具"工具栏中"显示/隐藏下拉菜单"隐藏选项、部件导航器对圆柱体等方式进行隐藏操作。

② 分别使用部件导航器、"实用工具"工具栏中【显示/隐藏】下拉菜单的"显示"选项、菜单项【编辑】→【显示与隐藏】→【显示】、快捷键 Ctrl+Shift+K 等方式将圆柱体显示出来。

12）图层设置。方法：

① 使用 Ctrl+L 激活"图层设置"对话框，在图层列表中双击图层 2，将 2 层改为工作层。

② 使用菜单项【菜单】→【格式】→【复制至图层】激活"类选择"对话框，在绘图区选择圆柱体，选择"确定"按钮，系统弹出"图层复制"对话框，在"目标图层或类别"项下编辑条中输入 3，单击"确定"按钮，完成将 1 层上的圆柱体复制到 3 层的操作。

③ 在"图层设置"对话框中，单击图层列表中名称列"1"前的对号，使其消失，将 1 层设为不可见。单击"关闭"按钮，退出"图层设置"对话框。

④ 使用快捷键 Ctrl+L 激活"图层设置"对话框，在图层列表中"仅可见"列下第 3 行中的方框，使其显示对号，将图层"3"设置为"仅可见"状态。单击"名称"列下第 3 行中的方框，使 3 前边的对号变为红色，此时 3 层的对象变为可编辑状态。

⑤ 使用"上边框条"→【图层】下拉菜单→"移动至图层"工具按钮 激活"类选择"对话框，在绘图区选择圆柱体，选择"确定"按钮，系统弹出"图层移动"对话框，在"目标图层或类别"项下编辑条中输入 2，单击"确定"按钮，完成将 3 层上的圆柱体移动到 2 层的操作。

13）改变对象的显示颜色。方法：

① 使用菜单项【菜单】→【编辑】→【对象显示】激活"类选择"对话框，在绘图区中选择圆柱体，单击"确定"按钮，系统弹出"编辑对象显示"对话框，单击"颜色"项后的颜色条，系统弹出"颜色"对话框，在颜色列表中选择第一行第 10 个颜色"蓝色"，单击"确定"按钮返回"编辑对象显示"对话框，将"半透明"下的滑块向右拖动到 60 的位置，单击"确定"按钮，完成将 2 层上的圆柱体改为蓝色，透明度为 60%的操作。

② 使用快捷键 Ctrl+L 激活"图层设置"对话框，双击图层 1 将工作图层设为 1 层。

③ 单击图层列表中名称列"2"前的对号，使其消失，从而关闭 2 层。

④ 使用快捷键 Ctrl+J 将 1 层上的圆柱体改为绿色（参考前述方法）。

14）保存文件及退出环境。

观看步骤 10）至 14）操作视频，请扫二维码 E1-2。

（2）任务实施步骤——学生

依据前期自己设计的任务实施方案，参考上述实施步骤，探索适合自己的任务方案，并将结果制作成表，按照老师的要求提交到指定位置。

E1-2

1.1.3 课后拓展训练

1）查找收集资料，掌握 UG 资源条中部件导航器的用法、对象的显示、隐藏的作用、操作方法、角色的调用和定制方法。

2）在 NX12.0 中如何定制工作界面的一些元素？请以定制某工具栏为例（包括调用工具栏、设置工具栏图标大小、为工具栏添加按钮）进行说明。

3）在 NX12.0 中，文件管理基本操作主要包括哪些？

4）在一个打开的模型文件中，如何进行应用模块的切换操作？

任务 1.2 阶梯轴零件建模及工程图制作

【知识点】
- 圆柱、圆锥、长方体等体素工具。
- 键槽、环形槽、倒斜角、倒圆角及基准面工具。
- 工程图环境的进入工具，图纸、模板、常用视图工具。
- 全剖及局部放大图工具。
- 工程图尺寸标注工具。

【技能目标】
- 熟练使用体素工具进行阶梯轴零件建模。
- 能合理创建轴类零件工程图。
- 掌握基本视图、投影视图、全剖视图、局部放大图的创建方法。
- 能进行工程图尺寸标注。

【任务描述】

通过对阶梯轴零件建模及工程图制作的任务实施，使读者熟练掌握圆柱、键槽、环形槽、倒斜角、倒圆角等基本特征的使用方法，以及工程图中局部放大视图和尺寸标注等工具的用法，掌握三维建模的基本技巧，培养读者建立分析模型结构的思路，学习三维建模的方法步骤，体会模型分析过程与建模的内在关联。

1.2.1 课前知识学习

1. 圆柱体特征

使用圆柱体工具可以根据需要由已知的基准点、轴线方向和圆柱形状尺寸快速创建圆柱体，是进行轴、盘、套类零件建模的简易方法之一。

（1）命令位置

菜单项：【菜单】→【插入】→【设计特征】→【圆柱体】。

工具按钮："特征"工具栏→【设计特征】下拉菜单→"圆柱体"工具按钮█。

温馨提示："圆柱体"工具按钮默认状态下处于隐藏状态，使用前需要先显示出来。激活圆柱体命令后，系统弹出"圆柱"对话框，如图 1-7 所示。

（2）圆柱体创建过程　扫描二维码 E1-3 观看以"轴、直径和高度"方式创建 φ17mm×22mm 圆柱体的操作步骤视频。创建结果如图 1-8 所示。

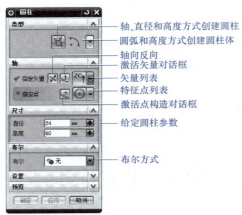

- 轴、直径和高度方式创建圆柱
- 圆弧和高度方式创建圆柱体
- 轴向反向
- 激活矢量对话框
- 矢量列表
- 特征点列表
- 激活点构造对话框
- 给定圆柱参数

- 布尔方式

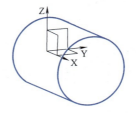

E1-3

图 1-7　"圆柱"对话框　　　　图 1-8　圆柱体 φ17mm×22mm

2. 圆锥体特征

UG NX 圆锥体命令提供了"直径和高度""直径和半角""底部直径，高度和半角""顶部直径，高度和半角"和"两个共轴的圆弧"5 种创建圆锥体或圆锥台的方式。

（1）命令位置

菜单项：【菜单】→【插入】→【设计特征】→【圆锥体】。

工具按钮："特征"工具栏→【设计特征】下拉菜单→"圆锥体"工具按钮 🔺。

温馨提示："圆锥体"工具按钮默认是隐藏的，需要用户手动调出。

激活圆锥体命令后，系统弹出"圆锥"对话框，如图 1-9 所示。

（2）圆锥体创建过程　扫描二维码 E1-4 观看以"直径和高度"方式创建底部 φ50mm、顶部 φ20mm、高 30mm 圆锥台的操作步骤视频。创建结果如图 1-10 所示。

- 直径和高度方式创建圆锥体
- 直径和半角方式创建圆锥体
- 两个共轴圆弧创建圆锥体
- 顶部直径、高度和半角方式创建圆锥体
- 底部直径、高度和半角方式创建圆锥体
- 确定圆锥体轴线，和圆柱相同
- 确定基准点位置，和圆柱体相同
- 输入圆锥体尺寸
- 布尔方式

E1-4

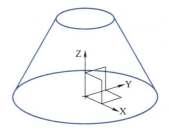

图 1-9　"圆锥"对话框　　　图 1-10　底部 φ50mm、顶部 φ20mm、
　　　　　　　　　　　　　　　　　　高 30mm 圆锥台

3. 长方体特征

UG NX 长方体命令提供了"长、宽、高""两点和高度""对角点" 3 种创建长方体的方式。

（1）命令位置

菜单项：【菜单】→【插入】→【设计特征】→【长方体】。

工具按钮："特征"工具栏→【设计特征】下拉菜单→"长方体"工具按钮 。

温馨提示："长方体"工具按钮默认是隐藏的，需要用户手动调出。

激活长方体命令后，系统弹出"长方体"对话框，如图 1-11 所示。

（2）长方体创建过程 扫描二维码观 E1-5 观看尺寸为 275mm×100mm×10mm，基准点为 -75，-50，-10 的长方体创建步骤视频。创建结果如图 1-12 所示。

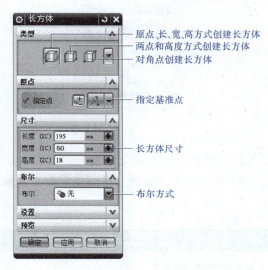

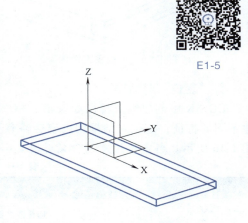

E1-5

图 1-11 "长方体"对话框

图 1-12 长方体创建结果

4. 键槽（原有）特征

键槽特征可以创建矩形槽、球形端槽、U 形槽、T 形槽和燕尾槽等多种形式的长槽，如图 1-13 所示。

（1）命令位置

菜单项：【菜单】→【插入】→【设计特征】→【键槽（原有）】（系统默认为隐藏状态）。

工具按钮："主页"选项卡→"键槽（原有）"工具按钮。

温馨提示：在 UG NX12.0 中"键槽（原有）"工具是隐藏的，需要通过命令查找器调出。

激活键槽命令后，系统弹出"槽"对话框，如图 1-14 所示。

（2）键槽创建过程 要求：在长方体（150mm×100mm×20mm）上创建如图 1-15 所示的 80mm×20mm×10mm 键槽和 10mm×15mm 通槽。

扫描二维码 E1-6 观看键槽的创建过程视频，创建结果如图 1-15 所示。

E1-6

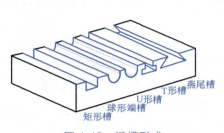

图 1-13　键槽形式

图 1-14　"槽"对话框

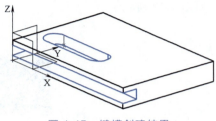

图 1-15　键槽创建结果

图 1-16　常用定位方式

5. "定位"对话框

UG NX 中创建细节特征如键槽、槽、腔体、凸台、垫块等时都要用到特征的定位，创建不同的特征，定位对话框的内容会略有不同，但基本功能和选项一致。常用的定位方式如图 1-16 所示。各定位尺寸的含义见表 1-6。

表 1-6　定位尺寸的含义

定位方式图标	命令	含　义
	水平	选择两点确定在水平参考方向上的定位尺寸
	竖直	选择两点来确定和水平参考方向垂直的定位尺寸
	平行	以目标点和工具点在特征放置面上投影的距离作为定位尺寸
	垂直	通过指定目标边和工具点，系统以点到线距离方式创建定位尺寸
	按一定距离平行	在目标边和工具边之间生成距离尺寸，要求目标边和工具边平行
	斜角	创建目标边和工具边之间的角度尺寸进行特征的定位
	点落在点上	使选择的工具点落到目标点上
	点落在线上	使工具点落到选择的目标边上
	线落在线上	使工具边和目标边重合

温馨提示：

1）目标边或点：指已经存在对象上的线或点。在确定定位尺寸选择对象时，首先应该选择的就是目标边或点。

2）工具边或点：当前创建特征上的边或点。一般确定定位尺寸时，后选的对象就是工具边或点。

3）水平和竖直两种定位方式必须确定水平参考。

6. 槽特征

槽特征可以在外回转面或内回转面上创建矩形槽、球形端槽或 U 形槽结构，如图 1-17 所示。

（1）命令位置

菜单项：【插入】→【设计特征】→【槽】。

工具按钮："特征"工具栏→【设计特征】下拉菜单→"槽"工具按钮 。

激活槽命令后，系统弹出"槽"对话框，如图 1-18 所示。

（2）槽创建过程　扫描二维码 E1-7 观看 $\phi30mm$ 圆柱面上创建 $\phi20mm×10mm$ 矩形槽的过程视频，创建结果如图 1-19 所示。

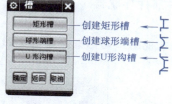

图 1-17　槽形式　　　图 1-18　"槽"对话框　　　图 1-19　$\phi20mm×10mm$ 矩形槽

7. 工程图图纸定义

（1）工程图环境的进入　工程图环境的进入方法有二个：

1）按下快捷键 Ctrl+Shift+D，系统进入工程图界面。

2）单击"应用模块"功能选项卡→"设计"工具栏→"制图"工具按钮 进入工程图界面。

E1-7

在工程图界面中如果想返回建模环境，可使用快捷键 Ctrl+M，或者单击"设计"工具栏→"建模"工具按钮 。

（2）创建工程图纸　进入工程图界面后，工程图的视图工具都是灰色的，只有创建图纸以后才能进行视图操作。

1）创建图纸命令位置。

菜单项：工程图环境中【菜单】→【插入】→【图纸页】。

工具按钮：单击"图纸"工具栏→"新建图纸页"工具按钮 。

2）创建图纸页的过程。激活"图纸页"对话框，使用"图纸页"对话框进行工程图纸的创建。使用"图纸页"对话框创建图纸有使用模板、标准尺寸和定制尺寸三种形式，如图 1-20 所示。

扫描二维码 E1-8 观看创建图纸页过程视频。

8. 基本视图的创建

基本视图是可以作为其他视图父视图的视图。基本视图没有父视图。

（1）命令位置

E1-8

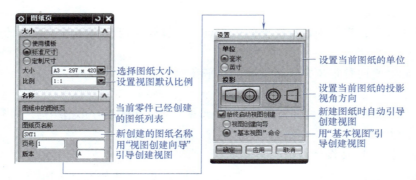

图 1-20　使用"标准尺寸"创建图纸

菜单项：工程图环境中【菜单】→【插入】→【视图】→【基本】。

工具按钮：工具栏中"基本视图"工具按钮 。

部件导航器右键菜单：在"部件导航器"中对应图纸页上选择右键菜单【添加基本视图】。

激活命令后，系统显示"基本视图"对话框，如图 1-21 所示。

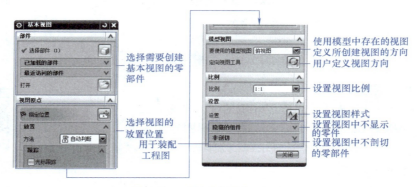

图 1-21　"基本视图"对话框

（2）创建基本视图过程　扫描二维码 E1-9 观看创建基本视图过程视频。

9. 全剖视图

全剖视图是在已经存在的视图的基础上创建一个全剖视图。

（1）命令位置

菜单项：工程图环境中【菜单】→【插入】→【视图】→【剖视图】。

E1-9

工具按钮："图纸"工具栏 →"剖视图"工具按钮 。

部件导航器："部件导航器"中对应视图上选择右键菜单【添加剖视图】、绘图区选中对应视图后选择右键菜单【添加剖视图】。

激活命令后，系统弹出"剖视图"对话框，如图 1-22 所示。

（2）创建全剖视图过程　扫描二维码 E1-10 观看创建全剖视图过程视频。

10. 局部放大图

局部放大图用于表达零件上的细节结构，必须在已经存在的视图基础上

E1-10

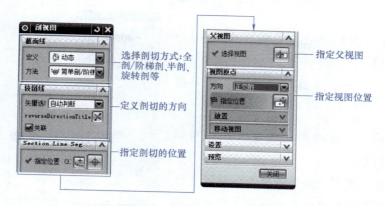

图 1-22　"剖视图"对话框

进行创建。

（1）命令位置

菜单项：工程图环境中【菜单】→【插入】→【视图】→【局部放大图】。

工具按钮："图纸"工具栏→"局部放大图"工具按钮。

部件导航器：在"部件导航器"中对应视图上选择右键菜单【添加局部放大图】、在绘图区选中对应的视图后选择右键菜单【添加局部放大图】。

激活命令后，系统弹出"局部放大图"对话框，如图 1-23 所示。

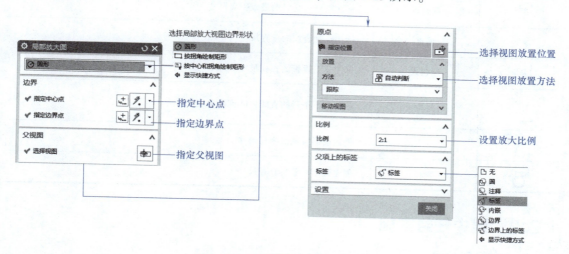

图 1-23　"局部放大图"对话框

（2）创建局部放大图过程　扫描二维码 E1-11 观看创建局部放大图过程视频。

11. 快速尺寸

尺寸是工程制图的重要内容，用于标识对象的形状大小和位置。快速尺寸标注命令可以标注除坐标、厚度、弧长、周长、倒角和注释之外的所有尺寸。

E1-11

（1）命令位置

菜单项：工程图环境中【菜单】→【插入】→【尺寸】→【快速】。

工具按钮："尺寸"工具栏→"快速"工具按钮。

激活命令后，系统弹出"快速尺寸"对话框，如图1-24所示。

（2）尺寸标注类型　通过选择不同的尺寸标注类型，来进行不同类型尺寸的标注。尺寸标注类型的含义见表1-7。

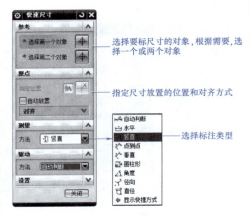

图1-24　"快速尺寸"对话框

表1-7　尺寸标注类型的含义

工具图标	命　令	含　　义
	自动判断	根据选择的对象和尺寸放置位置判断尺寸标注的类型
	水平	标注所选对象在水平方向上的投影尺寸
	竖直	标注所选对象在竖直方向上的投影尺寸
	点到点	标注点到点之间的最短距离尺寸
	垂直	标注点到直线的垂直尺寸
	圆柱式	标注非圆投影的直径尺寸
	斜角	在两条不平行的直线之间创建角度尺寸
	径向	创建圆形对象的半径尺寸
	直径	创建圆形对象的直径尺寸

1.2.2　课中任务实施

1. 课前预习效果检查

（1）单选题

1）UG工程图环境下，可以选择（　　）工具按钮，改变模板。

A. ▨　　　　　　B. ▨　　　　　　C. ▨　　　　　　D. ▨

2）UG工程图用户环境可以通过按下快捷键Ctrl+M（　　）。

A. 保存文件　　　B. 转入建模环境　　　C. 转入加工环境　　　D. 改变显示方式

3）槽特征只能在（　　）上创建。

A. 圆柱面　　　　B. 回转面　　　　C. 平面　　　　D. 所有面

4）当用一个平面指定圆柱的轴线方向时，圆柱轴线方向和平面的（　　　）相同。

A. 最长边　　　　　　　B. 水平边　　　　　　　C. 法向　　　　　　　D. 切向

5）创建键槽特征时，必须用（　　　）作为放置面。

A. 曲面　　　　　　　　B. 平面　　　　　　　C. 基准面　　　　　　　D. 基准轴

（2）填空题

1）使用体素工具"长方体"创建长方体时，长度方向尺寸是指长方体的＿＿＿＿＿＿方向的尺寸。

2）键槽特征在 UG NX 12.0 中默认情况下处于＿＿＿＿＿＿状态。

3）创建键槽特征时，水平参考用于确定键槽的＿＿＿＿＿＿方向。

4）工程图环境下，需要用＿＿＿＿＿＿视图工具创建第一个视图。

5）使用圆柱特征创建圆柱时，有"轴、直径和高度"与"＿＿＿＿＿＿"两种方法。

（3）判断题

1）指定体素特征基准点可以使用已经存在对象上的特征点。（　　　）

2）使用体素工具创建圆柱体和圆锥体时，默认的轴线方向是前一次定义的矢量方向。（　　　）

3）创建体素特征的过程中，需要单独使用布尔运算特征才能和其他几何体进行几何运算。（　　　）

4）UG NX 工程图环境中，只创建一个视图，这个视图也可以是剖视图。（　　　）

5）使用创建基本视图工具按钮，创建的视图与其他视图不产生关联。（　　　）

2. 任务实施方案设计

（1）零件图样分析　　阶梯轴零件图如图 1-25 所示，属于典型轴类零件，主要结构有圆

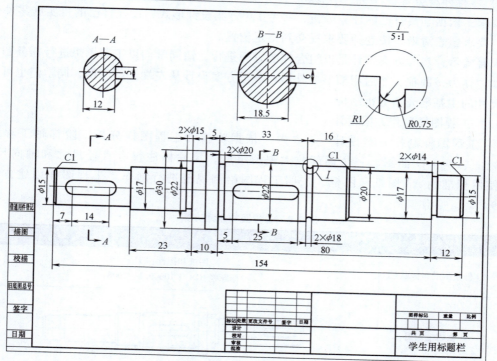

图 1-25　阶梯轴零件图

柱面、键槽、圆角、斜角和退刀槽等。从零件的形状看，是由若干段圆柱累加形成阶梯轴的主体，然后在此基础上切槽和倒圆角、斜角。

（2）零件建模实施方案设计

1）建模实施方案设计——参考。依据阶梯轴的结构分析可见阶梯轴零件由圆柱面、键槽、圆角、斜角等规则的基本体素组成，特别适合使用体素工具圆柱、键槽、槽、边圆角、斜角进行布尔组合，形成轴零件的三维模型。具体建模方案见表1-8。

表 1-8 阶梯轴零件建模方案设计 （单位：mm）

圆柱体 φ15×154	圆柱体 φ17×80	圆柱体 φ22×33	圆柱体 φ20×16	圆柱体 φ30×5
圆柱体 φ22×10	圆柱体 φ17×23	和 XY 面距离 7.5	键槽 19×5×3	和 XY 面距离 11
键槽 25×6×3.5	槽 φ15×2	其他槽	斜角 C1	圆角 R1 和 R0.75

2）零件建模方案设计——学员。

要求：依据学员自己的任务分析，参考1）方案设计形式，设计自己的可实施零件建模方案。要求图表清晰，按老师要求提交到指定位置。

温馨提示：参考方案设计是以组合体的思想进行，请同学们以工艺思想进行任务图样分析。如主体为一圆柱，然后用槽形成外形；参考方案设计从左端开始建模，同学们也可以从轴向尺寸的主基准开始分析结构。

（3）工程图样制作方案设计

1）工程图样制作方案设计——参考。依据阶梯轴工程图样分析，阶梯轴工程图样由主视图、两个断面图、一个局部放大视图组成，尺寸标注仅有直径尺寸和轴向尺寸。图纸使用标准的 A3 图纸和图框，按照工程图绘制规范进行制作。工程图样创建方案见表1-9。

表 1-9 工程图样创建方案

序号	步骤内容	图 例
1	创建图纸和标题栏	图纸和图框：A3 标题栏：GB/T 10609.1—2008
2	创建主视图	

（续）

序号	步骤内容	图　例
3	创建断面图	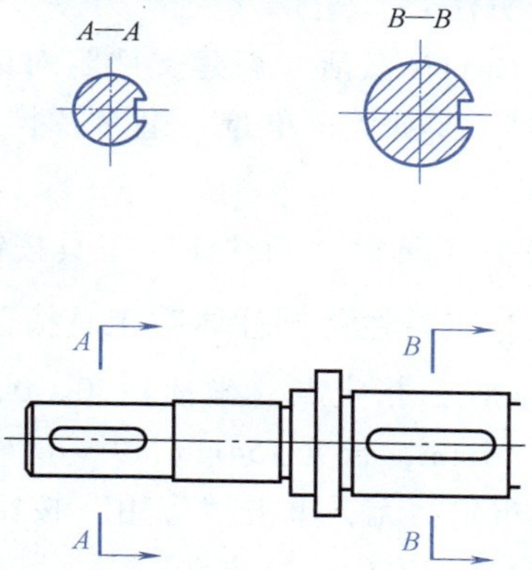
4	创建局部放大视图	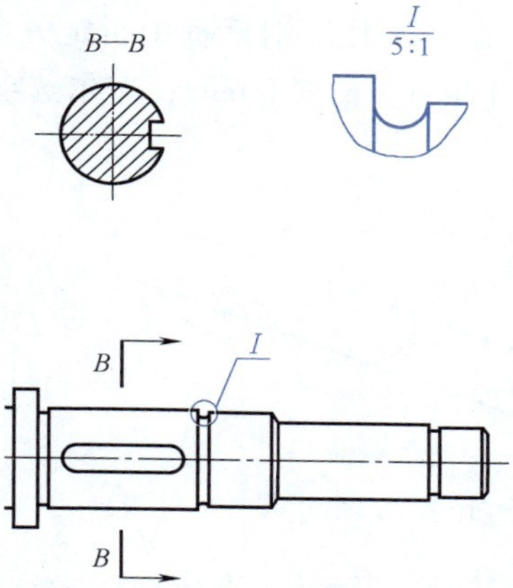
5	标注尺寸	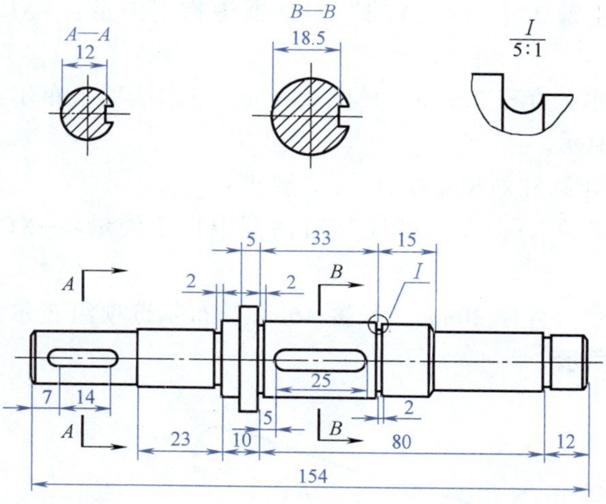

　　2）工程图样制作方案设计——学员。

　　要求：依据阶梯轴零件图，参考"工程图样制作方案设计——参考"的形式，制定自己的工程图样制作方案，按老师要求提交到指定位置。

3. 任务实施步骤

（1）任务实施步骤——参考

1）新建文件。方法：

① 使用快捷键 Ctrl+N 激活"新建文件"对话框。

② 选择"模型"选项卡，单位：毫米，模板：模型，文件名：阶梯轴.prt，文件夹 G：\ 。

2）使用"特征"工具栏"圆柱体"工具按钮 创建 φ15mm×154mm 圆柱。方法：

① 使用"特征"工具栏"圆柱体"工具按钮 激活"圆柱"对话框。

② 指定矢量：+XC，指定点（坐标）：0，0，0。

③ 尺寸：直径 15mm，长度 154mm。

④ 布尔选项组布尔：无，单击"应用"按钮，结果如图 1-26 所示。

3）创建圆柱 φ17mm×80mm。方法：

① 续步骤 2），在"圆柱"对话框中指定矢量：-XC，指定点（坐标）：142，0，0。

② 尺寸：直径 17mm，长度 80mm；布尔选项组布尔：合并；单击"应用"按钮，结果如图 1-27 所示。

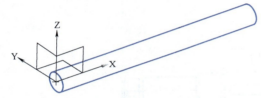 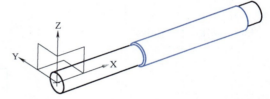

图 1-26　创建 φ15mm×154mm 圆柱体结果　　　图 1-27　创建 φ17mm×80mm 圆柱体结果

4）创建特征 φ22mm×33mm。方法：

① 续步骤 3），在"圆柱"对话框中指定矢量：+XC，指定点选圆柱 φ17mm×80mm 左端面圆心。

② 尺寸：直径 22mm，长度 33mm；布尔选项组布尔：合并；单击"应用"按钮，结果如图 1-28 所示。

5）创建圆柱 φ20mm×16mm。要求：

① 续步骤 4），在"圆柱"对话框中指定矢量：+XC，指定点选 φ22mm×33mm 圆柱右端面圆心。

② 尺寸：直径 20mm，长度 16mm；布尔选项组布尔：合并；单击"应用"按钮，结果如图 1-29 所示。

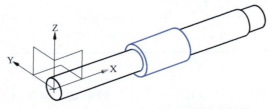 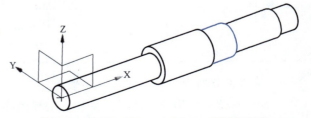

图 1-28　创建 φ22mm×33mm 圆柱体结果　　　图 1-29　创建 φ20mm×16mm 圆柱体结果

6）创建圆柱 φ30mm×5mm。方法：

① 续步骤5），指定矢量：-XC，指定点选 φ22mm×33mm 圆柱左端圆心。

② 尺寸：直径 30mm，长度 5mm；布尔选项组布尔：合并；单击"应用"按钮，结果如图 1-30 所示。

7）创建 φ22mm×10mm。方法：

① 续步骤6），指定矢量：-XC，指定点选 φ22mm×33mm 圆柱左端圆心。

② 尺寸：直径 22mm，长度 10mm；布尔选项组布尔：合并；单击"应用"按钮，结果如图 1-31 所示。

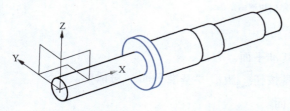

图 1-30 创建 φ30mm×5mm 圆柱体结果   图 1-31 创建 φ22mm×10mm 圆柱体结果

8）创建特征 φ17mm×23mm。方法：

① 续步骤7），指定矢量：-XC，指定点选 φ22mm×10mm 左端面圆心。

② 尺寸：直径 17mm，长度 23mm；布尔选项组布尔：合并；单击"确定"按钮，结果如图 1-32 所示。

9）创建距 XY 平面距离为 7.5mm 的基准平面。方法：

① 使用"特征"工具栏"基准平面"工具按钮激活"基准平面"对话框。

② 类型：自动判断，在绘图区选择 XY 平面。

③ 偏置选项组距离选项：7.5mm，单击"确定"结果如图 1-33 所示。

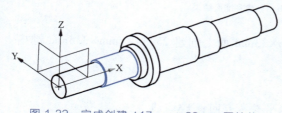
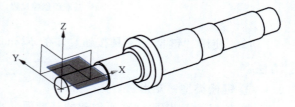

图 1-32 完成创建 φ17mm×23mm 圆柱体   图 1-33 创建基准平面

10）在轴左端 φ15mm 圆柱面创建键槽 19mm×5mm×3mm。方法：

① 使用"特征"工具栏"键槽"工具按钮激活"键槽"对话框。

② 键槽类型：矩形。

③ 放置面：步骤9）创建的基准面，放置侧向下，水平参考方向：XC轴。

④ 键槽尺寸：长 19mm，宽 5mm，深 3mm。

⑤ 定位方式选择"线落到线上"和"点到线垂直距离"，距离为 7mm，如图 1-34a 所示。结果如图 1-34b 所示。

温馨提示：先选目标对象（即已经存在的对象）上的边，后选正在创建特征（键槽）

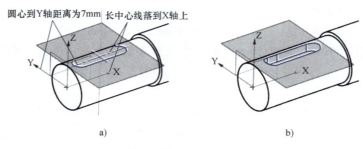

圆心到Y轴距离为7mm 长中心线落到X轴上

a)   b)

图 1-34　创建键槽 19mm×5mm×3mm

a）定位方式　b）创建键槽结果

上的边。

11）创建与圆柱面 ϕ22mm×33mm 相切的基准平面。方法：

① 使用"特征"工具栏"基准平面"工具按钮 激活"基准平面"对话框。

② 类型：自动判断，在绘图区选择 XY 平面。

③ 偏置选项组距离选项：11mm，使用鼠标按住基准面四边控制句柄拖动调整基准平面的范围到如图 1-35a 所示，单击"确定"结果如图 1-35b 所示。

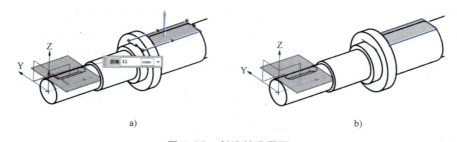

距离 11 mm

a)   b)

图 1-35　创建基准平面

a）基准面创建过程　b）创建基准面结果

12）使用"键槽"工具按钮 在 ϕ22mm×33mm 面上创建 25mm×6mm×3.5mm 键槽。方法：

① 键槽类型：矩形。

② 放置面：步骤 11）所创建的基准面，水平参考方向：+XC 轴。

③ 键槽尺寸：长 25mm，宽 6mm，深 3.5mm。

④ 定位方式："点到点水平距离 "为 30mm，"点到点铅垂距离 "为 0mm，分别选择如图 1-36a 所示对象。

⑤ 隐藏基准平面，结果如图 1-36b 所示。

13）在左端 ϕ17mm 圆柱面上创建 ϕ15mm×2mm 槽。方法：

① 使用"特征"工具栏"槽"工具按钮 激活"槽"对话框。

② 槽类型：矩形；放置面：如图 1-37 所示圆柱面。

③ 槽尺寸：直径 15mm，宽度 2mm。

④ 按照如图 1-37 所示选择目标边和工具边，定位尺寸：0mm。

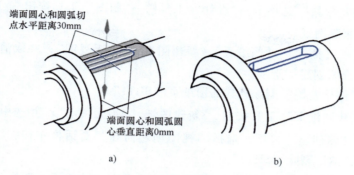

图 1-36　创建 25mm×6mm×3.5mm 键槽

a）键槽定位　b）创建键槽结果

⑤ 单击"应用"按钮，结果如图 1-38 所示。

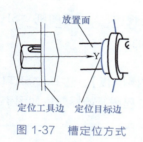

图 1-37　槽定位方式

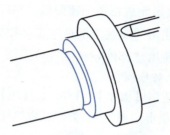

图 1-38　创建矩形环形槽

14）参考步骤 13）在轴右侧 ϕ22mm、ϕ20mm 和 ϕ15mm 圆柱面分别创建矩形槽 20mm×2mm、18mm×2mm、14mm×2mm，结果如图 1-39 所示。

15）使用"特征"工具栏"倒斜角"工具按钮对如图 1-40 所示的三条边倒斜角，横截面使用"对称"，距离为 1mm。

16）使用"特征"工具栏"边倒圆"工具按钮创建"倒圆角"特征。如图 1-41 所示。

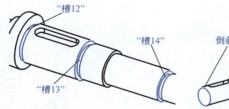

图 1-39　创建 3 个矩形环形槽

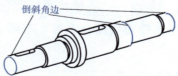

图 1-40　倒斜角

图 1-41　倒圆角

17）保存文件。

观看步骤 1）至 17）操作视频，请扫二维码 E1-12。

18）进入工程图界面。方法：

① 使用快捷键 Ctrl+Shift+D 方式进入工程图界面，使用 Ctrl+M 返回建模环境。

E1-12

② 单击"应用模块"选项卡→"设计"工具栏→"制图"工具按钮进入工程图界面。

19）创建与删除图纸。方法：

① 使用菜单项【插入】→【图纸页】，新建图纸"A3-无视图"，并取消"图纸页"对话框中"始终启动视图创建"选项。

② 使用"部件导航器"删除新建的图纸页"SHT1"。

③ 使用"新建图纸页"工具按钮新建图纸"A4-无视图"，并选中"图纸页"对话框中"始终启动视图创建"选项，选择"视图创建向导"对话框中按钮"取消"，完成创建图纸"SHT1"，然后删除"SHT1"。

④ 使用"新建图纸页"工具按钮新建图纸"A3-无视图"，选择"视图创建向导"对话框中"完成"，完成创建图纸"SHT1"并删除图纸"SHT1"。

⑤ 使用"新建图纸页"工具按钮新建图纸"A3-无视图"，尝试使用"视图创建向导"按提示完成视图创建图纸"SHT1"。

⑥ 使用"新建图纸页"工具按钮新建图纸"A3-无视图"，创建图纸"SHT2"。

⑦ 使用"部件导航器"将图纸"SHT1"设为"工作的"。

20）替换模板。方法：

① 使用【菜单】→【GC工具箱】→【制图工具】→【替换模板】，选择"SHT1（A3-297×420)"，单击"确定"，为图纸添加标题栏和边框。完成后工程图原始标题栏如图1-42所示。

图 1-42　工程图原始标题栏

② 使用快捷键 Ctrl+L 打开"图层设置"对话框。

③ 将图层170的状态由可见 ☑170 改为可编辑 ☑170 。

④ 双击标题栏中"西门子产品管理软件（上海）有限公司"，将文字改为"学生用标题栏"，结果如图1-43所示。

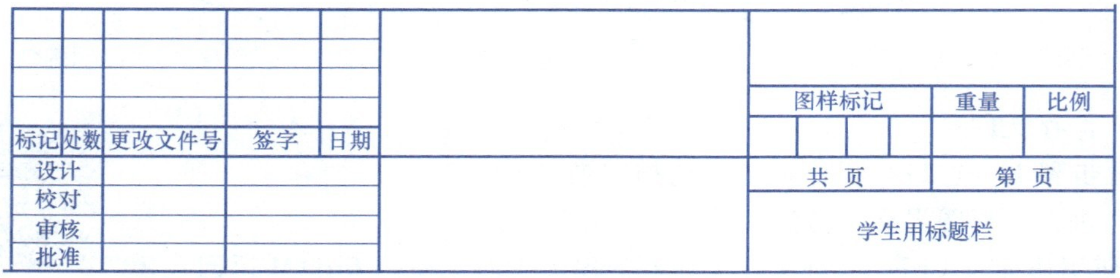

图 1-43　修改后标题栏

⑤ 将图层 170 的状态改为可见 ☑ 170 ☑ 。

21）创建基本视图。方法：

① 分别使用"视图"工具栏→"视图创建向导""基本视图"和"标准视图"工具按钮🔲、🔲和🔲创建阶梯轴的主视图（模型视图是"俯视图"），结果如图 1-44 所示。

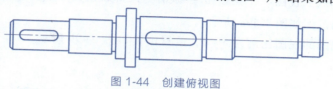

图 1-44　创建俯视图

② 删除所创建的阶梯轴主视图。

③ 使用部件导航器为图纸"SHT2"创建阶梯轴的俯视图，结果如图 1-44 所示。

22）创建如图 1-45 所示断面图 A—A。方法：

① 使用"剖视图"工具按钮🔲激活"剖视图"对话框。

② 在步骤 21）所创建主视图中，左侧键槽合适位置选择一点，向主视图正右方移动到合适位置，单击鼠标左键创建断面图，结果如图 1-45 所示。

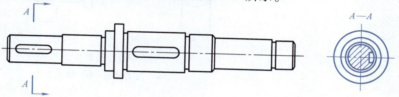

图 1-45　创建 A—A 断面图（一）

③ 调整截面文字 A 靠近剖切符号。

④ 修改文字"SECTION A—A"为"A—A"。

⑤ 将剖视图移动到剖切符号上方。

⑥ 双击所创建的剖视图，在弹出的"设置"对话框"截面"→"设置"选项卡中，取消"显示背景"选项。结果如图 1-46 所示。

23）创建 B—B 断面图。方法：

① 在绘图区选中主视图，使用右键菜单项【添加剖视图】激活"剖视图"对话框，参考步骤 22）创建如图 1-47 所示 B—B 断面图。

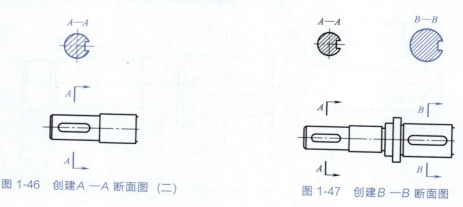

图 1-46　创建 A—A 断面图（二）　　　　图 1-47　创建 B—B 断面图

② 使用"注释"工具栏→"中心线下拉菜单"→"中心标记"工具按钮 ⊕ 为 *B—B* 断面图添加中心线，结果如图 1-48 所示。

24）使用"视图"工具栏"局部放大视图"工具按钮 🔍 创建局部放大图。方法：

① 使用"局部放大视图"工具按钮 🔍 激活"局部放大视图"对话框。

② 放大位置和范围如图 1-49a 所示。

③ 局部放大视图的视图比例为 5：1，放置位置如图 1-49b 所示。

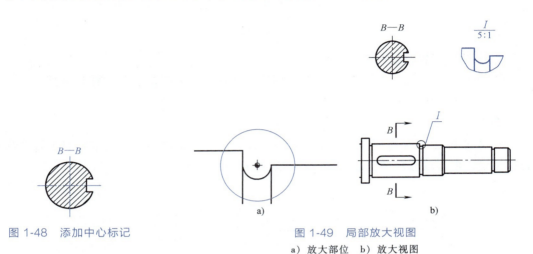

图 1-48　添加中心标记

图 1-49　局部放大视图
a）放大部位　b）放大视图

25）标注尺寸。要求：

① 使用"快速标注"工具按钮 ⚡ 标注水平尺寸，如图 1-50 所示。

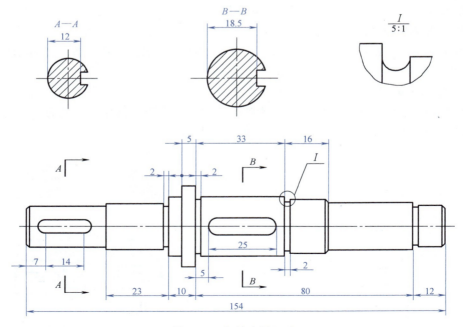

图 1-50　标注水平尺寸

② 使用"注释"工具栏→"编辑文本"工具按钮 A 编辑退刀槽尺寸，结果如图1-51所示。

③ 使用【菜单】→【格式】→【移动到图层】将所有尺寸、注释、标签移动到20层。

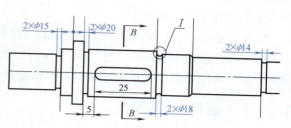

图 1-51　编辑退刀槽尺寸

④ 使用"快速标注"工具按钮 标注圆柱形尺寸，结果如图1-52所示。

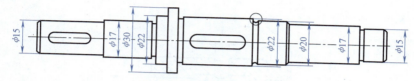

图 1-52　标注圆柱形尺寸

⑤ 使用"快速标注"工具按钮 标注键槽尺寸，结果如图1-53所示。

⑥ 使用"快速标注"标注圆角半径，结果如图1-54所示。

⑦ 使用"快速标注"标注倒角尺寸，结果如图1-55所示。

⑧ 显示图层20，结果如图1-56所示。

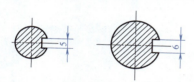

图 1-53　标注键槽尺寸

图 1-54　标注圆角半径

图 1-55　标注倒角尺寸

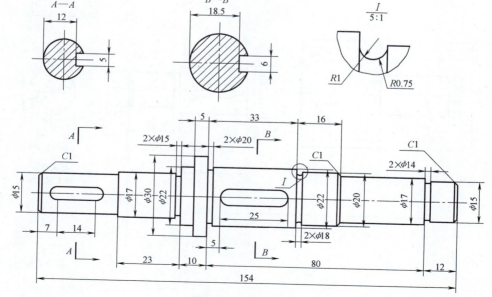

图 1-56　工程图结果

26）保存文件，退出 UG。

观看步骤 18）至 26）操作视频，请扫二维码 E1-13。

（2）任务实施步骤——学生　根据自己所做的任务实施方案，完成任务实施步骤，并参考前边提供的形式撰写操作过程报告，提交到指定位置。

E1-13

1.2.3　课后拓展训练

对照图 1-57 和图 1-58 工程图样，进行零件三维建模，并创建工程图。

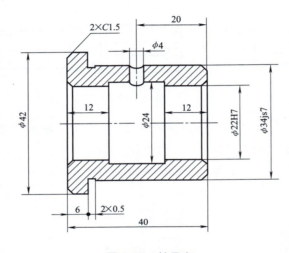

图 1-57　轴承套

模数	m	2.5
齿数	z	13
压力角	α	20°

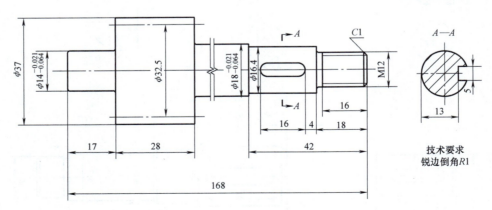

图 1-58　传动齿轮轴

任务 1.3　端盖零件建模及工程图制作

【知识点】

- 孔特征工具。
- 阵列特征工具。
- 旋转剖视图创建工具。
- 几何公差、注释及中心线的创建工具。

【技能目标】

- 能合理进行盘盖类零件结构分析。
- 正确使用孔、阵列特征等工具进行零件建模。
- 能合理使用旋转剖视图工具。
- 能进行工程图尺寸标注。

【任务描述】

端盖属于盘套类零件，盘套类零件和轴类零件都属于旋转类零件，只是盘套类零件半径尺寸较大，在结构上一般在圆周上分布有规则排列的连接孔。通过对端盖零件建模及工程图制作任务的实施，使读者熟练掌握孔特征、阵列特征（圆周）等基本特征的使用方法，以及工程图中旋转剖工具的用法，培养在复杂零件结构中找到规则分布特征，并能准确构建基本样例和分析特征分布规律。

1.3.1　课前知识学习

1. 孔特征

孔特征工具可以根据需要在草图点、特征点上创建如图 1-59 所示各种形状的孔。在创建孔的过程中需要确定孔的位置、形状、尺寸、轴线方向四个要素。

（1）命令位置

菜单项：【菜单】→【插入】→【设计特征】→【孔】。

工具按钮："特征"工具栏→"孔"工具按钮 。

激活孔命令后，系统弹出"孔"对话框，如图 1-60 所示。

（2）孔的位置　在 UG NX 中确定孔位置的方法有两种：

1）使用草图确定孔中心的位置。这是一种非常常用的孔定位方式，适合于在一个平面上创建多个孔或创建孔的位置上不存在特征点的情况下使用。单击"孔"对话框中绘制"截面"工具按钮 开始绘制草图，也可以在激活"孔"对话框的情况下，单击基准平面或零件上的平面，系统默认进入草绘界面。在草图中，每创建一个点，系统就会在这个点上创建一个孔，因此，创建点时一定不能重叠。

2）选择实体上的特征点或给定坐标定位孔。适合于打孔对象的孔位置上存在特征点或知道该点坐标的情况下使用。这种方式有一个优势是在一个孔特征中可以不同面上创建参数

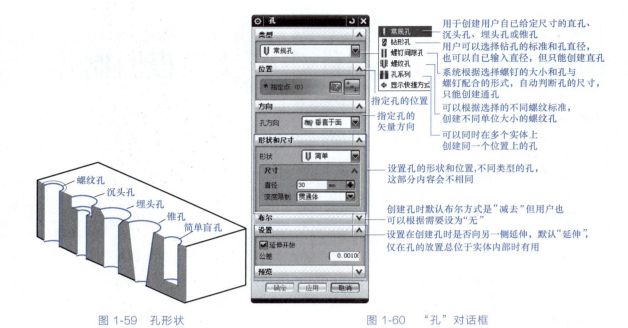

图 1-59 孔形状   图 1-60 "孔"对话框

相同的孔。

（3）孔方向　孔方向是指孔的轴线方向。在 UG NX 中孔的方向可以使用两种方式进行确定：

1）垂直于面。系统默认方式，当确定孔的位置点落在实体表面上，系统会使孔的轴线垂直于点所在的平面，但如果点没有落在实体表面，系统会提示出错。

2）沿矢量。使用这个选项允许用户沿给定的矢量方向创建孔。通常在孔的定位点没有落在实体表面上或孔的轴线不垂直于定位点所在的平面情况下使用。矢量方向可以通过"孔"对话框"孔方向"下拉列表选择合适的选项进行确定。

如图 1-61 所示，孔 1 和孔 2 的定位点 A 和 B 同在立方体的顶面，但孔 1 的方向使用了"垂直于面"，孔 2 的方向使用了"沿矢量"方式。

（4）孔的形状和尺寸

1）常规孔。常规孔有简单孔、沉头孔、埋头孔和锥孔四种形式，如图 1-62 所示，选择不同形式的孔，显示的尺寸项目各不相同，如图 1-63 所示。

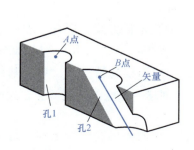

图 1-61 孔的方向

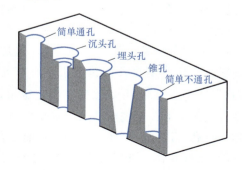

图 1-62 常规孔的类型

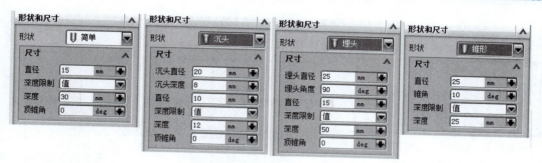

图 1-63　常规孔的形状和尺寸

2）钻形孔。选择类型"钻形孔"，在"设置"选项组出现"Standard"选项列表。如果选择列表中的"ISO"，则在"形状和大小"选项组中"大小"列表为 ISO 系列的孔直径，单位是毫米；如果在列表中选择"DIN"，则"大小"列表为 DIN 系列的孔直径，单位为英寸。

在"形状和尺寸"选项组下多出了"Fit"选项列表，如果在列表中选择"Exact"，创建孔就只能使用系统提供的孔直径，如果选择"Custom"，用户可以根据需要创建不同直径的孔。选择钻形孔只能创建直孔。

3）螺钉间隙孔。用于创建和螺钉相配合的沉头孔、埋头孔、直孔。系统会根据用户选择不同的螺纹标准、配合形式和螺钉的大小，自动判断孔的大小。如图 1-64 所示，螺钉选择 M20，选择三种不同的配合形式创建的孔。

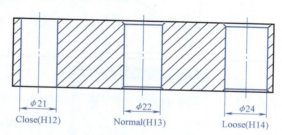

φ21　　　　　φ22　　　　　φ24
Close(H12)　　Normal(H13)　　Loose(H14)

图 1-64　螺钉间隙孔配合形式

在"设置"选项组"Standard"列表中选择不同的标准，螺钉类型列表会有变化，因此，使用时要注意合理选择"Standard"选项。

4）螺纹孔。用于创建螺纹通孔或螺纹盲孔。这里创建的螺纹为螺纹符号，如果要创建真实螺纹，需要使用"螺纹"特征进行创建。螺纹孔可以创建如图 1-65 所示类型孔。

螺纹孔也可以根据需要选择"设置"选项组"Standard"列表中不同的选项获得不同标准的螺纹尺寸。

5）孔系列。孔系列可以在多个体或组件上创建孔系列，如图 1-66 所示。

（5）孔特征创建过程　扫描二维码 E1-14 观看在圆柱体上创建 φ20mm 通孔的操作步骤视频，结果如图 1-67 所示。

E1-14

2. 阵列特征

阵列特征是指将选定特征按照给定的规律进行排列。可以创建线性、圆形、多边形、螺旋形、沿曲线、常规、参考等形式的阵列，见表 1-10。

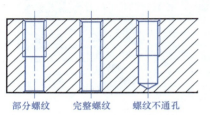

部分螺纹　　完整螺纹　　螺纹不通孔

图 1-65　螺纹孔类型　　　　　　　　　图 1-66　孔系列　　　　　图 1-67　φ20mm 通孔

表 1-10　阵列形式

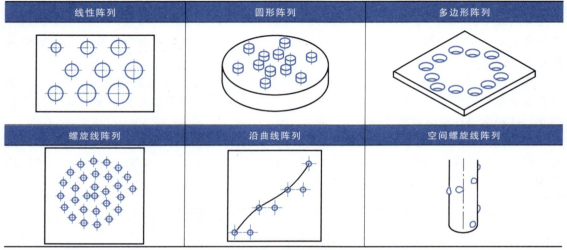

线性阵列	圆形阵列	多边形阵列
螺旋线阵列	沿曲线阵列	空间螺旋线阵列

（1）命令位置

菜单项：【菜单】→【插入】→【关联复制】→【阵列特征】。

工具按钮："特征"工具栏→"阵列特征"工具按钮 🔣。

激活阵列特征命令后，系统弹出"阵列特征"对话框，如图 1-68 所示。

（2）阵列特征创建过程　扫描二维码 E1-15 观看如图 1-69 所示的线性阵列及圆形阵列特征创建过程视频。

3. 旋转剖视图

旋转剖视图是表达盘套类零件内部形状的常用方法，需要在已经存在的视图基础进行创建。

选择要阵列的特征

选择阵列特征的布局方式：

指定特征的阵列方向、阵列数量及间隔、数量及跨距、节距和跨距等

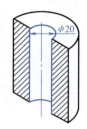

E1-15

图 1-68　"阵列特征"对话框

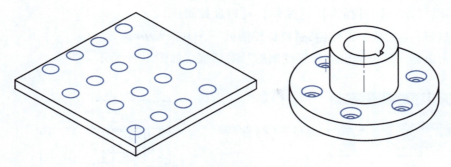

图 1-69 "阵列特征"创建结果

（1）命令位置

菜单项：【菜单】→【插入】→【视图】→【剖视图】。

工具按钮："图纸"工具栏→"剖视图"工具按钮 ▦ 。

部件导航器：在"部件导航器"中对应视图上选择右键菜单【添加剖视图】、在绘图区选中对应的视图后选择右键菜单【添加剖视图】。

激活命令后，系统弹出"剖视图"对话框，在方法选项列表中选择"旋转"，如图 1-70 所示。

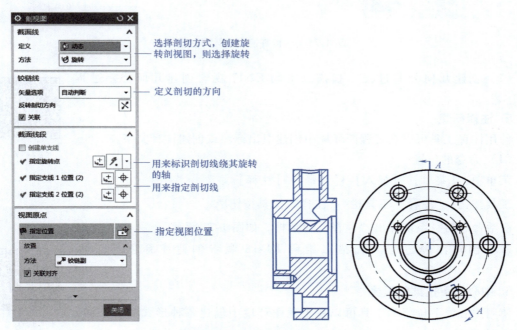

图 1-70 "剖视图"对话框及旋转剖示意图

（2）创建旋转剖视图过程 扫描二维码 E1-16 观看创建旋转剖视图过程视频。

E1-16

4. 几何公差创建

使用几何公差工具可以在工程图环境中创建几何公差符号。

（1）命令的位置

菜单项：【菜单】→【插入】→【注释】→【特征控制框】。

工具按钮："注释"工具栏→"特征控制框"工具按钮  。

激活命令后，系统弹出"特征控制框"对话框，如图1-71所示。

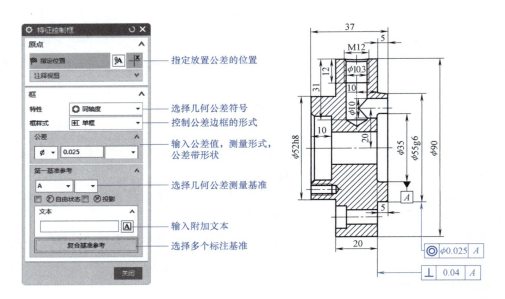

图1-71　"特征控制框"对话框

（2）创建几何公差过程　扫描二维码E1-17观看创建几何公差过程视频。

5. 注释创建

使用注释工具可以在工程图环境中创建引出标注或创建注释文字。

（1）命令的位置

菜单项：【菜单】→【插入】→【注释】→【注释】。

工具按钮："注释"工具栏→"注释"工具按钮  。

激活命令后，系统弹出"注释"对话框，如图1-72所示。

（2）创建注释过程　扫描二维码E1-18观看创建注释创建过程视频。

6. 中心线下拉菜单工具

使用中心线下拉菜单工具可以在工程图环境中创建各种形式的中心线，如图1-73所示。

（1）命令的位置

菜单项：【菜单】→【插入】→【中心线】→【…】。

工具按钮："注释"工具栏→"中心线下拉菜单"→工具按钮，系统弹出对应对话框。

（2）创建注释过程　扫描二维码E1-19观看创建中心线过程视频。

E1-17

E1-18

E1-19

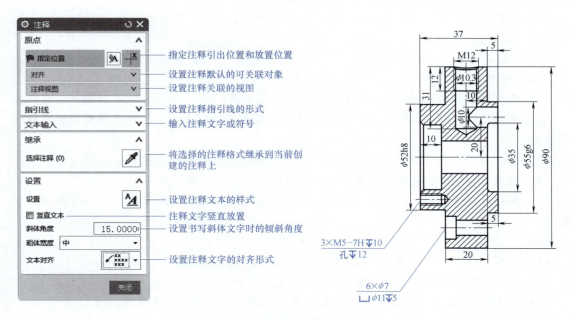

图 1-72　注释

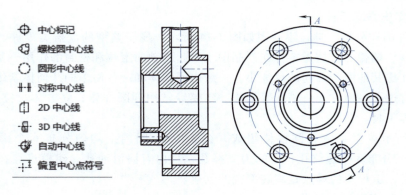

图 1-73　中心线

1.3.2　课中任务实施

1. 课前预习效果检测

（1）单选题

1）当创建孔特征时，选择的位置点没在曲面上，需要用（　　）选项指定孔的方向。

A. 垂直于面　　　　　B. 沿矢量　　　　　C. 点　　　　　D. 线

2）线性阵列中使用交错选项可以在"阵列特征"对话框中（　　）选项组下设置。

A. 方位　　　　　B. 阵列方法　　　　C. 阵列设置　　D. 设置

3）阵列特征的线性阵列最多可以指定（　　）方向。

A. 一个　　　　　B. 两个　　　　　　C. 三个　　　　　D. 四个

4）钻形孔只能创建（　　）。

A. 简单直孔   B. 斜孔   C. 台阶孔   D. 埋头孔

5）锥孔可以采用（   ）创建。

A. 常规孔   B. 钻形孔   C. 螺纹孔   D. 螺纹间隙孔

（2）填空题

1）需要给多个组件同时打孔可以使用_____类型孔。

2）创建螺纹孔时，可以通过"孔"对话框中设置选项组下的_____选项列表改变螺纹的标准。

3）UG NX 可以使用倒斜角创建对称、非对称和_____三种形式的斜角。

4）创建孔特征时，孔的位置确定方法有两种：_____和特征点。

5）使用阵列特征时，间距可以采用_____、数量和跨度、节距和跨度、列表四种方式给定。

（3）判断题

1）建模环境下，默认情况下双击特征可以使用"可回滚编辑"方式编辑特征。（   ）

2）创建旋转剖视图时，必须指定旋转点。（   ）

3）在 UG NX 的工程图环境中，一张图纸上只能为一个部件创建视图。（   ）

4）使用孔特征创建孔时，确定孔位置的点可以不在同一个平面上。（   ）

5）UG NX 阵列特征不能改变特征的尺寸。（   ）

2. 任务实施方案设计

（1）零件图样分析   端盖零件图如图 1-74 所示，属于典型的盘盖类零件。盘盖类零件一般有法兰盘、端盖等，这类零件在产品中主要起到轴向定位和密封的作用，基本为扁平结构，轴向尺寸比其他两个方向的尺寸小。一般由回转体和一些简单的几何体素组成，一般包含凸台、螺钉过孔、螺纹孔、销孔等结构。建模经常用到圆柱体、立方体、拉伸、孔、腔、垫块、阵列等工具。

图 1-74 所示端盖主体有圆柱体组成，在 $\phi70$mm 圆周上均匀分布 6 个螺钉过孔，在 $\phi42$mm 圆周上分布 3 个螺纹孔，中间为支撑孔，径向有润滑油孔。建模难点在于如何合理进行孔的建模，工程图的难点是旋转剖视的创建。

（2）零件建模实施方案设计

1）建模实施方案设计——参考   端盖零件由基本体、中间孔、螺纹孔、螺钉过孔、润滑油孔几部分组成。基本体由 $\phi52$mm×37mm、$\phi90$mm×20mm 和 $\phi55$mm×5mm 三段圆柱组成，中间支撑孔由沉孔 $\phi32$mm 深 10mm、通孔 $\phi16$mm 和圆柱腔 $\phi35$mm×5mm 组成，润滑油孔由 M12×12mm、底孔 10.2mm 深 31mm 和横孔 $\phi10$mm 组成，螺纹孔为 3×M5 深 10mm 孔深 12mm 圆周均布，螺钉过孔为 6×$\phi7$mm 沉孔 $\phi11$mm 深 5mm 圆周均布。具体建模方案见表 1-11。

2）建模实施方案设计——学员。

要求：依据学员自己的任务分析，参考 1）方案设计形式，设计自己的可实施零件建模方案。要求图表清晰，按老师要求提交到指定位置。

温馨提示：

① 参考方案是以组合体的思想进行，同学们也可以试着采用旋转特征来进行主体部分的建模。

② 参考方案从左端开始建模，同学们也可以从右端开始分析结构。

③ 图中支撑孔也可以采用草图、拉伸的方式创建。

④ 均布沉头孔制定方案时可以采用同步建模中阵列面工具创建。

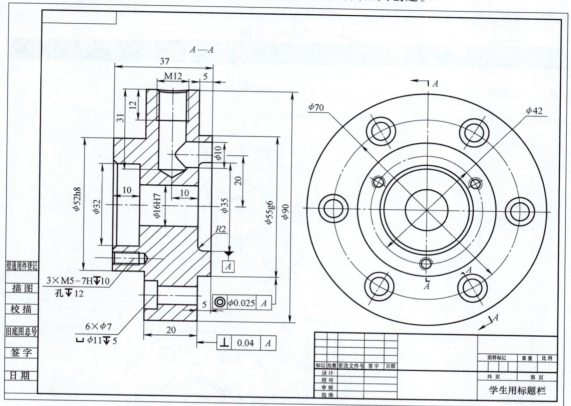

图 1-74 端盖零件图

表 1-11 端盖零件建模方案设计

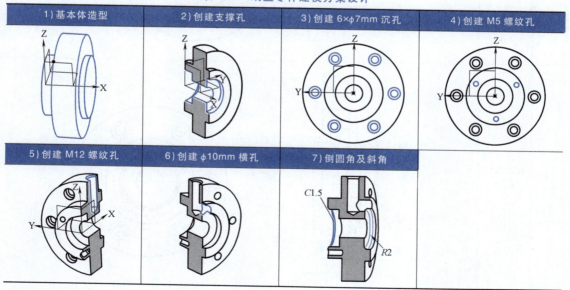

（3）工程图样制作方案设计

1）工程图样制作方案设计——参考。端盖工程图样由左视图、旋转剖主视图两个视图组成，尺寸标注含常见的线性尺寸、注释、几何公差、中心线等，图纸使用标准 A3 图纸和图框，按照工程图绘制规范制作。工程图样创建方案见表 1-12。

表 1-12　工程图样创建方案

序号	内容	图　例
1	创建图纸	图纸和图框:A3,标题栏:GB/T 10609.1—2008
2	创建左视图	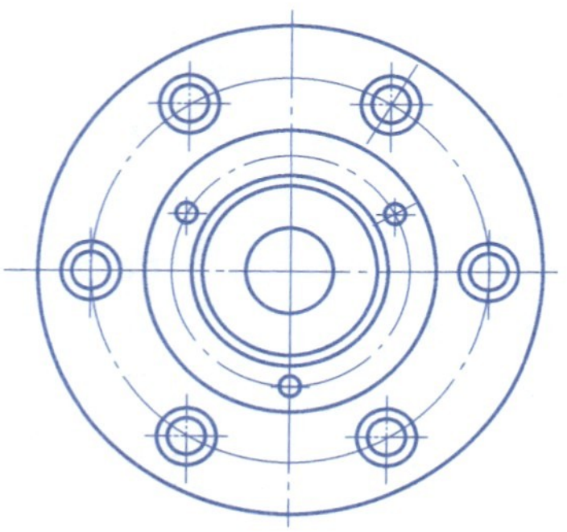
3	创建旋转剖主视图	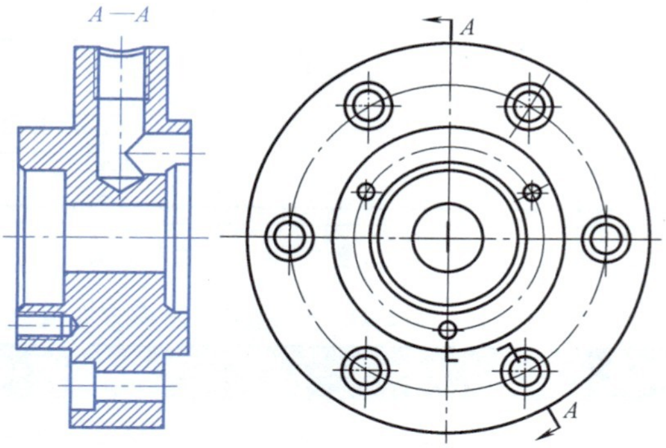
4	标注线性尺寸	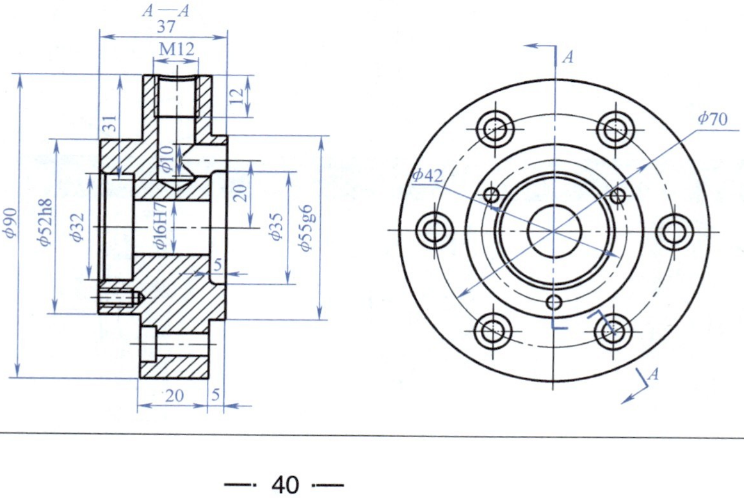

（续）

序号	内容	图　例
5	标注几何公差及注释	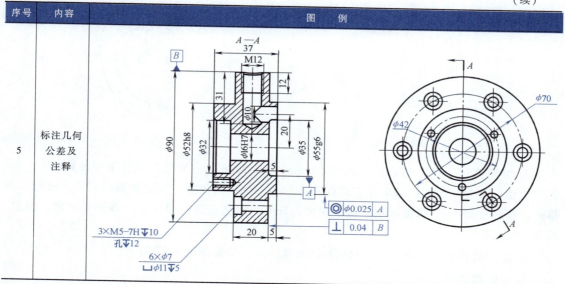

2）工程图样制作方案设计——学员。

要求：依据端盖零件图，参考"工程图样制作方案设计——参考"的形式，制定自己的工程图样制作方案，按老师要求提交到指定位置。

3. 任务实施步骤

（1）任务实施步骤——参考

1）新建文件。要求：文件名为"端盖.prt"，单位：毫米，模板：模型，文件存储位置为 G：盘根目录。

2）创建基本体。方法：

① 使用圆柱体工具创建基本体。

② 基本体沿+XC 放置，各圆柱体创建顺序按 $\phi 52mm \times 37mm$、$\phi 55mm \times 5mm$、$\phi 90mm \times 20mm$ 进行。

③ 圆柱体 $\phi 52mm \times 37mm$ 基准点选择坐标原点，圆柱体 $\phi 55mm \times 5mm$ 基准点选 $\phi 52mm \times 37mm$ 右端面，圆柱体 $\phi 90mm \times 20mm$ 基准点为 $\phi 55mm \times 5mm$ 左端面。

④ 创建圆柱体 $\phi 55mm \times 5mm$ 和 $\phi 90mm \times 20mm$ 时布尔运算选择合并，结果如图 1-75 所示。

3）使用孔特征创建中心支承孔结构。方法：

① 使用"特征"工具栏→"孔"工具按钮 打开"孔"对话框。

② 在对话框设置下列参数：

类型：常规，位置：坐标原点（或基本体左端面圆心），成形：沉头，沉头直径：32mm，沉头深度：10mm，直径：16mm，深度限制：贯通体，布尔：减去。

使用"视图"选项卡→"编辑截面"工具按钮 激活"视图剖切"对话框，剖切平面选择 ，单击"确定"按钮，结果如图 1-76 所示。单击"剪切截面"工具按钮 关闭截切面显示。

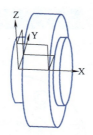

图 1-75　基本体结果

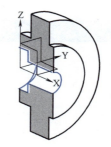

图 1-76　创建孔 φ16mm 沉孔 32mm 深 10mm

③ 继续打开"孔"对话框，创建 φ35mm×5mm 的孔。在对话框设置下列参数：

类型：常规，位置：基本体右端面圆心，孔方向：沿矢量，指定矢量：-XC，成形：简单孔，直径：35mm，深度限制：值，深度：5mm，深度直至：圆柱底，顶锥角：0°，布尔：减去。

④ 使用剪切截面显示工具按钮  显示截切面，结果如图 1-77 所示。

⑤ 关闭截切面显示。

4）创建 φ7mm-沉孔 φ11mm 深 5mm 螺钉过孔。方法：

① 使用【菜单】→【插入】→【设计特征】→【孔】激活"孔"对话框。

② 单击"孔"对话框"绘制截面"工具按钮 📷，系统弹出"创建草图"对话框，做如图 1-78 所示选择后，单击"确定"按钮，系统进入草绘环境。

③ 创建如图 1-79 所示点，该点落在 X 轴上，距离 Y 轴 35mm，按下快捷键 Ctrl+Q 完成草图创建，返回"孔"对话框。

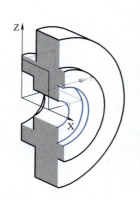

图 1-77　创建 φ35mm × 5mm 孔

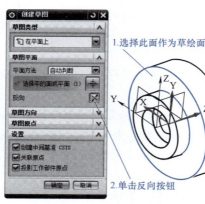

图 1-78　选择草图平面

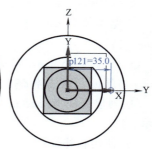

图 1-79　绘制草图

④ 设置孔的参数如下：

类型：常规，成形：沉头，沉头直径：11mm，沉头深度：5mm，直径：7mm，深度限制：贯通体，布尔：减去，结果如图 1-80 所示。

5）阵列 φ7mm-沉孔 φ11mm 深 5mm 螺钉过孔。方法：

① 使用"特征"工具栏"阵列特征"工具按钮 🔷 激活"阵列特征"对话框。

② "阵列特征" 对话框参数设置如下：

选择特征：选择 "沉头孔（6）"，布局：圆形，指定矢量：XC 轴，指定点：坐标原点，间距：数量和节距，数量：6，节距角：60°。

③ 单击 "确定" 按钮，结果如图 1-81 所示。

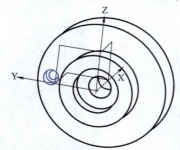

图 1-80　φ7mm 沉孔 φ11mm 结果

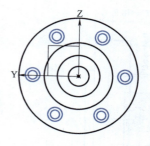

图 1-81　阵列结果

6）使用孔特征创建螺纹孔 M5。方法：

① 使用 "孔" 工具按钮激活 "孔" 对话框。

② 孔放置面使用 YZ 基准面，绘制如图 1-82 所示草图，且要求点落在 Y 轴上，距离 X 轴 21mm。

③ 孔参数设置如下：

类型：螺纹孔，大小：M5×0.8，螺纹深度：10mm，深度限制：值，深度：12mm，顶锥角：118°，单击 "确定" 按钮，结果如图 1-83 所示。

7）阵列 M5 螺纹孔。要求：

① 使用 "特征" 工具栏→"阵列特征" 工具按钮激活 "阵列特征" 对话框。

② 选择特征：选择螺纹孔，数量：3，节距角：120°，其余设置同步骤 5），结果如图 1-84 所示。

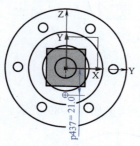

图 1-82　螺纹孔位置图

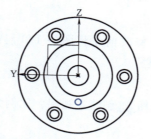

图 1-83　创建螺纹孔结果

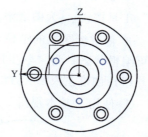

图 1-84　螺纹孔阵列结果

8）使用孔特征创建 M12 螺纹孔。方法：

① 使用 "孔" 工具按钮激活 "孔" 对话框。

② 孔放置面使用 XZ 基准面，绘制如图 1-85 所示草图。

③ 孔参数设置如下：

类型：螺纹孔，大小：M12×1.75，螺纹深度：12mm，深度限制：值，深度：31mm，顶锥角：118°，单击 "确定" 按钮，使用剪切截面显示工具按钮显示截切面，结果如

图 1-86 所示。

9）创建 ϕ10mm 横孔。要求：

从圆柱体和孔两种方法中任选一种方法创建 ϕ10mm 横孔。孔位置为：孔中心落在 Z 轴上，距 X 轴 20mm，结果如图 1-87 所示。

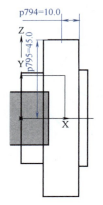

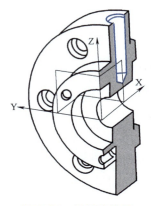

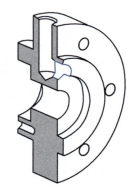

图 1-85　螺纹孔 M12 草图　　　　图 1-86　螺纹孔结果　　　　图 1-87　创建 ϕ10mm 横孔

10）使用倒斜角工具 和边倒圆工具 分别创建倒角 C1.5 和圆角 R2，结果如图 1-88 所示。

11）保存文件。

观看步骤 1）至 11）操作视频，请扫二维码 E1-20。

12）按下 Ctrl+Shift+D 快捷键进入工程图界面。

13）创建图纸——A3-无视图。方法：

① 使用"新建图纸页"工具按钮 激活"工作表"对话框，大小选"使用模板"，图纸列表选"A3-无视图"。

② 使用"制图工具—GC 工具箱"工具栏→"替换模板"工具按钮 为图纸添加标题栏。

③ 修改标题栏的单位名称（修改前先将图层 170 层改为可编辑状态）为"学生用标题栏"。

14）创建左视图。方法：

① 使用"基本视图"工具按钮 创建左视图，比例为 2：1，结果如图 1-89 所示。

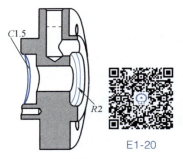

E1-20

图 1-88　倒圆角
和斜角

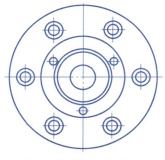

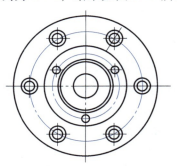

图 1-89　创建基本视图　　　　　　　　图 1-90　添加中心线

② 使用"注释"工具栏"中心线下拉菜单"→"螺栓圆中心线"添加中心线，结果如图1-90 所示。

15) 创建旋转剖视图。要求：

① 在绘图区选中左视图，单击右键菜单项【添加剖视图】调出"剖视图"对话框。

② 在"剖视图"对话框中"方法"下拉列表中选择"旋转"。

③ 按照如图1-91 所示顺序定义旋转点，第一段截切线位置、第二段截切线位置及第三段截切线位置。

④ 将旋转剖视图放在左视图的左边，结果如图1-92 所示。

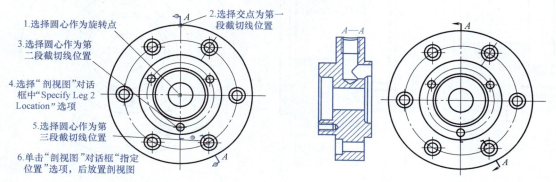

图 1-91 创建旋转剖视图过程   图 1-92 创建旋转剖视图结果

⑤ 使用"注释"工具栏"中心线下拉菜单"中"2D 中心线"添加孔中心线，结果如图1-93 所示。

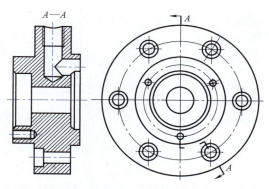

图 1-93 添加孔中心线

16) 标注尺寸。要求：

① 使用"快速尺寸"标注端盖水平和竖直线性尺寸，如图1-94 所示。

② 使用"快速尺寸"标注圆柱形尺寸。

③ 使用"制图编辑"工具栏→"编辑文本"工具按钮 $\boxed{A}$，为 $\phi52mm$、$\phi16mm$ 和 $\phi55mm$ 尺寸添加公差代号 H8、H7 和 g6，结果如图1-95 所示。

④ 使用"快速尺寸"标注直径尺寸 $\phi70mm$ 和 $\phi42mm$，结果如图1-96 所示。

⑤ 使用"注释"工具栏"注释"工具按钮 $\boxed{A}$，添加沉孔和螺纹孔尺寸，如图1-97 所示。

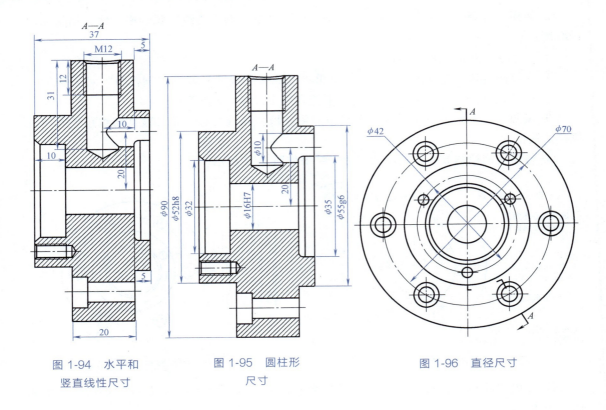

图 1-94　水平和
竖直线性尺寸

图 1-95　圆柱形
尺寸

图 1-96　直径尺寸

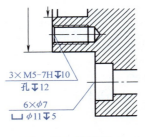

图 1-97　注释尺寸

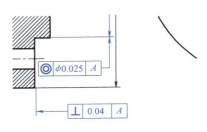

图 1-98　几何公差

⑥ 使用"注释"工具栏"特征控制框"工具按钮 添加几何公差，如图 1-98 所示。

17) 保存文件完成端盖工程图的创建。

观看步骤 12) 至 17) 操作视频，请扫二维码 E1-21。

E1-21

(2) 任务实施步骤——学生。根据自己所做的任务实施方案，完成任务实施步骤，并参考前边提供的格式撰写操作过程报告，提交到指定位置。

1.3.3　课后拓展训练

根据图 1-99 和图 1-100 所示工程图样，进行零件建模并创建工程图样。

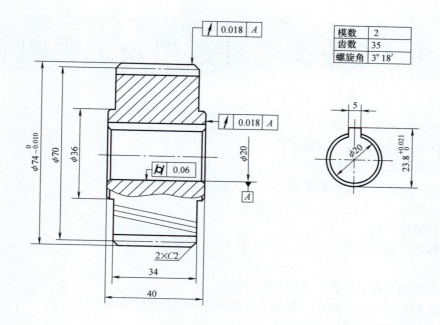

模数	2
齿数	35
螺旋角	3°18′

图 1-99 斜齿轮

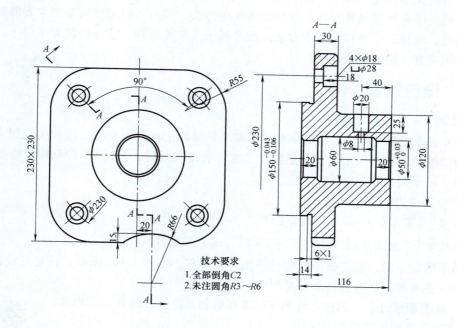

技术要求

1.全部倒角C2

2.未注圆角R3～R6

图 1-100 端盖

任务 1.4 拨叉零件建模及工程图制作

【知识点】

- 草图环境的进入工具。
- 草图几何对象绘制及编辑工具。
- 草图尺寸标注及编辑工具。
- 草图约束的定义及编辑工具。
- 拉伸特征。
- 特征镜像工具。
- 阶梯剖、局部剖视图工具。

【技能目标】

- 熟练使用草图工具建立草图并进行编辑。
- 能运用拉伸、孔、圆角、斜角、镜像等特征进行零件建模。
- 能对较为复杂的零件进行建模。
- 能够完成阶梯剖、局部剖及局部放大视图的创建。

【任务描述】

通过对拨叉零件建模及工程图的制作实施，使读者能掌握草图、拉伸、孔、圆角、斜角、镜像特征等基本建模特征和编辑特征的使用方法，以及工程图中局部剖和表面粗糙度等工具的用法，理解三维建模的基本方法。拨叉属于叉架类零件，它的建模方法对于其他的叉架零件建模具有一定的借鉴作用。

1.4.1 课前知识学习

1. 草图

在 NX 三维建模中，很多特征是在轮廓曲线的基础上进行创建的，轮廓曲线很多是二维轮廓或由二维轮廓转换而来，草图是构建二维轮廓最有效的工具。NX 的草图是参数驱动的二维图形，便于用户创建和编辑。

（1）命令位置

菜单项：【菜单】→【插入】→【草图】。

工具按钮："直接草图"工具栏→"草图"工具按钮 。

激活草图命令后，系统弹出"创建草图"对话框，如图 1-101 所示。设置完成，单击确定，就可以进入草图环境进行草图绘制。

（2）草图创建过程 扫描二维码 E1-22 观看创建草图的操作步骤视频。

2. 草图几何对象的绘制及编辑

UG 基本绘图命令包括轮廓、矩形、直线、圆弧、圆等，基本的编辑命令包括快速修剪、延伸、镜像等。

（1）命令位置

E1-22

菜单项：【菜单】→【插入】→【草图曲线】，单击需要使用的命令。

工具按钮：草图环境内"曲线"工具栏，如图1-102所示。

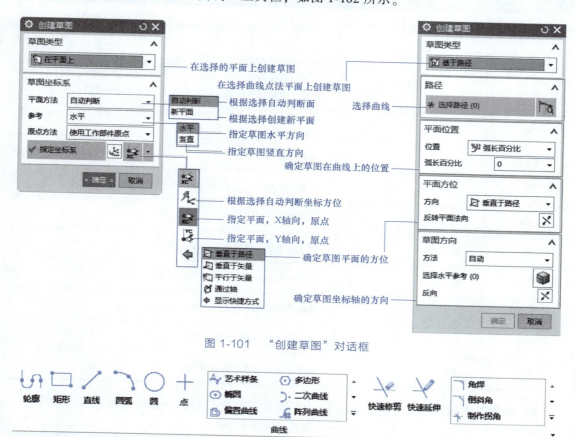

图1-101　"创建草图"对话框

图1-102　草图几何对象绘制及编辑工具

（2）草图绘图及编辑命令介绍

1）草图绘图命令介绍。草图基本图素绘制命令见表1-13。

表1-13　草图基本图素绘制命令说明

工具图标	含义	快捷键	用　法
	轮廓	Z	以线串模式创建一系列相连的直线或圆弧
	直线	L	绘制单条线段
	圆弧	A	通过三点或通过指定圆弧中心和端点方式创建圆弧
	圆	O	通过三点或通过指定其中心和直径创建圆
	倒圆角	F	在二或三条曲线之间创建圆角

（续）

工具图标	含 义	快捷键	用　　法
	倒斜角		在两条草图直线或圆弧之间创建斜角过渡
	矩形	R	可以使用对角点、三点、从中心等方式绘制矩形
	多边形	P	中心与内切圆半径或外接圆半径、边等方式绘制多边形
	艺术样条	C	使用通过点或极点方式动态创建和编辑样条曲线，创建过程中用户可以根据需要指定定义点的约束
	椭圆		绘制椭圆
	二次曲线		绘制二次曲线
	点		创建草图点
	派生直线		创建角平分线或两条平行线的中间线
	现有曲线		将现有的共面曲线和点添加到草图中
	交点		在曲线和草图平面之间创建一个交点
	相交曲线		在面和草图平面之间创建相交曲线
	投影曲线		沿草图平面的法向将外部曲线、边或点投影到草图上

2）草图基本编辑命令介绍。表1-14为草图绘图命令中的命令编辑指令。

表1-14　草图编辑命令介绍

工具图标	含 义	快捷键	用　　法
	快速修剪	T	将曲线修剪至最近的交点或选定的边界
	快速延伸	E	将曲线延伸至另一邻近曲线或选定的边界
	制作拐角		延伸或修剪曲线用于创建拐角
	偏置曲线		偏置位于草图平面上的曲线链
	阵列曲线		阵列位于草图平面上的曲线链
	镜像曲线		创建位于草图平面上的曲线链的镜像图样

（3）命令操作过程　扫描二维码E1-23观看草图几何对象绘制与编辑操作视频。

3. 草图几何约束

草图几何约束用于定义草图对象之间的方位或形状关系，常用的几何约束工具如图1-103所示。

E1-23

（1）命令位置

菜单项：【菜单】→【插入】→【草图约束】→【几何约束】。

工具按钮：草图环境内"约束"工具栏。

快捷键：C。

快捷用法：在绘图区草图环境下，选择草图对象，系统会在光标右上角显示可以添加的几何约束符号，可直接选择工具添加几何约束。

激活几何约束命令后，系统弹出"几何约束"对话框，如图 1-104 所示。

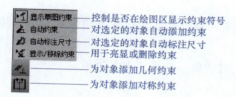

图 1-103 常用几何约束工具   图 1-104 "几何约束"对话框

（2）草图几何约束含义介绍 各约束符号的含义见表 1-15。

表 1-15 草图几何约束符号的含义

工具图标	含义	作　用
	重合	约束两个或两个以上的点位置重合
	同心	约束两个或两个以上的圆弧或椭圆弧同心
	共线	约束两条或两条以上直线共线
	点在曲线上	将选择点约束到曲线上
	中点	约束一个点与直线或圆弧的中点对齐
	水平	将一条或多条线约束成水平状态
	竖直	将一条或多条线约束成竖直状态
	平行	约束两条或两条曲线平行
	垂直	将两条选择的约束为互相垂直
	相切	约束两条选定的曲线相切
	等长度	约束两条或两条以上直线长度相等
	等半径	约束两条或两条以上圆弧半径相等
	设为对称	将选定的点或直线、圆弧、圆设定为以指定直线对称

（3）草图几何约束创建 扫描二维码 E1-24 观看草图几何约束创建的操作过程。

E1-24

4. 草图尺寸标注及编辑

（1）快速尺寸标注 尺寸约束是用数字约束草图对象的形状大小和位置，可以通过修改尺寸值驱动图形发生变化。它的作用和几何约束相同，很多时候可以替换，但也有不同，使用时应该细心体会。

1）命令位置。

菜单项：【菜单】→【插入】→【草图约束】→【尺寸】。

工具按钮："直接草图"工具栏→"快速尺寸"工具按钮 。

快捷键：D 。

快捷用法：在绘图区草图环境下，选择草图对象，系统会在光标右上角显示可以添加的尺寸工具，可直接选择工具添加尺寸。

激活快速尺寸命令后，系统弹出"快速尺寸"对话框，如图 1-105 所示。

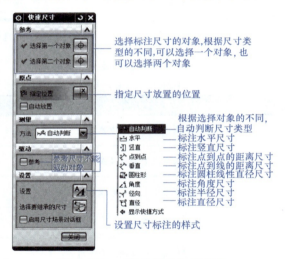

图 1-105 "快速尺寸"对话框

2）尺寸标注过程。扫描二维码 E1-25 观看尺寸标注过程视频。

E1-25

（2）尺寸编辑 草图中的尺寸编辑比较简单，可以选择要编辑的尺寸后选择光标右上角"编辑尺寸"工具按钮 ，也可以直接双击要编辑的尺寸，系统弹出对话框，在对话框中修改尺寸值就可以了。需要注意的是，如果想将草图中的尺寸进行统一编辑后统一生效，需要使草图延迟评估，而且所有的尺寸都是采用手工标注的方法所产生。

5. 拉伸特征

拉伸特征就是线串沿指定方向运动所形成的特征。如图 1-106 所示。

（1）命令位置

菜单项：【菜单】→【插入】→【设计特征】→【拉伸】。

工具按钮："特征"工具栏→"拉伸"工具按钮 。

快捷键：X。

激活拉伸命令后，系统弹出"拉伸"对话框，如图 1-107 所示。

（2）拉伸特征创建过程　扫描二维码 E1-26 观看拉伸特征操作步骤视频。

E1-26

图 1-106　拉伸特征

图 1-107　"拉伸"对话框

6. 镜像特征

"镜像特征"是将一个或多个特征沿指定的平面产生一个镜像特征。

（1）命令位置

菜单项：【菜单】→【插入】→【关联复制】→【镜像特征】。

工具按钮："特征"工具栏→"更多库"→"镜像特征"工具按钮。

激活镜像特征命令后，系统弹出"镜像特征"对话框，如图 1-108 所示。

（2）镜像特征操作过程　扫描二维码 E1-27 观看如图 1-109 所示特征的镜像操作步骤。

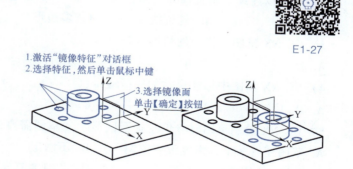

E1-27

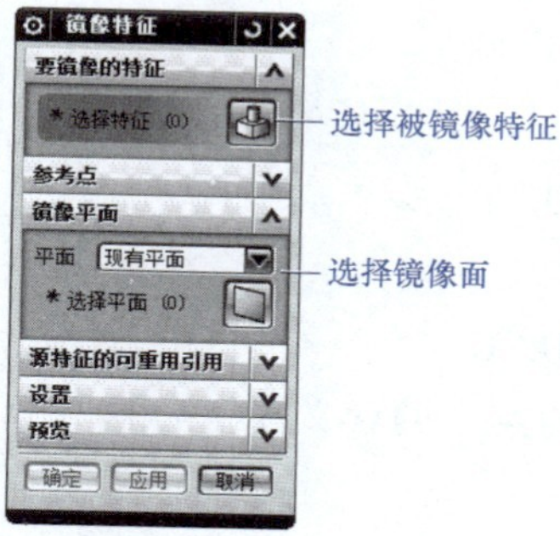

图 1-108　"镜像特征"对话框

图 1-109　镜像特征创建结果

7. 局部剖视图

局部剖视图是指用剖切平面剖开零件的一部分，做到既可以表达部分内部结构，又可以更多地表达外部结构。局部剖视图常用于表达轴、连杆、手柄等零件上的小孔、槽、凹坑等局部结构。

（1）命令位置

菜单项：在制图环境下【菜单】→【插入】→【视图】→【局部剖】。

工具按钮："视图"工具栏→"局部剖"工具按钮 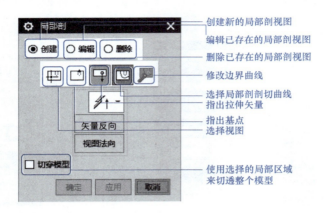。

激活命令后，系统弹出"局部剖"对话框，如图 1-110 所示。

图 1-110 "局部剖"对话框

（2）创建局部剖视图创建过程 扫描二维码 E1-28 观看创建局部剖视图过程视频。

1.4.2 课中任务实施

E1-28

1. 课前预习效果检测

（1）单选题

1）UG NX 的草图形式有（ ）和草图任务环境两种形式。

A. 直接草图　　　　B. 截面草图　　　　C. 外部草图　　　　D. 内部草图

2）既可以连续绘制直线和圆弧，又可以在直线与圆弧状态之间切换的命令是（ ）。

A. 直线　　　　　　B. 轮廓线　　　　　C. 多边形　　　　　D. 圆

3）UG NX 草图中修剪的快捷键是（ ）。

A. I　　　　　　　B. C　　　　　　　　C. Ctrl+Q　　　　　D. T

4）UG NX 草图中标注尺寸的快捷键是（ ）。

A. P　　　　　　　B. D　　　　　　　　C. O　　　　　　　D. C

5）UG NX 绘制草图时，信息提示区显示"草图需要 3 个约束"的含义（ ）。

A. 草图还有 3 个自由度没有限制　　　　B. 不确定

C. 草图必须再标注 3 个尺寸　　　　　　D. 草图需要保留 3 个自由度

（2）填空题

1）绘制局部剖视图时，表示剖切范围的曲线必须在视图处于_____（活动草图视图、当前）状态绘制。

2）在部件导航器中，选择草图的右键菜单项"编辑参数"可以编辑草图的_____（尺寸、约束、图素）。

3）使用 UG NX 草图中的快速尺寸工具不能标注_____（周长、水平，平行）和坐标尺寸。

4）UG NX 草图环境中系统自动标注的尺寸可以在＿＿＿＿＿＿（打开，关闭）"连续自动标注尺寸"选项后删除。

5）拉伸命令可以通过按快捷键＿＿＿＿＿＿（X，D，C）激活。

（3）判断题

1）UG NX 中拉伸的草图可以封闭，也可以不封闭，并且允许相交。（　　　）

2）拉伸时可以单向拉伸，也可以双向拉伸。（　　　）

3）创建拉伸特征时，可以在对话框中指定拉伸拔模角度。（　　　）

4）开放截面只能形成拉伸片体。（　　　）

5）镜像几何体命令和镜像特征命令功能相同。（　　　）

2. 任务实施方案设计

（1）零件图样分析　拨叉零件图如图 1-111 所示。拨叉由拨动槽、减重腔、连接孔和基本体结构组成。零件上下对称，可以使用拉伸、倒圆角、孔、特征镜像等特征进行建模。工程图有主视图、轴测图、阶梯剖、局部放大、局部剖等视图要素。

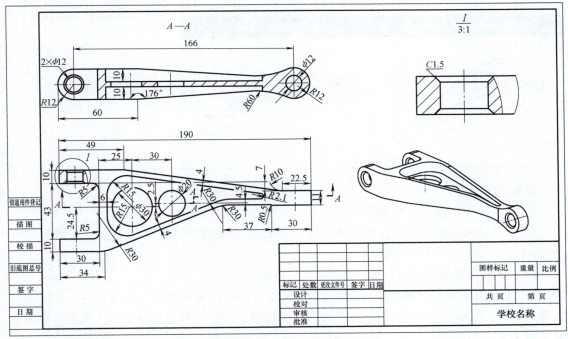

图 1-111　拨叉零件图

（2）零件建模实施方案设计

1）零件建模方案设计——参考。依据拨叉零件的结构分析可见该零件由异形轮廓的基本体、腔体、孔、边圆角等要素组成，由于基本体轮廓形状复杂，需使用草图形成外形，然后拉伸形成三维模型，然后再创建其他特征，并进行相应的布尔运算。具体建模方案见表 1-16。

2）零件造型方案设计——学员。

要求：使用布尔交的思路进行方案设计，参考 1）方案设计形式，设计自己的可实施零件造型方案。要求图表清晰，按老师要求提交到指定位置。

表 1-16　拨叉零件建模方案设计

1）创建基本体	2）切割外形	3）切除上表面槽
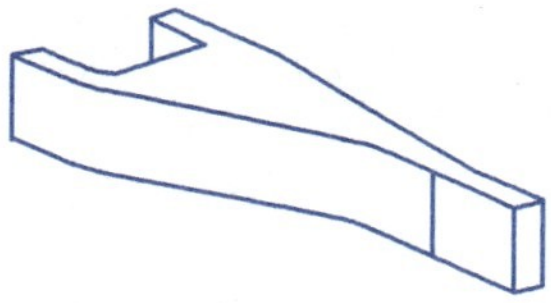	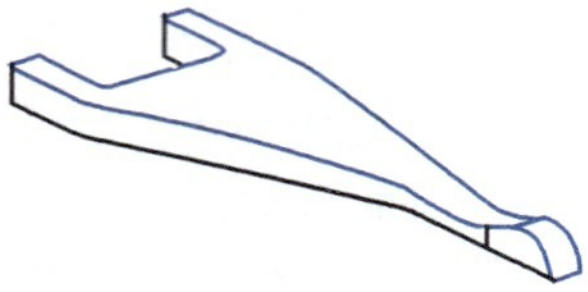	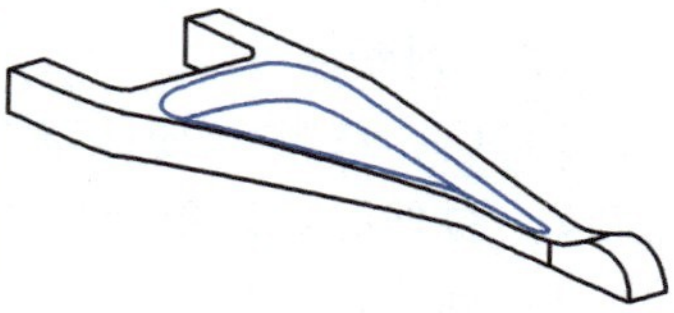
4）倒圆角 R12mm	5）镜像实体并求和	6）创建 φ12mm 孔
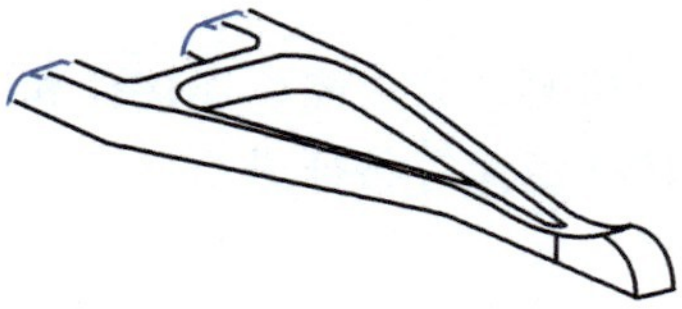	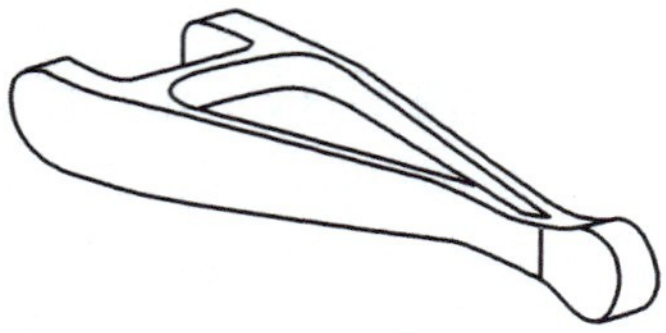	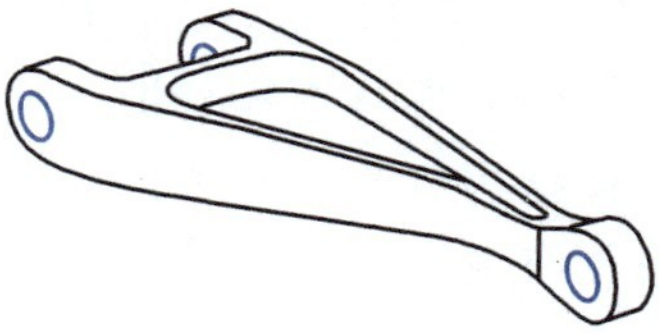
7）创建 φ30mm 和 φ20mm 孔	8）在孔棱角上倒角	
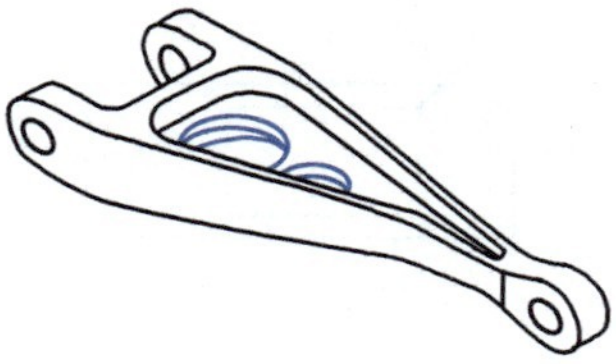	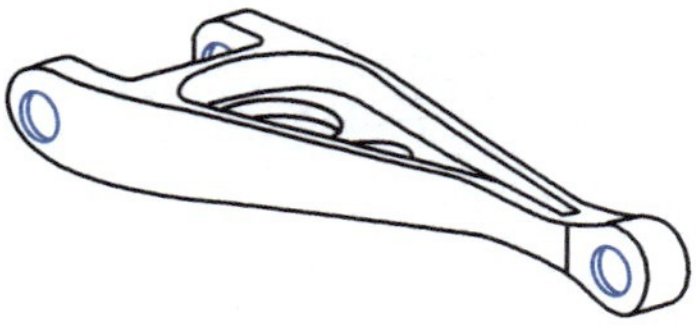	

温馨提示：

① 可按照不同的顺序来完成零件建模；

② 采用不同的建模方式，例如减重腔中的孔除了用拉伸，还可以采用"孔特征"来创建。

（3）工程图样制作方案设计

1）工程图样制作方案设计——参考。拨叉工程图样由基本视图、轴测图、一个局部放大视图组成，图纸使用标准的 A3 图纸和图框，按照工程图绘制规范制作，工程图样创建方案见表 1-17。

2）工程图样制作方案设计——学员。

要求：依据拨叉零件图，参考"工程图样制作方案设计——参考"的形式，制定自己的工程图样制作方案，按老师要求提交到指定位置。

3. 任务实施步骤

（1）任务实施步骤——参考

1）新建文件。文件名：拨叉 .prt，单位：毫米，模板：模型，文件存储位置：G：\。

2）在基准平面 XY 上创建"SKETCH_000"。方法：

① 使用"直接草图"工具栏→"草图"工具按钮🖬，激活"创建草图"对话框。

表 1-17 工程图样创建方案

序号	内容	图 例
1	创建图纸和标题栏	图纸和图框:A3 标题栏:GB/T 10609.1—2008
2	创建基本视图	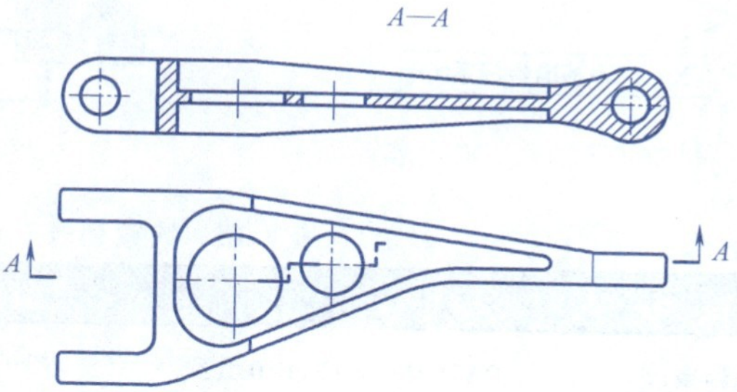
3	创建局部剖视图	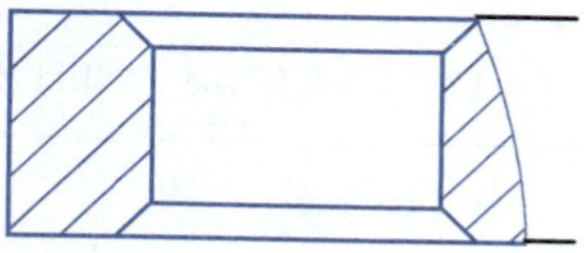
4	创建局部放大视图	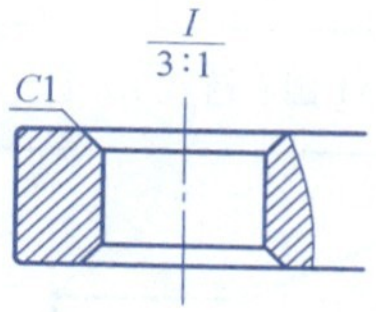
5	标注尺寸	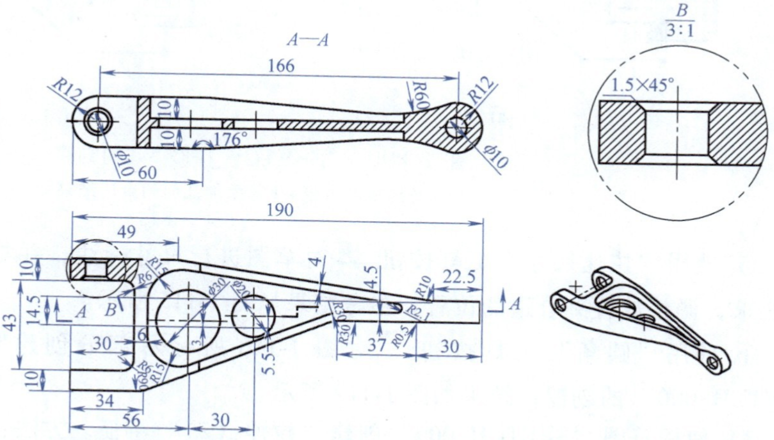

② 草图平面为 XY 平面,草图水平参考选择 X 轴正向,如图 1-112 所示。

③ 使用"轮廓曲线"工具⤴绘制如图 1-113 所示草图轮廓。

④ 使用"几何约束"工具⫽⊥对草图添加如表 1-18 所示几何约束,约束对象如图 1-114a 所示,结果如图 1-114b 所示。

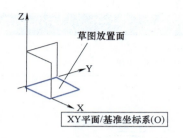

图1-112 "SKETCH_000"放置面

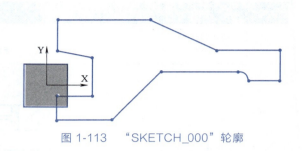

图1-113 "SKETCH_000"轮廓

表1-18 约束列表

序号	约束类型	约束对象
1	共线约束 ⫴	DATUM3与L3、L10共线
2	中点约束 ⊢⊣	坐标原点和Line2中间点对齐
3	水平 ⟶	L2、L4、L5、L7、L8、L9、L11水平
4	铅垂 ↥	L1、L6铅垂
5	相切 ⌔	L8与A1相切
6	点在线上 ⊥	A1圆心落在L7上

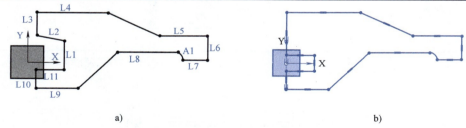

a)   b)

图1-114 "SKETCH_000"几何约束

a)要约束的对象 b)添加几何约束后结果

　⑤使用"快速尺寸"工具按钮 对草图进行尺寸标注，并将标注好的尺寸修改至图样要求，调整放置到合适的位置，参考结果如图1-115所示。

　⑥使用"圆角"工具按钮 对图1-116所标示部分创建圆角，完成"草图（1）SKETCH_000"的创建，结果如图1-117所示。

　3）使用草图"SKETCH_000"创建"拉伸（2）"特征。方法：

　①使用"拉伸"工具按钮 激活"拉伸"对话框。

　②拉伸截面：如图1-117所示"草图（1）SKETCH_000"。

　③拉伸方向：+ZC轴。

　④拉伸高度："起始"选项选择"值"，"距离"输入"0"，"终止"选项选择"值"，距离输入"30"。

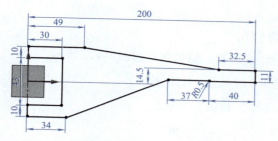

图1-115 添加"SKETCH_000"的尺寸约束

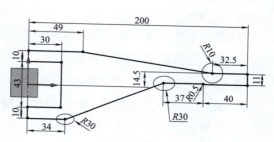

图1-116 创建圆角的边

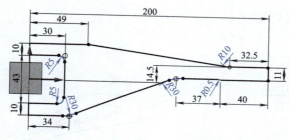

图1-117 "SKETCH_000"绘制结果

图1-118 "拉伸（2）"结果

⑤ 在绘图区选中"草图（1）SKETCH_000"，按下快捷键 Ctrl+B 隐藏"草图（1）SKETCH_000"，结果如图1-118所示。

观看步骤1）至3）操作视频，请扫二维码 E1-29。

4）在基准平面 XZ 上创建"SKETCH_001"。方法：

草图平面及草图水平方向如图1-119所示，草图绘制结果如图1-120所示。

E1-29

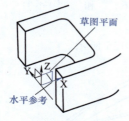

图1-119 草图平面及草图水平方向

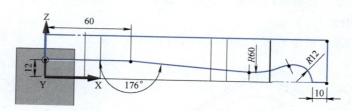

图1-120 "SKETCH_001"结果

5）使用草图"SKETCH_001"创建"拉伸（4）"特征。方法：

① 拉伸截面：如图1-120的"SKETCH_001"。

② 拉伸方向：+YC轴。

③ 拉伸方式：对称值，距离：40mm。

④ 布尔运算方式：减去，结果如图1-121所示。

观看步骤4）至5）操作视频，请扫二维码 E1-30。

6）在零件顶平面上创建草图

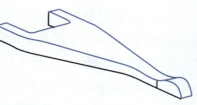

图1-121 "拉伸（4）"结果

E1-30

"SKETCH_002"。方法：

① 草图平面选择零件顶面，草图水平轴选择+XC。

② 草图直线轮廓采用"偏置曲线"工具按钮绘制，偏置距离如图1-122所示。

③ 使用"倒圆角"工具按钮倒圆角，圆角半径如图1-122所示。

7）使用草图"SKETCH_002"创建"拉伸（6）"特征。要求：

① 拉伸截面选择"SKETCH_002"。

② 拉伸方向使用-ZC。

③ 拉伸开始距离为0mm，终止距离为10mm。

④ 布尔运算方式：减去，结果如图1-123所示。

观看步骤6）至7）操作视频，请扫二维码E1-31。

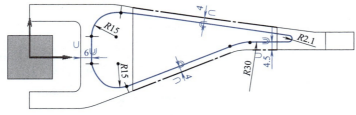

图1-122 "SKETCH_002"

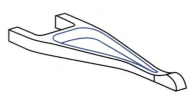

图1-123 "拉伸（6）"结果

8）使用"边倒圆"工具按钮倒圆角$R12mm$，结果如图1-124所示。

9）使用"镜像特征"工具按钮创建"镜像特征（8）"特征。方法：

① 使用"镜像特征"工具按钮激活"镜像特征"对话框。

② "要镜像的特征"选择"拉伸（2）""拉伸（4）""拉伸（6）"和
"边圆角（7）"。

③ "镜像平面"选择XY平面，单击"确定"按钮，结果如图1-125所示。

E1-31

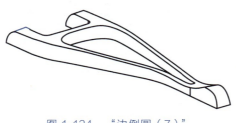

图1-124 "边倒圆（7）"

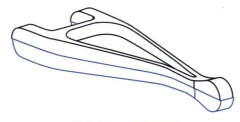

图1-125 镜像特征

10）使用"合并"工具按钮创建"合并（9）"特征。方法：

① 使用"合并"工具按钮激活"合并"对话框。

② 目标体选择镜像前的实体，工具体选择镜像后得到的实体，结果图1-126所示。

11）使用"孔"工具按钮创建"简单孔（10）"特征。方法：

① 使用"孔"工具按钮激活"孔"对话框。

② "类型"选择"常规孔"，孔位置在绘图区选择如图1-119所示圆心，"成型"选择

"简单孔"，直径输入"12"，"深度限制"选择"贯通体"。结果如图 1-127 所示。

图 1-126　布尔和

图 1-127　"简单孔（10）"

12）在零件顶面创建草图"SKETCH_003"。方法：

草图平面为零件顶面，草图形状和尺寸如图 1-128 所示。

13）使用草图"SKETCH_003"创建"拉伸（12）"特征。方法：

① 拉伸截面："SKETCH_003"。

② 拉伸方向：－ZC，初始距离：0mm，终止距离：贯通体，布尔：减去，结果如图 1-129 所示。

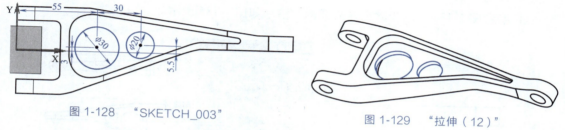

图 1-128　"SKETCH_003"

图 1-129　"拉伸（12）"

14）使用"倒斜角"工具按钮　创建"倒斜角（13）"特征。方法：

① 激活"倒斜角"对话框后，选择如图 1-130 所示六条棱边。

② 横截面："对称"，距离：1.5mm，结果如图 1-131 所示。

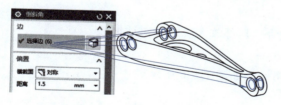

图 1-130　倒斜角参数设置

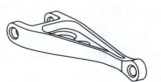

图 1-131　倒斜角结果

15）保存文件。

观看步骤 8）至 15）操作视频，请扫二维码 E1-32。

16）使用快捷键 Ctrl+Shift+D 进入工程图界面。

17）使用"新建图纸页"工具按钮　创建图纸。要求：图纸模板使用"A3-无视图"。

E1-32

18）使用"基本视图"工具按钮　创建视图。创建结果如图 1-132 所示。方法：

① 视图方位如图 1-132 所示俯视图。

② 在绘图区选中俯视图后，使用右键菜单项【添加剖视图】激活"剖视图"对话框。

③ "方法"选择"简单剖/阶梯剖","截面线段"选项组"指定位置"依次选择两圆心和 R2.1 圆角圆心,在主视图位置放置视图后结果如图 1-132 所示。

19)使用"局部剖视图"工具按钮创建局部剖视图。方法:

① 选中俯视图边框,系统在光标右上角弹出快捷工具面板,选择"活动草图视图"工具按钮将俯视图设为默认的草图关联视图。

② 单击艺术样条曲线快捷键 S,系统弹出"艺术样条"对话框,此时,俯视图边框变成蓝色的虚线框,绘制如图 1-133 所示局部剖轮廓。选择"完成草图"工具按钮退出草图状态。

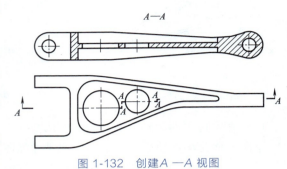

图 1-132　创建 A —A 视图

③ 使用"视图"工具栏"局部剖视图"工具按钮激活"局部剖"对话框。

④ 参考图 1-134 所示步骤创建局部剖,结果如图 1-135 所示。

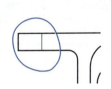

图 1-133　局部剖轮廓

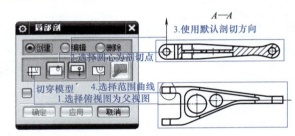

图 1-134　局部剖视图参数选择

20)创建局部放大视图。方法:

① 使用"局部放大视图"工具按钮激活"局部放大视图"对话框。

② 放大部位为第 19)步局部剖位置。

③ 局部放大视图的视图比例为 3∶1。参考结果如图 1-136 所示。

图 1-135　局部剖视图创建结果

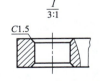

图 1-136　局部放大视图

21)标注尺寸。尺寸标注可参考图 1-137。

22)保存文件完成拨叉工程图的创建。

观看步骤 16)至 22)操作视频,请扫二维码 E1-33。

(2)任务实施步骤——学员　根据自己所做的任务实施方案,完成任务实施步骤,并参考前边提供的形式撰写操作过程报告,提交到指定位置。

E1-33

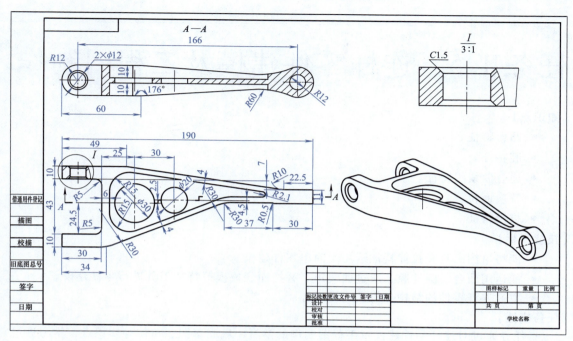

图 1-137 尺寸标注

1.4.3 课后拓展训练

根据图 1-138 所示支架零件，完成零件三维建模并创建工程图。

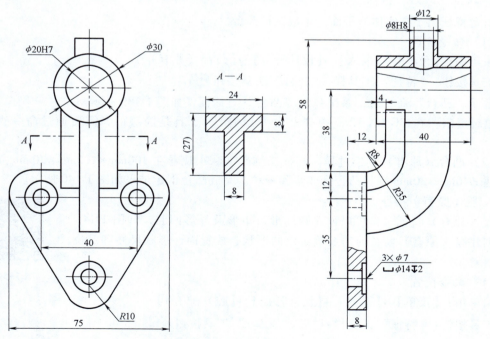

图 1-138 支架

任务 1.5　连杆零件建模及工程图制作

【知识点】
- 凸台特征。
- 腔特征。
- 通过曲线组特征。
- 替换面特征。
- 拔模特征。

【技能目标】
- 能将草图工具和拉伸特征运用于简单零件建模。
- 能运用凸台、圆柱腔、通过曲线组、替换面、拔模等特征工具进行零件建模。
- 掌握连杆零件的结构分析及建模设计。

【任务描述】

本任务通过对连杆零件建模及工程图制作的学习，巩固草图、拉伸等知识点，学习通过曲线组、圆柱凸台、圆柱腔、替换面、拔模等特征工具的使用方法，使读者熟练掌握连杆零件三维建模的基本技巧及方法。

1.5.1　课前知识学习

1. 凸台（原有）特征

凸台特征用于在实体的平面上生成圆柱凸台。

（1）命令位置

菜单项：【菜单】→【插入】→【设计特征】→【凸台（原有）】。

工具按钮："特征"工具栏→"凸台"工具按钮 📷。

激活"凸台"命令后，系统弹出"凸台"对话框，如图 1-139 所示。

温馨提示：在 UG NX 12.0 中"凸台（原有）"工具是隐藏的，需要通过命令查找器调出。

（2）凸台（原有）创建过程　扫描二维码 E1-34 观看在 100mm×100mm×20mm 立方体上创建 φ40mm×30mm 圆柱凸台操作步骤视频。完成凸台创建结果如图 1-140 所示。

2. 腔（原有）特征

腔（原有）特征工具可以创建圆柱形、矩形及异形凹腔，如图 1-141 所示。创建腔（原有）特征时需要确定腔的形状、放置面、形状尺寸和定位尺寸等要素。

E1-34

（1）命令位置

菜单项：【菜单】→【插入】→【设计特征】→【腔（原有）】。

工具按钮："特征"工具栏→"腔（原有）"工具按钮 🧱。

激活"腔（原有）"命令后，系统弹出"腔"对话框，如图 1-142 所示。

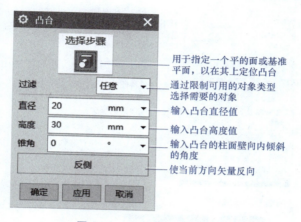

图 1-139 "凸台"对话框

用于指定一个平的面或基准平面，以在其上定位凸台

通过限制可用的对象类型选择需要的对象

输入凸台直径值

输入凸台高度值

输入凸台的柱面壁向内倾斜的角度

使当前方向矢量反向

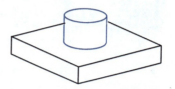

图 1-140 凸台创建结果

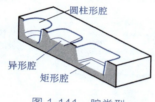

图 1-141 腔类型

图 1-142 "腔"对话框

温馨提示： 在 UG NX12.0 中"腔（原有）"工具是隐藏的，需要通过命令查找器调出。在"腔"对话框中选择不同类型的腔，后续操作步骤各不相同，这里仅以圆柱形腔进行说明。

（2）腔（原有）特征创建过程 使用腔（原有）特征创建圆柱形和矩形腔时放置面必须是平面，异型腔则可以在实体或面片的曲面或平面上创建。请扫二维码 E1-35 观看创建视频。

3. 通过曲线组特征

通过曲线组特征使用多组截面线串按照一定的连接方式生成片体或实体。创建特征过程中可以定义第一个截面线串和最后一个截面线串与现有曲面的约束关系，使生成的曲面与原有曲面圆滑过渡。

（1）命令位置

菜单项：【菜单】→【插入】→【网格曲面】→【通过曲线组】。

工具按钮："曲面"选项卡→"通过曲线组"工具按钮 。

激活"通过曲线组"命令后，系统弹出"通过曲线组"对话框，如图 1-143 所示。

（2）通过曲线组创建过程 扫描二维码 E1-36 观看通过曲线组操作步骤视频。

E1-35

E1-36

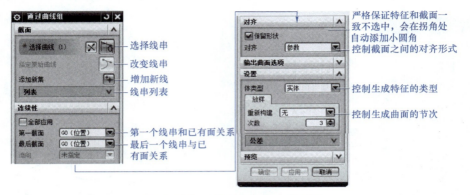

图 1-143 "通过曲线组"对话框

4. 替换面特征

UG NX 12.0 提供了强大的同步建模工具，对非参数模型或参数模型进行各种编辑。替换面仅是同步建模的一个工具，使用"替换面"工具可以用一个曲面替换实体上选定的一个或多个面，而这个曲面和被替换的面可以不属于同一个实体。

（1）命令位置

菜单项：【菜单】→【插入】→【同步建模】→【替换面】。

工具按钮："主页"选项卡→"同步建模"工具栏→"替换面"工具按钮。

图 1-144 "替换面"对话框

激活"替换面"命令后，系统弹出"替换面"对话框，如图 1-144 所示。

（2）替换面操作过程 扫描二维码 E1-37 观看以圆柱面替换立方体凸起右侧面操作步骤视频。完成结果如图 1-145 所示。

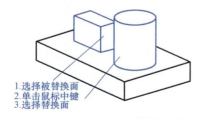

1.选择被替换面
2.单击鼠标中键
3.选择替换面

图 1-145 替换面操作

E1-37

5. 拔模特征

拔模特征将实体或曲面表面沿拔模枢轴旋转一定的角度。

（1）命令位置

菜单项：【菜单】→【插入】→【细节特征】→【拔模】。

工具按钮："特征"工具栏→"拔模"工具按钮。

激活"拔模"命令后，系统弹出"拔模"对话框，如图 1-146 所示。

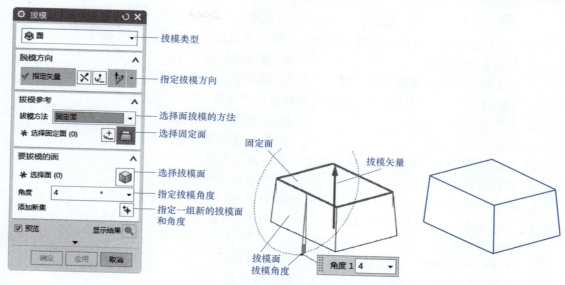

图 1-146 "拔模"对话框

拔模类型的含义见表 1-19。

表 1-19 拔模类型

拔模类型	含 义	图 例
面	以选择的固定面和拔模面的交线为旋转枢轴,旋转拔模面形成拔模角度	
边	以选定的边作为旋转枢轴,旋转拔模面形成拔模角度	
与面相切	这种拔模后,拔模面始终与以前的相切面保持相切关系	
分型边	以选择的固定面和拔模面的交线为旋转枢轴,对拔模面从分型线向着拔模方向的一侧产生拔模角度	

（2）拔模操作过程 不同类型的拔模操作过程基本一致，扫描二维码 E1-38 观看拔模操作过程视频。

1.5.2 课中任务实施

1. 课前预习效果检测

（1）单选题

1）"通过曲线组"的工具按钮是（   ）。

E1-38

A. [image] B. [image] C. [image] D. [image]

2）"通过曲线组"对话框中对齐选项组下的"保留形状"选项的含义是（　　　）。

A. 保留截面形状　　　　　　　　B. 截面的位置不变

C. 使生成的对象和截面完全一致　　D. 保留生成对象的形状

3）"通过曲线组"对话框中"放样"选项组下"次数"选项的含义是（　　　）。

A. 选择截面的个数　　　　　　　B. 生成曲面的次数

C. 选择截面的次数　　　　　　　D. 生成曲面的阶次

4）同步建模中的"替换面"对话框中"原始面"是指（　　　）。

A. 替换后的面　　　　　　　　　B. 替换的结果曲面

C. 被替换掉的面　　　　　　　　D. 都不是

5）"面拔模"的"固定面"的作用是（　　　）。

A. 确定拔模方向

B. 选择的面不能动

C. 选择的固定面与拔模面的交线作为拔模的旋转轴

D. 确定拔模角度

（2）填空题

1）"凸台"和"腔"工具按钮在 UG NX 12.0 里默认状态下是_____（隐藏，显示）的。

2）凸台用于在实体表面上创建_____（圆柱、矩、任意性）形凸起。

3）拔模可以在实体或片体的侧面和拔模方向产生一定的_____（角度、距离）。

4）同步建模工具面替换用_____（替换面，被替换面）替换原始面。

5）将剖视图改为断面图需要在视图"设置"对话框中将_____（显示背景，背景，截面）复选框去掉。

（3）判断题

1）同步建模中的"面替换"特征里原曲面和替换面可以不属于同一个体。（　　　）

2）"通过曲线组"特征中"保留形状"只能在"参数"和"根据点"两种对齐方式下可用。（　　　）

3）拔模特征和拔模体特征一样。（　　　）

4）UG NX 拔模角度可以在大于-90°到小于+90°之间。（　　　）

5）"面替换"中替换面必须完全覆盖原始面。（　　　）

2. 任务实施方案设计

（1）零件图样分析　连杆零件图如图 1-147 所示，属于典型的叉架类零件。叉架类零件主要起着连接、拨动、支承等作用，常见的有拨叉、连杆、支架、摇臂等。该类零件结构较为复杂，外形不规则，且大多具有肋、板、杆、筒、座和凸台等结构。

连杆零件主要由底板、左圆柱凸台 $\phi71mm×27.5mm$、右圆柱凸台 $\phi37mm×14mm$、左边凸耳 57mm×55mm、中间连接部分五部分组成。建模过程使用到长方体、拉伸、通过曲线组、凸台、腔、拔模、圆角、面替换等特征工具。

（2）零件建模实施方案设计

1）建模实施方案设计——参考。连杆零件的建模思路是：使用体素工具进行底座和圆柱凸台、腔的建模；使用通过曲线组、面替换、布尔运算的合并工具完成中间连接部分建模；使用拉伸特征进行左侧凸耳的建模；最后进行拔模、边倒圆操作。具体建模方案见表1-20。

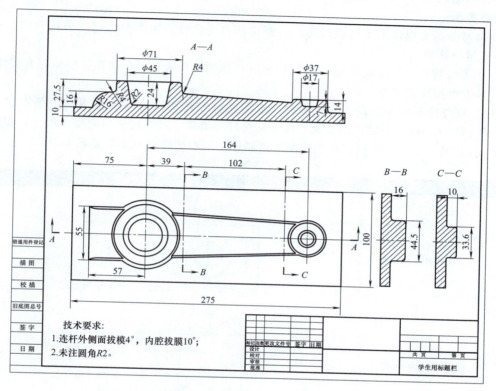

图 1-147　连杆零件图

表 1-20　连杆建模方案

（单位：mm）

1）创建底板 275×100×10	2）左圆柱凸台 φ71×27.5	3）右圆柱凸台 φ37×14
4）中间连接部分	5）左边凸耳 57×55	6）左圆柱腔 φ45×24-10°-R2
7）右圆柱腔 φ17×7-10°-R2	8）拔模 4°	9）倒圆角 R4 和 R2

2）建模实施方案设计——学生。

要求：依据学员自己的任务分析，参考1）方案设计形式，设计自己的可实施零件建模方案。要求图表清晰，按老师要求提交到指定位置。

温馨提示：

① 参考分析是以体素工具进行底座、圆柱凸台的建模，同学们也可以采用草图拉伸或旋转方式进行建模。

② 参考分析两圆柱腔是采用"腔"特征进行建模，读者也可采用孔、拉伸等方式建模。

（3）工程图样制作方案设计

1）工程图样制作方案设计——参考。依据连杆零件图，连杆工程图样由基本视图和 A—A、B—B、C—C 三个剖视图组成。尺寸标注较为简单，只有最常用的线性尺寸，图纸使用标准 A3 图纸和图框，按照工程图绘制规范制作。工程图样创建方案见表1-21。

表 1-21　工程图样创建方案

序号	内容	图　例
1	创建图纸和标题栏	图纸和图框 标题栏：GB/T 10609.1—2008
2	创建基本视图	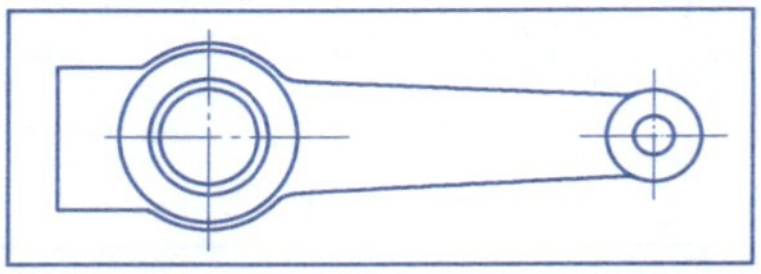
3	创建剖视图 A—A	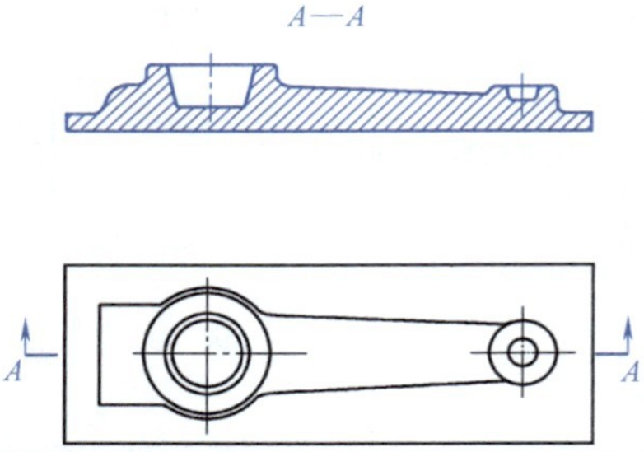
4	创建剖视图 B—B 和 C—C	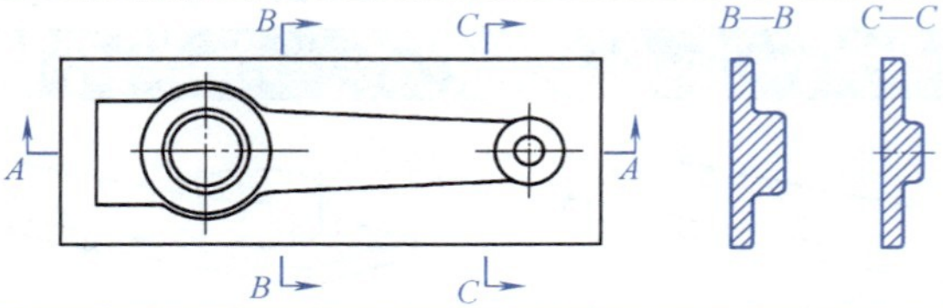
5	标注尺寸	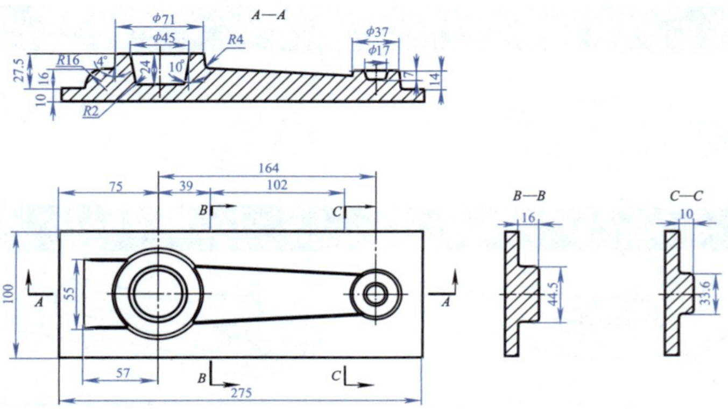

2）工程图样制作方案设计——学生。

要求：依据连杆工程图样，参考"工程图样制作方案设计——参考"的形式，制定自己的工程图样制作方案，按老师要求提交到指定位置。

3. 任务实施步骤

（1）任务实施步骤——参考

1）新建模型文件。要求：文件名："连杆.prt"，单位：毫米，文件存储位置：G：\。

2）使用长方体工具创建底板。方法：

① 使用"长方体"工具按钮 [图标] 激活长方体对话框。

② 长方体尺寸：275mm×100mm×10mm 。

③ 原点坐标：-75，-50，-10，结果如图 1-148 所示。

3）使用凸台工具创建左圆柱凸台 φ71mm×27.5mm。方法：

① 使用"凸台（原有）"工具 [图标] 激活"凸台"对话框。

② 放置面：底板上表面。

③ 凸台直径：71mm，高度：27.5mm，锥角：4°。

④ 定位：使用"点到点"工具 [图标] 将凸台原点与坐标原点重合，结果如图 1-149 所示。

⑤ 使用"实用工具"工具栏→"简单测量"下拉菜单→"简单直径"，测量凸台的顶面直径和底部直径。

⑥ 在图形区双击凸台，激活"编辑参数"对话框，选择"特征对话框"按钮，系统弹出凸台参数对话框，修改凸台尺寸，直径71mm，高度27.5mm，锥角0°，结果如图 1-150 所示。

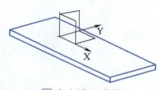

图 1-148 底板

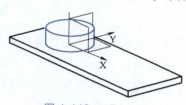

图 1-149 φ71mm×
27.5mm-4°凸台

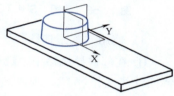

图 1-150 φ71mm×
27.5mm 凸台

4）使用凸台工具创建右侧圆柱凸台 φ37mm×14mm。方法：

① 使用"凸台（原有）"工具 [图标] 激活"凸台"对话框。

② 放置面：底板上表面。

③ 凸台直径：37mm，高：14mm，锥角：0°。

④ 定位：使用"点落到线上"工具 [图标] 将凸台中心落在 X 轴上，使用"垂直"工具 [图标] 限制凸台中心距离 Y 轴164mm，结果如图 1-151 所示。

5）使用基准平面工具创建"基准平面（4）"。方法：

① 使用"基准平面"工具按钮 [图标] 激活"基准平面"对话框。

② 选中"偏置"选项，在绘图区选择 YZ 平面，在距离后的输入条中输入 39mm，单击"确定"，结果如图 1-152 所示。

6）在基准平面（4）上创建草图"SKETCH_000"。方法：

① 使用"草图"工具按钮 [图标] 激活"草图"对话框后，草图平面选择"基准平面（4）"，草图水平轴为+YC。

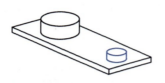

图 1-151　右侧圆柱凸台 φ37mm×14mm

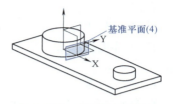

图 1-152　基准平面（4）

② 使用矩形工具绘制如图 1-153 所示曲线（注意添加中点┼—和重合\\\约束）。

7）使用阵列几何特征工具对草图"SKETCH_000"中小矩形进行复制。方法：

① 使用"特征"工具栏→"阵列几何特征"工具按钮激活"阵列几何特征"对话框。

② 阵列对象：草图"SKETCH_000"中 33.6mm×10mm 矩形，阵列方向：X 轴，阵列数量：2，距离：102mm。

③ 将草图"SKETCH_000"中的小矩形隐藏，结果如图 1-154 所示。

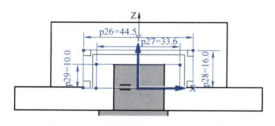

图 1-153　草图"SKETCH_000"

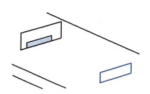

图 1-154　曲线阵列

8）使用"通过曲线组"工具按钮创建"通过曲线组曲面（8）"特征。方法：

① 在部件导航器中，选中"基准平面（4）""草图（5）SKETCH_000"和"阵列几何特征【线性】（6）"，按住鼠标左键并拖动到"支管（2）"前，如图 1-155 所示。

② 在"阵列几何特征【线性】（4）"上选择右键菜单项【设为当前特征】将特征"阵列几何特征【线性】（4）"变为当前特征。如图 1-156 所示。

图 1-155　调整特征顺序

图 1-156　改变当前特征

③ 使用"曲面"选项卡"通过曲线组"工具按钮激活"通过曲线组"对话框。

④ 在"上边框条"→【曲线规则】下拉菜单选择列表中选择"相连曲线"，如图 1-157 所示。

⑤ 截面定义。按图 1-158 所示顺序选择截面。

温馨提示：截面一与截面二初始曲线的方向必须一致。

⑥ 将"对齐"选项组"保留形状"选项选中。

⑦ 单击"确定"按钮，结果如图 1-159 所示。

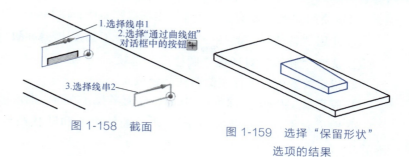

图 1-157 曲线规则 图 1-158 截面 图 1-159 选择"保留形状"选项的结果

⑧ 布尔合并。使用"合并"工具按钮 激活"合并"对话框，目标体选择底板，工具体选择通过曲线组特征，单击"确定"完成合并操作。

⑨ 将"支管（7）"变为当前特征，结果如图 1-160 所示。

9）使用"替换面"工具将步骤 8）创建实体的左右端面与左右圆柱面完全贴合。方法：

① 使用"替换面"工具按钮 激活"替换面"对话框。

② 按图 1-161 所示原始面选择左要替换的面，替换面选择左替换面，单击"应用"按钮将左侧圆柱面替换中间凸起左侧面。

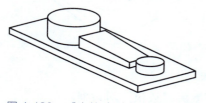

图 1-160 "支管（7）"为当前特征

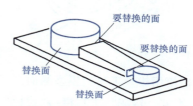

图 1-161 替换面参数选择

③ 按图 1-161 所示原始面选择右要替换的面，替换面选择右替换面，单击"确定"按钮将右侧圆柱面替换中间凸起的右侧面，结果如图 1-162 所示。

10）在基准平面 X-Y 上创建草图"SKETCH_001"。方法：

① 激活草图对话框后，草图平面选择 X-Z 平面，水平方向为+XC。

② 草图形状和尺寸如图 1-163 所示（注意添加重合约束）。

11）使用草图"SKETCH_001"创建拉伸特征。要求：

① 激活拉伸命令后，拉伸截面："SKETCH_001"，拉伸方向：+YC。

② 拉伸方式：对称值，距离为 27.5mm，布尔：合并，结果如图 1-164 所示。

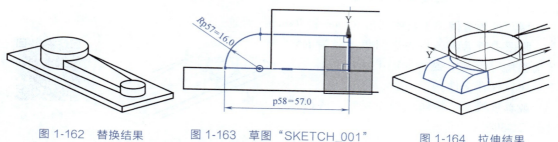

图 1-162 替换结果   图 1-163 草图"SKETCH_001"   图 1-164 拉伸结果

12）使用"腔（原有）"工具创建左端腔 ϕ45mm×24mm-10°-R2mm。方法：

① 使用"特征"工具栏→"腔（原有）"工具按钮，激活"腔体"对话框。

② 选择"腔体"对话框"圆柱形"选项。

③ 指定放置面：选择左侧圆柱凸台顶面。

④ 腔直径：45mm，深度：24mm，底面半径：2mm，锥角：10°。

⑤ 定位方式："点落在点上" ，腔的中心和圆柱凸台中心重合，结果如图 1-165 所示。

13）使用"腔（原有）"工具创建右侧腔 ϕ17mm×7mm-10°-R2mm。方法：

① 使用"特征"工具栏→"腔（原有）"工具按钮，激活"腔体"对话框。选择"腔"对话框"圆柱形"选项。

② 指定放置面：右侧圆柱面顶面。

③ 腔体直径：17mm，深度：7mm，底面半径 2mm，锥角：10°。

④ "点落在点上" ，腔的中心和右侧圆柱凸台中心重合，结果如图 1-166 所示。

图 1-165　腔 ϕ45mm×24mm-10°-R2

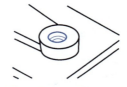

图 1-166　腔 ϕ17mm×7mm-10°-R 2mm

14）使用拔模工具为模型侧面创建 4°拔模。方法：

① 使用"特征"工具栏→"拔模"工具按钮 激活"拔模"对话框。

② 拔模类型：面，拔模方法：固定面，拔模方向：+ZC 轴。

③ 固定面、拔模面（6个面）选择如图 1-167 所示。

④ 拔模角度：4°，结果如图 1-168 所示。

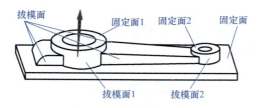

图 1-167　拔模参数选择设置

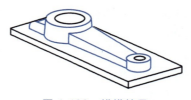

图 1-168　拔模结果

15）使用边倒圆工具倒圆角 R2mm 和 R4mm。要求：

除图中所示两条相切边圆角半径为 R4，其余圆角均为 R2，结果如图 1-169 所示。

16）保存文件。

观看步骤 1）至 16）操作视频，请扫二维码 E1-39。

17）进入工程图界面。方法：按下快捷

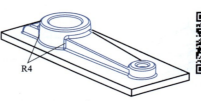

E1-39

图 1-169　倒圆角结果

键 Ctrl+Shift+D 进入工程图环境。

18）创建图纸。要求：图纸模板使用"A3-无视图"。

19）创建基本视图。视图比例为 1 : 2，参考结果如图 1-170 所示。

20）创建全剖视图 A—A。要求：剖切位置左侧圆柱凸台中心，结果如图 1-171 所示。

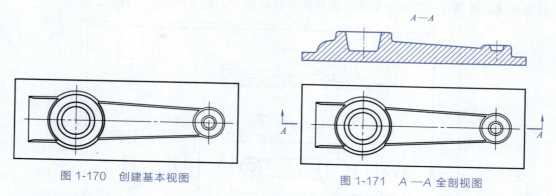

图 1-170　创建基本视图　　　　　　　图 1-171　A—A 全剖视图

21）创建剖视图 B—B 和 C—C。要求：剖面图 B—B 要求距离 YZ 面 39mm，C—C 距离 YZ 面 141mm，结果如图 1-172 所示。

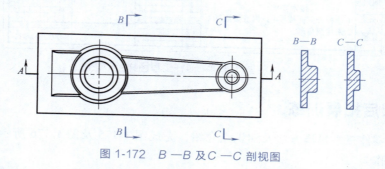

图 1-172　B—B 及 C—C 剖视图

22）标注尺寸。尺寸标注可参考图 1-173。

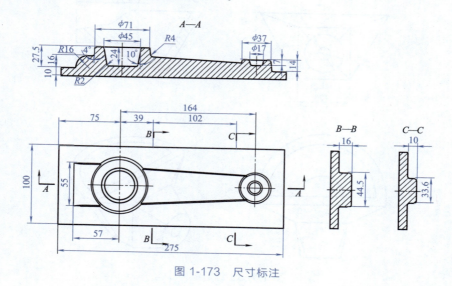

图 1-173　尺寸标注

23）调整视图位置。参考图 1-174 所示调整视图位置。

24）保存文件完成连杆工程图的创建。

观看步骤 17）至 24）操作视频，请扫二维码 E1-40。

E1-40

（2）任务实施步骤——学员 根据自己所做的任务实施方案，完成任务实施步骤，并参考前边提供的形式撰写操作过程报告，提交到指定位置。

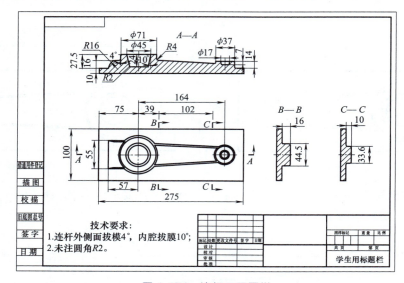

图 1-174 连杆工程图样

1.5.3 课后拓展训练

参照连杆零件三维建模方法及知识点介绍，完成图 1-175 及图 1-176 所示零件的三维建模及工程图制作。

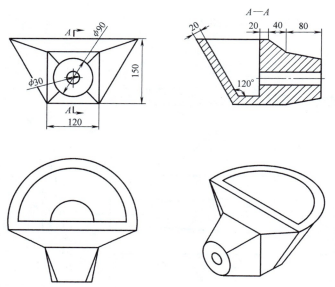

图 1-175 练习零件 1

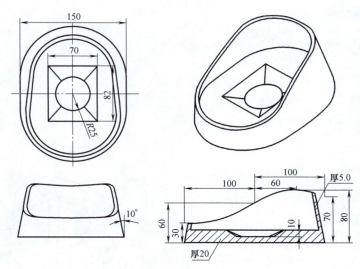

图 1-176　练习零件 2

任务 1.6　摇臂零件建模及工程图制作

【知识点】

- 旋转特征。
- 扫掠特征。
- 螺纹特征。

【技能目标】

- 能运用旋转、扫掠、螺纹等特征进行零件建模。
- 能独立完成中等复杂零件的建模。

【任务描述】

　　本任务通过摇臂零件的三维建模，使读者掌握旋转、扫掠、螺纹等特征的同时帮助读者巩固草图、体素特征等知识，使其具有独立完成摇臂类零件建模的能力。

1.6.1　课前知识学习

1. 旋转特征

旋转特征是一个截面轮廓绕指定轴线旋转一定角度所形成的特征。

（1）命令位置

菜单项：【菜单】→【插入】→【设计特征】→【旋转】。

工具按钮："特征"工具栏→【设计特征】下拉菜单→"旋转"工具按钮🔩。

激活通过"旋转"命令后，系统弹出"旋转"对话框，如图 1-177 所示。旋转参数含义如图 1-178 所示。

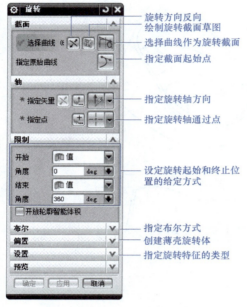

图 1-177　"旋转"对话框　　　　　　　图 1-178　旋转参数含义

通过旋转特征可以创建旋转曲面、旋转实体和薄壳旋转对象，如图 1-179 所示。

图 1-179　旋转特征类型

（2）旋转操作过程　扫描二维码 E1-41 观看旋转操作过程视频。

2. 扫掠特征

扫掠特征是通过一个或多个截面沿引导线串扫掠，创建实体或片体。截面线串要求不多于 150，引导线串 1~3 条，另外可以根据需要选择 1 条脊线串。一个截面的扫掠样式见表 1-22。

E1-41

表 1-22　扫掠样式

一个截面一条引导线	一个截面两条引导线	一个截面三条引导线
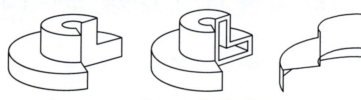		

（1）命令位置

菜单项：【菜单】→【插入】→【扫掠】→【扫掠】。

工具按钮："曲面"选项卡→"曲面"工具栏→"扫掠"工具按钮🧊。

激活扫掠命令后，系统弹出"扫掠"对话框，如图1-180所示。

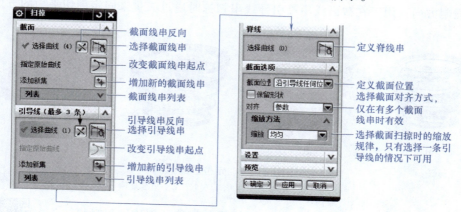

图1-180 "扫掠"对话框（引导线个数不同，对话框不一样）

（2）各参数含义

1）截面位置。只有选择一个截面时选项可用，如果截面在引导线的中间时，这些选项可以更改产生的扫掠，如图1-181所示。

2）截面之间的插值规律。只有选择多个截面时选项可用，如图1-182所示。

3）对齐方式。确定截面线串间的对齐方式。

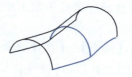

沿引导线任何位置　　　引导线末端

图1-181 截面位置

线性插值　　　三次方插值　　　混合插值

图1-182 截面之间的插值方式

参数：按等参数间隔沿截面对齐等参数曲线。

弧长：按等弧长间隔沿截面对齐等参数曲线。

根据点：按截面间指定的点对齐等参数曲线。用户可以根据需要添加、删除、移动点来优化曲面形状。

4）定位方式。这个选项在只有一条引导线的情况下可用。用于控制截面沿引导线扫掠时的方位控制，如图1-183所示。

① 固定：截面线串沿引导线移动时保持固定的方位，生成截面始终保持平行的简单扫掠。

② 面的法向：在扫掠过程中截面的Y轴和选择面的法线方向对齐。

③ 矢量方向：在扫掠过程中截面的Y轴始终和选择的矢量方向一致。

④ 另一曲线：通过连接引导线和另一曲线上相应的点获取扫掠的Y轴方向。

⑤ 一个点：与另一曲线相似。

⑥ 角度规律：通过定义角度规律来确定截面扫掠过程中的方向。

⑦ 强制方向：用于在截面线串沿引导线串扫掠时通过矢量来固定剖切平面的方位。

图 1-183　定位方式

a）固定　b）面的法向　c）矢量　d）角度规律

（3）扫掠操作过程　扫描二维码 E1-42 观看扫掠特征创建过程视频。

E1-42

3. 螺纹特征

螺纹特征是在内圆柱或外圆柱表面上生成符号螺纹或详细螺纹。

（1）命令位置

菜单项：【菜单】→【插入】→【设计特征】→【螺纹】。

工具按钮："特征"工具栏→【设计特征】下拉菜单→"螺纹刀"工具按钮。

激活"螺纹"命令后，系统弹出"螺纹切削"对话框，如图 1-184 所示。

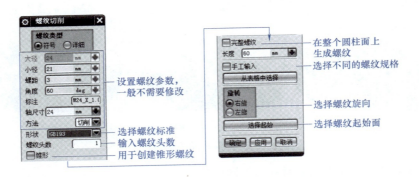

图 1-184　"螺纹切削"对话框

（2）螺纹类型

1）符号螺纹：以曲面形式形成假想螺纹。创建符号螺纹可以选定螺纹的标准，这种方式显示速度快，可以在创建工程图时和标准一致，一般情况下尽可能使用这种模式。

2）详细螺纹：显示螺纹的实体形状，生成时间比较慢，模型所占存储空间大，但看起来真实。只能生成三角形单头螺纹，其他形状的螺纹必须手工创建，一般不建议使用详细螺纹。

（3）螺纹创建过程　扫描二维码 E1-43 观看在如图 1-185 所示圆柱上创建符号螺纹的操作视频，创建螺纹结果如图 1-186 所示。

图 1-185　"螺纹.prt"

E1-43

图 1-186　创建螺纹结果

1.6.2　课中任务实施

1. 课前预习效果检测

（1）单选题

1）旋转特征的截面可以是（　　　）。

A. 只能是平面轮廓

B. 没有限制

C. 和回转轴相交的轮廓

D. 开口或封闭，且不与回转轴相交的空间轮廓

2）扫掠特征的引导线最多可以是（　　　）。

A. 3 条　　　　　B. 4 条　　　　　C. 2 条　　　　　D. 没有限制

3）扫掠特征的截面最多可以有（　　　）。

A. 150　　　　　B. 120　　　　　C. 250　　　　　D. 没有限制

4）扫掠特征缩放方法选项只用于（　　　）情况下。

A. 一条引导线　　B. 两条引导线　　C. 一个截面　　D. 三条引导线

5）扫掠的引导线必须是（　　　）的。

A. 平面的　　　　B. 光顺的　　　　C. 直线　　　　D. 任意的

（2）填空题

1）扫掠特征有三个以上截面时，引导线可以是_____（1，2，3）条。

2）扫掠特征的定位方式中角度规律的含义是：扫掠过程中截面可以_____（规律旋转，给定规律进行旋转）。

3）如图 1-187 所示的模型可以使用_____（管道，沿引导线扫掠，扫掠）特征一次成型。

4）扫掠特征的引导线线串必须是_____（连续的，相切的）。

5）UG NX 中螺纹特征在工程图环境中使用"视图"设置对话框中_____（背景、前景、螺纹）。选项卡改变显示状态。

（3）判断题

1）矩形螺纹可以采用螺纹特征创建。（　　　）

2）沿引导线扫掠的引导线必须是两两相切的线。（　　　）

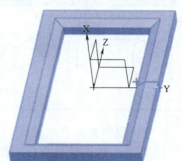

图 1-187　题 3）模型

3）沿引导线扫掠特征的引导线在截面所在处必须相切。（　　　）

4）工程图环境中，在活动草图视图中绘制的曲线和工程图关联。（　　　）

5）工程图中可以使用图层控制对象在不同视图中的可见性。（　　　）

2. 任务实施方案设计

（1）零件图样分析　摇臂零件图如图 1-188 所示。该零件由连接螺纹、摇把和球体三部分组成，结构组成清晰，便于制定建模方案。

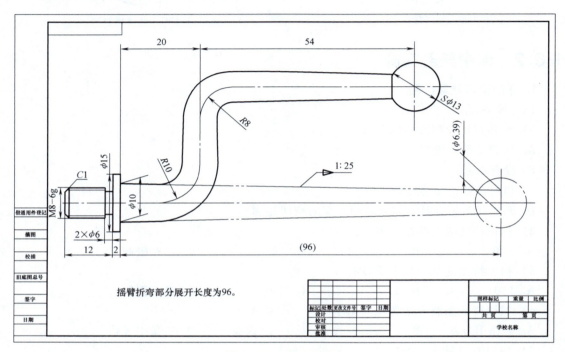

图 1-188　摇臂零件图

（2）零件建模实施方案设计

1）建模实施方案设计——参考。使用旋转特征、螺纹特征进行连接部分建模，摇柄使用扫掠特征建模，使用圆球体素进行右端圆球建模。具体建模方案见表 1-23。

表 1-23　摇臂零件建模方案

1）安装部分主体建模	2）螺纹建模	3）摇柄建模	4）装饰球建模

2）建模实施方案设计——学员。

要求：依据学员自己的任务分析，参考 1）方案的设计形式，设计自己的可实施零件建模方案。要求图表清晰，按老师要求提交到指定位置。

温馨提示：可以采用不同的命令来完成各部分建模，例如参考分析是以旋转命令来完成安装部分主体建模，同学们可采用拉伸或圆柱体等命令来进行建模。

（3）工程图样制作方案设计

1）工程图样制作方案设计——参考。依据摇臂零件图，摇臂工程图样只有一个基本视图，难点在于添加辅助线来完整地表达零件尺寸。尺寸标注含常见线性尺寸、注释、中心线等，图纸使用标准 A3 图纸和图框，根据工程图绘制规范制作。工程图样创建方案见表 1-24。

表 1-24　工程图样创建方案

序号	内容	图例
1	创建图纸	图纸和图框：A3 标题栏：GB/T 10609.1—2008
2	创建基本视图	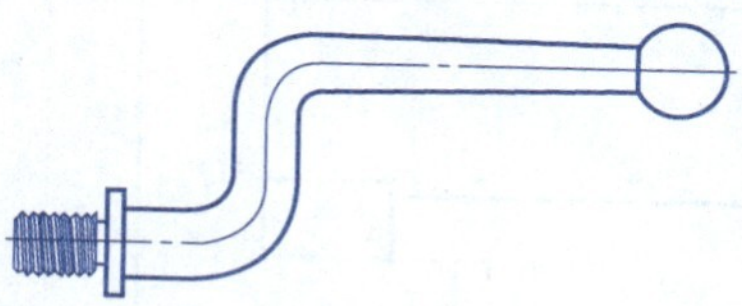
3	使用"活动草图"创建辅助线	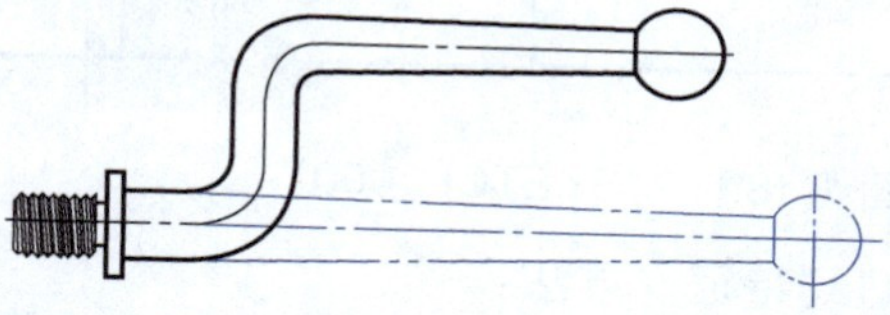
4	标注尺寸	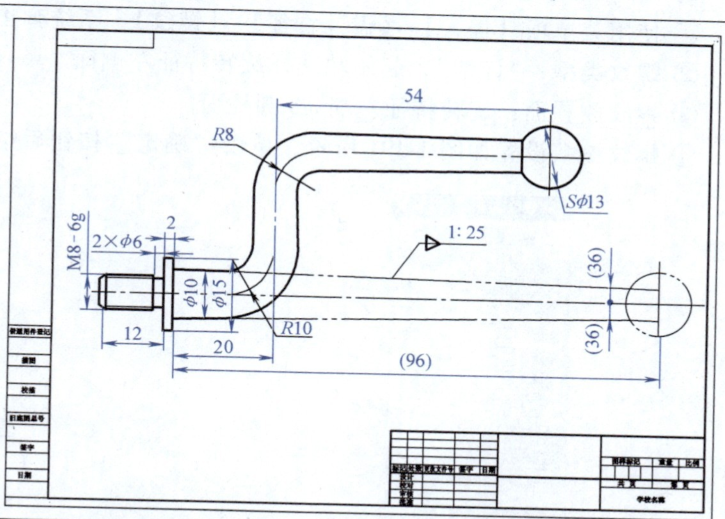

2）工程图样制作方案设计——学员。

要求：依据摇臂零件图，参考 1）方案的设计形式，制定自己的工程图样制作方案（可尝试使用建模环境中的草图工具创建假想轮廓）。按老师要求提交到指定位置。

3. 任务实施步骤

（1）任务实施步骤——参考

1）新建模型文件。文件名：摇臂 .prt，存储位置：G：\。

2）在 XZ 基准平面上创建草图"SKETCH_ 000"。方法：

① 激活草图对话框后，草图平面选择 XZ 平面，草图水平方向为+XC。

② 使用轮廓线草图轮廓，添加几何约束与尺寸后结果如图 1-189 所示。

3）使用草图"SKETCH_000"创建"旋转（2）"特征。要求：

① 使用"旋转"工具按钮 激活"旋转"对话框。

② 截面："草图（1）SKETCH_000"。

③ 指定矢量：+XC 轴，指定点：坐标原点。

④ 开始角度：0°，结束角度：360°。

⑤ 布尔：无，结果如图 1-190 所示。

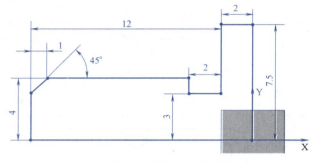

图 1-189　"SKETCH_000"

图 1-190　创建旋转特征

4）创建螺纹特征。方法：

① 使用菜单项【插入】→【设计特征】→【螺纹】，系统弹出"螺纹切削"对话框。

② 螺纹类型："详细"，起始端选择旋转特征左侧面。

③ 螺纹放置面：旋转特征左端 $\phi8$ 圆柱面。

④ 螺纹参数设置如图 1-191 所示，单击"确定"按钮后结果如图 1-192 所示。

图 1-191　螺纹参数设置

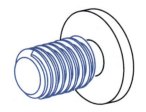

图 1-192　螺纹特征

5）在 XZ 基准平面上创建草图"SKETCH_001"。方法：

①激活草图对话框后，草图平面选 XZ，草图水平方向为+XC。

② 绘制如图 1-193 所示草图曲线，并标注尺寸如图 1-193 所示。

③ 使用"周长尺寸"工具 标注草图 5 条曲线的周长尺寸 96，结果如图 1-193 所示。

6）在 YZ 基准面上创建草图"SKETCH_002"。方法：

① 激活草图对话框，草图平面：YZ 平面，水平参考：Y 轴方向。

② 绘制如图 1-194 所示。

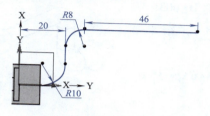

图 1-193 "SKETCH_001"

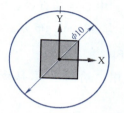

图 1-194 "SKETCH_002"

7）在草图"SKETCH_001"曲线右端点上创建草图"SKETCH_003"。方法：

① 激活草图对话框，草图类型："基于路径"。

② 路径：草图"SKETCH_001"，草图位置：草图"SKETCH_001"右端点，水平参考：Y 轴，如图 1-195 所示。

③ 圆的直径尺寸 6.16mm 通过表达式"10-96/25"计算获得。草图"SKETCH_003"结果如图 1-196 所示。

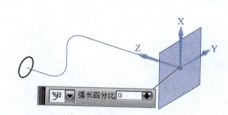

图 1-195 基于路径草图参数设置

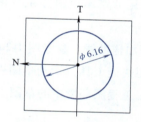

图 1-196 草图"SKETCH_003"

8）使用扫掠工具创建摇把。方法：

① 使用"曲面"选项卡→"扫掠"工具按钮 激活"扫掠"对话框。

② 截面一：草图"SKETCH_002"。

③ 通过"添加新集"工具按钮 添加下一个截面。

④ 截面二：草图"SKETCH_003"。

⑤ 引导线：草图"SKETCH_001"。

⑥ 截面及引导线选择可参考图 1-197，单击确定后结果如图 1-198 所示。

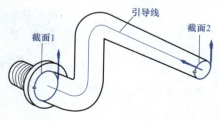

图 1-197 扫掠参数选择

图 1-198 扫掠结果

温馨提示：必须保证截面一与截面二的方向一致，否则会导致扫掠曲线变形。

9）使用球工具创建圆球。方法：

① 使用"特征"工具栏→"球"工具按钮  激活"球"对话框。

② 类型：中心点和直径，中心点：草图"SKETCH_003"圆中心，直径为 13mm，布尔：合并（与摇把求和），结果如图 1-199 所示。

图 1-199　圆球创建

10）使用"合并"工具按钮 创建"求和（9）"特征。要求：

目标体："旋转（2）"特征，工具体：摇把。

11）保存文件。

观看步骤 1）至 11）操作视频，请扫二维码 E1-44。

12）按下快捷键 Ctrl+Shift+D 进入工程图界面。

13）使用"新建图纸"工具按钮 创建 A3 图纸。使用"替换模板"工具按钮 调入边框和标题栏。

E1-44

14）使用"基本视图"工具创建基本视图。比例为 3∶1，创建结果如图 1-200 所示。

15）添加辅助线。参考图 1-201 画出辅助线。方法：

① 使用快捷工具"活动草图视图"将视图设为草图关联视图。

② 使用工程图环境中的草图工具绘制辅助线，并标注相关尺寸。

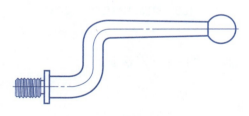

图 1-200　基本视图创建结果

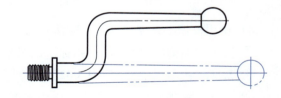

图 1-201　创建辅助线

温馨提示：可以在建模环境下，使用草图绘制辅助线，并修改线形和线宽，返回工程图环境更新视图会更为方便。

16）标注尺寸。尺寸标注可参考图 1-202。

17）保存文件完成摇臂工程图的创建。

观看步骤 12）至 17）操作视频，请扫二维码 E1-45。

（2）任务实施步骤——学员　试着在建模环境下创建视图中的辅助线。参考前边提供的形式撰写操作过程报告，提交到指定位置。

E1-45

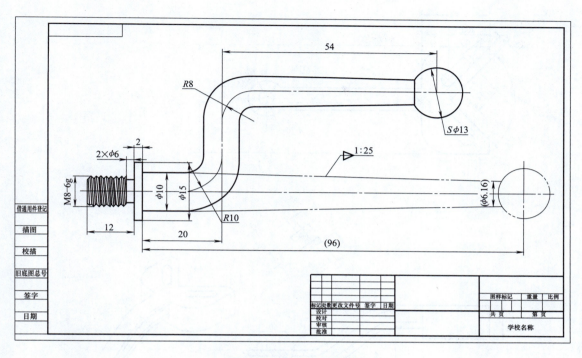

图 1-202　摇臂工程图样

1.6.3　课后拓展训练

参照摇臂零件三维建模的方法及知识点介绍，完成图 1-203 及 1-204 所示零件的三维建模及工程图制作。

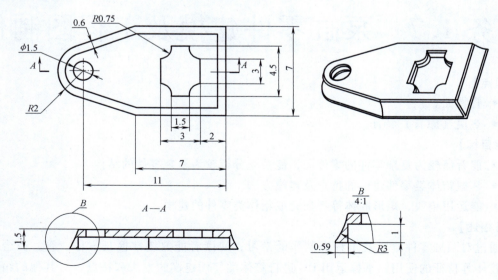

图 1-203　练习零件 1

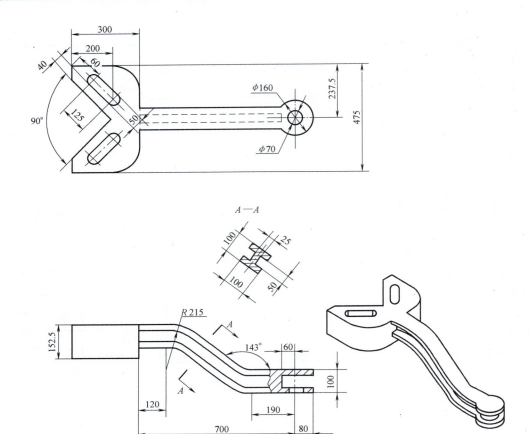

图 1-204　练习零件 2

任务 1.7　泵缸零件建模及工程图制作

【知识点】
- 管特征。
- 垫块（原有）特征。

【技能目标】
- 能看懂较为复杂零件的零件图，能独立分析较为复杂零件的结构。
- 掌握箱体类零件建模的特点及建模方法。
- 能运用垫块、矩形腔体等特征完成箱体类零件的建模。

【任务描述】
　　通过对泵缸零件建模及工程图制作的学习，使读者能熟练掌握长方体、管、凸台、垫块、腔体等特征的使用，掌握运用 UG 进行箱体类零件建模的方法和特点，对其他的箱体类零件建模具有一定的借鉴作用。

1.7.1 课前知识学习

1. 管特征

管特征是将圆形截面沿曲线扫掠形成的实体特征。

（1）命令位置

菜单项：【菜单】→【插入】→【扫掠】→【管】。

工具按钮："曲面"选项卡→"曲面"工具栏→"更多 | 扫掠 | 管"工具按钮 。

激活"管"命令后，系统弹出"管"对话框，如图1-205所示。

（2）管特征创建过程 扫描二维码E1-46观看管特征创建过程操作视频。

指定管道的中心线路径，可以选择多条曲线或边

指定管道外径的值

指定管道内径的值

指定布尔操作以用于将特征与目标实体结合起来

E1-46

图1-205 "管"对话框

2. 垫块（原有）特征

垫块工具可以在实体表面上生成矩形或常规形状的凸起。矩形垫块要求放置面是平面，常规垫块可以在曲面或平面上产生凸起，如图1-206所示。

（1）命令位置

菜单项：【菜单】→【插入】→【设计特征】→【垫块（原有）】。

工具按钮："特征"工具栏→"垫块（原有）"工具按钮 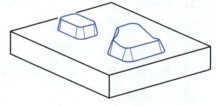。

图1-206 垫块形式

激活"垫块"命令后，系统弹出"垫块"对话框，如图1-207所示。

温馨提示：在UG NX 12.0中"垫块（原有）"工具是隐藏的，需要通过命令查找器调出。

（2）垫块创建过程 扫描二维码E1-47观看在长方体100mm×100mm×10mm上表面创建70mm×60mm×10mm的矩形垫块（要求矩形垫块和长方体对中）的操作视频。垫块创建结果如图1-208所示。

E1-47

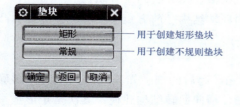

用于创建矩形垫块

用于创建不规则垫块

图1-207 "垫块"对话框

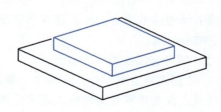

图1-208 垫块创建结果

1.7.2　课中任务实施

1. 课前预习效果检测

（1）单选题

1）（　　）特征是将圆形截面沿曲线扫掠形成的实体特征。

A. 扫掠　　　　　　B. 管　　　　　　C. 通过曲线组　　　　　　D. 扫掠体

2）垫块定位对话框中表示点与点之间垂直尺寸的工具按钮是（　　）。

A. ⌐⌐　　　　　　B. ⌐×⌐　　　　　　C. ⋋⋌　　　　　　D. ⋋⋌

3）"定位"对话框中表示点落到线上的工具按钮是（　　）。

A. ⌐⌐　　　　　　B. ⊥　　　　　　C. ⊥　　　　　　D. ⊥

4）使用"定位"对话框进行特征定位时，先选（　　）。

A. 不确定　　　　B. 目标边　　　　C. 工具边　　　　D. 先选哪个都行

5）垫块特征的工具按钮是（　　）。

A. 🔲　　　　　　B. 🔲　　　　　　C. 🔲　　　　　　D. 🔲

（2）填空题

1）矩形垫块要求放置面是_____，常规垫块可以在曲面或平面上产生凸起。

2）管的路径必须_____且相切连续，路径不得包含缝隙或尖角。

3）矩形垫块的定位方式主要靠_____对话框来确定，和键槽的定位方式基本相同。

4）工具按钮 🔲 是用来创建_____特征的。

5）水平参考是用于确定矩形垫块_____边的方向。

（3）判断题

1）工程特征定位时，UG NX 允许存在欠定位。（　　）

2）不具有父子关系的特征可以自由调整特征创建的先后次序。（　　）

3）管的内径和外径都不得为零。（　　）

4）垫块工具只能创建矩形垫块。（　　）

5）UG NX 支持多模型建模。（　　）

2. 任务实施方案设计

（1）零件图样分析　泵缸零件图如图 1-209 所示，属于箱体类零件。箱体类零件是机器或部件的基础零件，常见的有减速器箱体、阀体、泵缸体和机座等，其零件结构形式多种多样，外形复杂，零件分析较难，主要有孔系、凸台、槽、内腔、圆角等结构。

泵缸体结构主要由底座、连接十字筋板、横向回转结构、前方矩形凸起和上方圆柱凸起等五个部分组成。

（2）零件建模实施方案设计

1）建模实施方案设计——参考。泵缸零件以先凸起后凹槽、先基准后其他的原则确定建模过程。首先进行底座建模，再进行连接十字筋、横向回转结构建模，其次是矩形垫块和圆柱凸起建模，最后进行孔槽建模。具体建模方案见表 1-25。

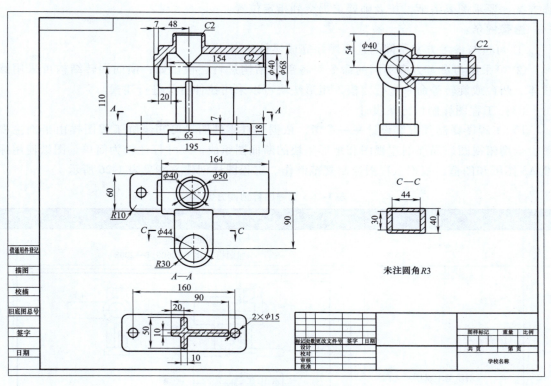

图 1-209　泵缸零件图

表 1-25　泵缸零件建模方案　　　　　　　　　　　　　　（单位：mm）

1）底座	2）立板	3）回转特征	4）创建矩形垫块	5）孔 φ40×154
6）孔 φ40×54	7）孔 φ44	8）矩形腔	9）圆角 R3、倒斜角 C2	

2）造型实施方案设计——学员。

　　要求：依据学员自己的任务分析，参考1）方案的设计形式，设计自己的可实施零件建模方案。要求图表清晰，按老师要求提交到指定位置。

温馨提示:

① 可按与参考方案不同的建模顺序完成零件建模。

② 可采用与参考方案不同的命令对各部分结构进行建模。如：横向回转结构可采用圆柱体、凸台或旋转等命令进行建模，矩形垫块可以采用拉伸特征进行建模。

（3） 工程图样制作方案设计

1） 工程图样制作方案设计——参考。依据泵缸零件图，可知泵缸工程图样由半剖主视图、全剖俯视图、局部剖左视图和矩形垫块的断面图组成。尺寸标注较为简单，图纸使用标准 A3 图纸和图框，根据工程图绘制规范制作。工程图样创建方案见表 1-26 所示。

表 1-26　工程图样创建方案

序号	内容	图例
1	创建图纸	图纸和图框：A3 标题栏：GB/T 10609.1—2008
2	创建基本视图	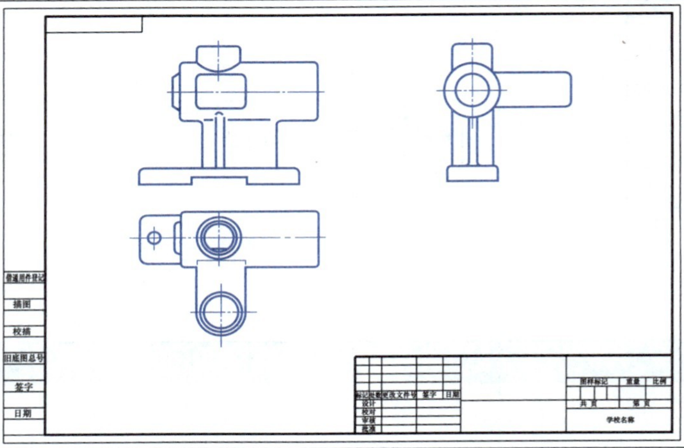
3	创建剖视图	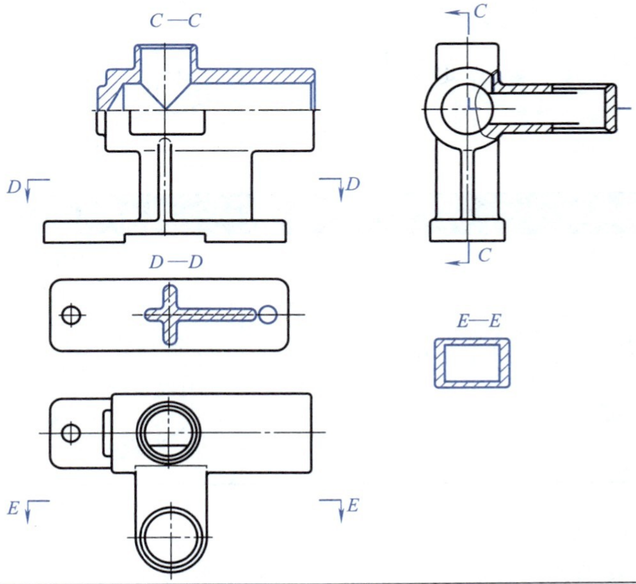

（续）

序号	内容	图例
4	标注尺寸	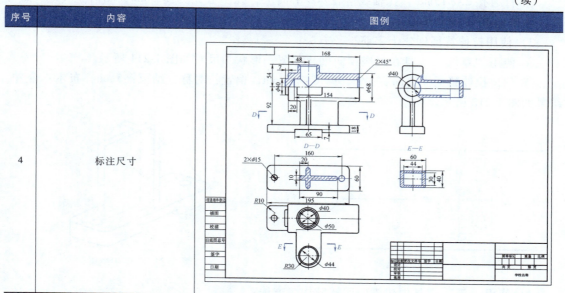

2）工程图样制作方案设计——学员。

要求：依据泵缸零件图，参考"工程图样制作方案设计——参考"的形式，制定工程图样创建的详细方案。按老师要求提交到指定位置。

3. 任务实施步骤

（1）任务实施步骤——参考

1）新建模型文件。要求：文件名为"泵缸.prt"，文件存储位置为 G：\ 。

2）进行底座建模。方法：

① 使用"长方体"工具创建底座基本体。长方体尺寸：195mm×60mm×18mm，基准点：-97.5，-30，-18，如图 1-210a 所示。

② 使用"边圆角"工具为长方体四条棱边倒圆角 R10mm，如图 1-210b 所示。

③ 使用"键槽（原有）"工具创建矩形通槽 65mm×7mm，Y 轴为水平方向，起始面为前侧面，终止面为后侧面，宽度中心和 Y 轴重合，如图 1-210c 所示。

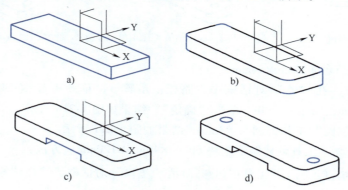

图 1-210　底座创建过程

a）长方体 195mm×60mm×18mm　b）倒圆角 R10mm　c）创建通槽 65mm×7mm　d）创建通孔 2×φ15mm

④ 打通孔 2×φ15mm，孔轴线落在 XZ 平面上，孔中心距为 160mm，相对于 YZ 平面对称，结果如图 1-210d 所示。

3）使用拉伸特征创建十字筋板。方法：

① 使用"草图"工具在底座顶面创建草图，形状和尺寸如图 1-211 所示。

② 创建拉伸特征。方向：+ZC，高度：92mm，偏置：对称，结束：5mm，布尔：合并，结果如图 1-212 所示。

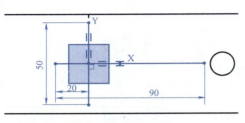

图 1-211　创建草图

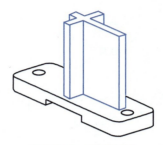

图 1-212　拉伸结果

4）使用"管"工具创建横向回转结构。方法：

① 在 XZ 基准面上创建草图，形状和尺寸如图 1-213 所示。

② 创建 φ68mm×164mm 圆柱。选择"曲面"选项卡→"曲面"工具栏→"更多｜扫掠｜管"工具按钮 ● 激活"管"对话框。路径：选择上一步草图中绘制的长度为 164mm 的线段，外径：68mm，内径：0mm，布尔：合并，单击"应用"，结果如图 1-214 所示。

③ 创建 φ40mm×7mm 凸起。在"管"对话框中，路径：步骤 3）草图中长度 7mm 线段，外径：40mm，内径：0mm，布尔：合并，单击"应用"，结果如图 1-215 所示

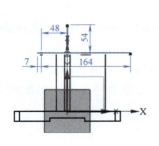

图 1-213　草图

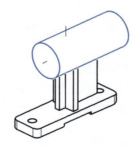

图 1-214　φ68mm×164mm 管道

图 1-215　φ40mm×7mm 凸起

5）创建圆柱凸台 φ50mm×54mm，方法：

① 接步骤 4），在"管"对话框中，路径：步骤 3）草图中长度 54mm 线段，外径：50mm，内径：0mm，布尔：合并，单击"确定"，结果如图 1-216 所示。

② 使用"边倒圆"工具倒圆角 R3mm，结果如图 1-217 所示。

6）使用"垫块"工具创建矩形垫块 60mm×40mm×120mm。方法：

① 使用"垫块（原有）"工具按钮 ▦ 激活"垫块"对话框，选择"矩形"选项，系统弹出"矩形垫块"对话框。

② 选择 XZ 面为放置面，在绘图区出现垫块材料侧箭头，确认向前方时在系统弹出的对

话框上选择"接受默认边",否则选择"反向默认边"。

图 1-216 φ50mm×54mm 凸台

图 1-217 倒圆角R3mm

③ 系统弹出"水平参考"对话框,选择 X 轴作为水平参考,系统弹出"矩形垫块"参数对话框,长度:60mm,宽度:40mm,高度:120mm。

④ 单击"确定"按钮,系统弹出"定位"对话框。使用"点到点水平"尺寸按钮和"点到点竖直"尺寸按钮,按照图 1-218 所示方式进行定位,结果如图 1-219 所示。

⑤ 倒圆角 R30mm,结果如图 1-220 所示。

图 1-218 垫块定位方式

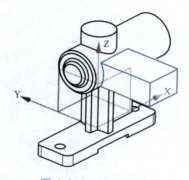

图 1-219 矩形垫块

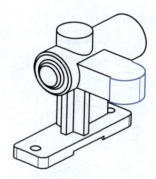

图 1-220 倒圆角R30mm

7）使用"孔"工具创建孔 φ40mm×154mm、φ40mm×54mm 和 φ44mm。要求：

① 使用"孔"工具创建水平孔 φ40mm×154mm 和圆柱 φ68mm×164mm 同心。

② 使用"孔"工具创建竖直孔 φ40mm×54mm 和圆柱 φ50mm×54mm 同心,结果如图 1-221 所示。

③ 创建孔 φ44mm,和圆角 R30mm 同心,结果如图 1-222 所示。

8）使用"腔（原有）"工具创建矩形腔。方法：

① 使用"腔（原有）"工具按钮激活"腔"对话框,选择"矩形"选项,系统弹出"矩形腔"对话框。

② 选择 XZ 面为放置面,在绘图区出现腔材料侧箭头,确认向前方时在系统弹出的对话框上选择"接受默认边",否则选择"反向默认边"。

③ 系统弹出"水平参考"对话框,选择 X 轴作为水平参考,系统弹出"矩形腔"参数对话框,长度:44mm,宽度:30mm,高度:90mm。

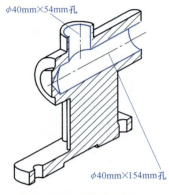

图 1-221 创建孔 φ40mm

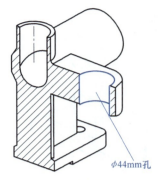

图 1-222 创建孔 φ44mm

④ 单击"确定"按钮，系统弹出"定位"对话框。使用"点到点水平"尺寸按钮和"点到点竖直"尺寸按钮，按照图 1-223 所示方式进行定位，结果如图 1-224 所示。

9）使用倒斜角和边倒圆工具创建倒斜角 C2 和倒圆角 R3。要求：

① 为孔 φ40mm×154mm、φ40mm×54mm、φ44mm 倒斜角 C2。

② 根据专业知识为剩余边倒圆角 R3mm。结果如图 1-225 所示。

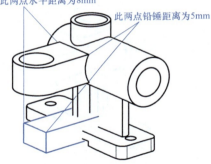

图 1-223 腔体定位方式

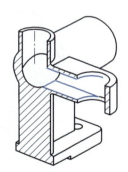

图 1-224 腔体 44mm×30mm×90mm

图 1-225 圆角与斜角

10）保存文件。观看步骤 1）到 10）操作视频，请扫二维码 E1-48。

11）按 Ctrl+Shift+D 进入工程图界面。

12）使用"新建图纸页"工具创建图纸 A3-无视图，使用"替换模板"调入标题栏和边框线。

E1-48

13）使用"基本视图"工具创建基本视图。要求：创建主视图、俯视图和左视图之间不存在父子关系（即三个视图分别使用基本视图创建），视图比例 1∶2，结果如图 1-226 所示。

14）创建剖视图。要求：

① 主视图变为半剖（在左视图上确定剖视图的剖切位置）。

② 以主视图为父视图创建全剖俯视图。

③ 左视图变为局部剖（在主视图上确定剖切位置）。

④ 添加矩形垫块断面图（在俯视图上确定截切位置）。

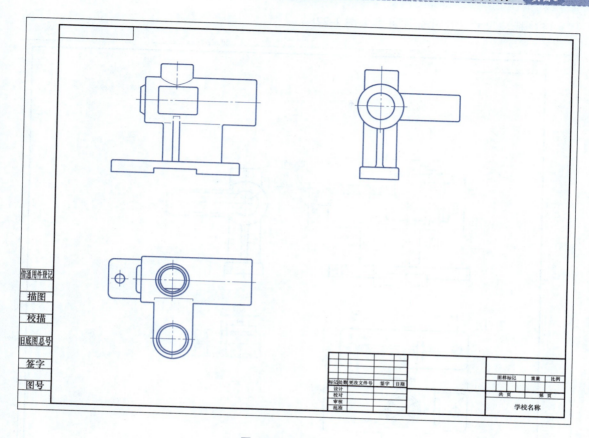

图 1-226　基本视图

⑤ 剖视图位置参考图 1-227。

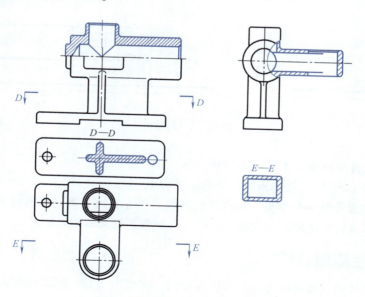

图 1-227　剖视图

15）标注尺寸。尺寸标注可参考图 1-228。

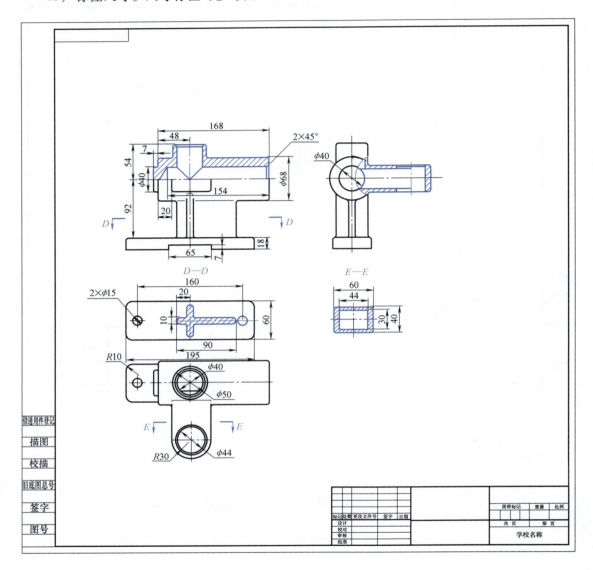

图 1-228　尺寸标注

16）保存文件完成泵缸工程图的创建。

观看步骤 11）至 16）操作视频，请扫二维码 E1-49。

（2）任务实施步骤——学员　根据自己所做的任务实施方案，完成任务实施步骤，并参考前边提供的形式撰写操作过程报告，提交到指定位置。

E1-49

1.7.3　课后拓展训练

参照泵缸零件的三维建模方法及知识点介绍，完成图 1-229 所示支座零件的三维建模及工程图制作。

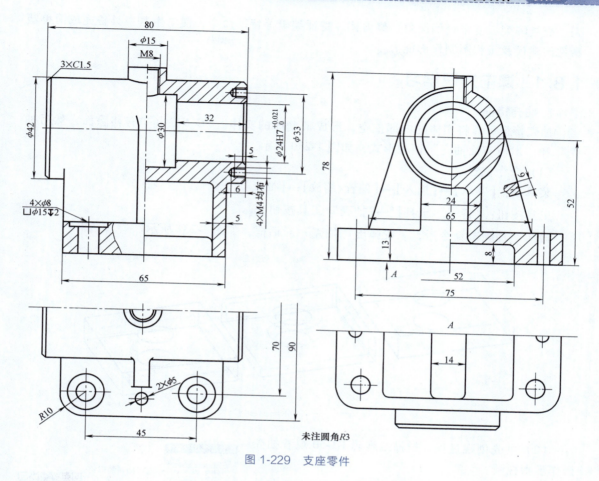

图 1-229　支座零件

任务 1.8　笔筒零件建模及工程图制作

【知识点】

- 抽壳特征。
- 修剪体特征。
- 变半径圆角特征。
- 特征编辑工具。

【技能目标】

- 了解塑料件的结构特点。
- 掌握塑料件的建模方法，看懂较为复杂零件的零件图。
- 能运用交错阵列、修剪体、抽壳、变半径圆角等特征工具完成笔筒零件的建模。

【任务描述】

　　通过完成笔筒零件的建模和工程图任务，熟悉塑料件的结构及建模步骤的分析，掌握抽壳、交错阵列、变半径倒圆角、修剪体、特征编辑等特征命令，使学生基本具备完成简单塑料件的建模及工程图制作的能力。

1.8.1 课前知识学习

1. 抽壳特征

抽壳特征可以将实体的内部挖空，形成带壁厚的实体。UG NX 中"有移除面，然后抽壳"和"对所有面抽壳"两种形式，如图 1-230 所示。

（1）命令位置

菜单项：【菜单】→【插入】→【偏置/缩放】→【抽壳】。

工具按钮："特征"工具栏→"抽壳"工具按钮 。

激活"抽壳"命令后，系统弹出"抽壳"对话框，如图 1-231 所示。

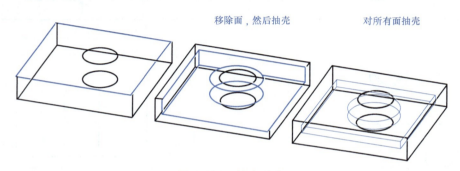

移除面，然后抽壳　　　对所有面抽壳

图 1-230　抽壳形式

（2）抽壳创建过程　扫描二维码 E1-50 观看抽壳操作步骤视频。

温馨提示：抽壳时如果遇到抽壳的厚度大于在抽壳厚度方向的圆角半径或曲面局部曲率半径时会导致抽壳失败，这个时候需要重新调整圆角半径、曲面或抽壳厚度才能抽壳成功。

2. 修剪体特征

修剪体可以使用曲面或者基准平面将实体的一部分修剪掉。选择曲面修剪实体时要求曲面能完全将实体分割成两部分，否则会导致修剪失败。

（1）命令位置

菜单项：【菜单】→【插入】→【修剪】→【修剪体】。

工具按钮："特征"工具栏→"修剪体"工具按钮 。

激活"修剪体"命令后，系统弹出"修剪体"对话框，如图 1-232 所示。

（2）修剪体创建过程　扫描二维码 E1-51 观看修剪体操作步骤视频。

温馨提示：

① 修剪体命令至少选择一个目标体。既可以选择同属一个体的单个面或多个

选择抽壳的形式
选择抽壳时需要穿透的面
设置抽壳的厚度
改变抽壳的方向
设定和抽壳默认厚度不同的面
设置备用厚度

E1-50

图 1-231　"抽壳"对话框

E1-51

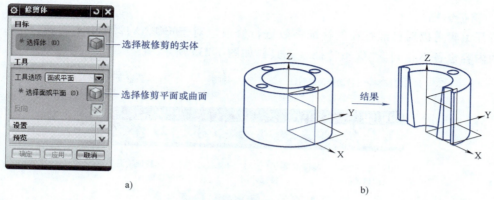

a)   b)

图 1-232   "修剪体"对话框

面、已经存在的基准平面来修剪目标体，也可以定义新平面来修剪目标体。

② 修剪体与求差布尔运算的差别在于它使用的工具既可以是面或基准面、也可以是实体表面或者是新指定的平面。

3. 边倒圆——变半径圆角

使用"边倒圆"特征可以创建变半径圆角。

（1）命令位置

菜单项：【菜单】→【插入】→【细节特征】→【边倒圆】。

工具按钮："特征"工具栏→"边倒圆"工具按钮 ￼。

激活"边倒圆"命令后，系统弹出"边倒圆"对话框，如图 1-233 所示。使用变半径选项组，进行变半径圆角的创建。

（2）边倒圆——变半径圆角创建过程 扫描二维码 E1-52 观看边倒圆——变半径圆角创建视频，创建结果如图 1-234 所示。

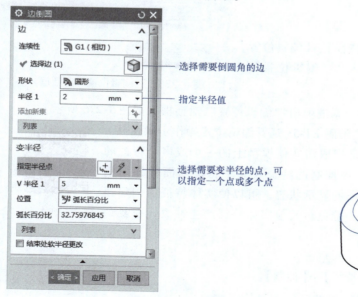

E1-52

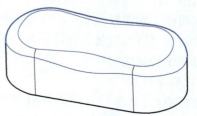

图 1-233   "边倒圆"对话框   图 1-234   变半径圆角创建结果

4. 特征编辑

特征编辑可以对已经存在的特征参数进行修改。对于 UG NX12.0 中不同的特征，特征编辑的内容也各不相同。"编辑特征"工具栏如图 1-235 所示。

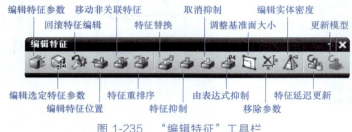

图 1-235 "编辑特征"工具栏

其中"编辑选定特征参数""回滚特征编辑""编辑特征位置""特征重排序""特征抑制""调整基准面大小"和"特征替换"可以直接使用部件导航器右键菜单对应菜单项激活命令。这里只介绍其中部分命令的使用。

（1）编辑特征参数 "编辑特征参数"可以方便地更改特征创建过程中所使用的形状参数。

命令位置

菜单项：【菜单】→【编辑】→【特征】→【特征尺寸】。

工具按钮："编辑特征"工具栏→"特征尺寸"工具按钮 。

因为编辑特征参数过程和创建特征时特征参数的确定过程是完全相同的，所以这里不再重复介绍。

（2）编辑特征位置 "编辑特征位置"用于修改键槽、槽、腔、垫块等体素特征的定位尺寸或添加、删除定位尺寸。

1）命令位置

菜单项：【菜单】→【编辑】→【特征】→【编辑位置】。

工具按钮："编辑特征"工具栏→"编辑位置"工具按钮 。

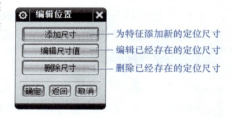

图 1-236 "编辑位置"对话框

激活"编辑特征位置"命令后，系统弹出"编辑位置"对话框，如图 1-236 所示。

2）编辑位置操作过程。扫描二维码 E1-53 观看编辑位置操作步骤视频。

（3）抑制特征 "抑制特征"是指取消实体模型上的一个或多个特征的显示状态。此时在操作导航器中，被抑制的特征及其子特征前面的绿勾消失。利用该工具编辑模型中实体特征的显示状态，可以使实体特征的创建速度加快，还可以在创建实体特征时，避免对其他实体特征产生冲突，在复杂建模过程中经常用到。

E1-53

1）命令位置

菜单项：【菜单】→【编辑】→【特征】→【抑制】。

工具按钮："编辑特征"工具栏→"抑制"工具按钮 。

激活"抑制特征"命令后，系统弹出"抑制特征"对话框，如图 1-237 所示。

2）抑制特征操作过程。扫描二维码 E1-54 观看抑制特征操作步骤视频。

温馨提示：抑制特征与隐藏特征的区别是：隐藏特征可以任意隐藏一个特征，没有任何关联性；而抑制某一特征时，与该特征存在关联性的其他特征被一起隐藏。抑制特征与删除特征相类似，不同之处在于已抑制的特征不在实体中显示，也不在工程图中显示，但其数据仍然存在，可通过解除抑制恢复。

E1-54

"取消抑制特征"是对抑制的特征进行解除，对话框如图 1-238 所示，其操作步骤与抑制特征类似，在此不再详细介绍。

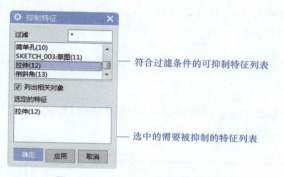

图 1-237　"抑制特征"对话框

图 1-238　"取消抑制特征"对话框

1.8.2　课中任务实施

1. 课前预习效果检测

（1）单选题

1）移除面抽壳，抽壳备选厚度是指（　　　）。

A. 和默认厚度不同的厚度

B. 默认厚度无法用时的厚度

C. 用作多抽壳厚度的抽壳，给所选面不同于默认厚度的壳厚度

D. 备用的厚度

2）修剪实体操作时，修剪工具体必须（　　　）。

A. 完全将被修剪体分开　　　　B. 是片体　　　　C. 是基准平面　　　　D. 是线

3）"编辑特征参数"命令可以修改所选特征的（　　　）尺寸。

A. 形状尺寸　　　　　　　　　　　　B. 位置尺寸

C. 都不能改　　　　　　　　　　　　D. 形状和位置尺寸

4）"抑制特征"就是将选择的特征（　　　），模型再生时，不参与计算。

A. 改颜色　　　　　　　B. 亮显　　　　　　　C. 隐藏起来　　　　　　D. 删除

5）从边拔模的拔模枢轴是（　　　）。

A. 参考面　　　　　　　　　　　　　B. 参考边

C. 参考边和面都不行　　　　　　　　D. 参考边和参考面都行

（2）填空题

1）"编辑特征参数"命令可以修改所选特征的_____（形状、位置）尺寸。

2）阵列过程中可以使用_____（抑制或删除，隐藏，显示）将不需要的实例去掉。

3）线性阵列时，选中阵列对话框中的_____（错位，对称，抑制）复选框选项，可以向两侧阵列。

4）阵列时可以使用对话框中的_____（抑制，阵列增量，对称）选项使被阵列的特征形状发生改变。

5）体抽壳和移除面抽壳功能_____（相同，不同）。

（3）判断题

1）可以使用边倒圆产生变半径圆角。（　　　）

2）可以使用移除面抽壳对实体不同面产生不同厚度的壳体。（　　　）

3）修剪体特征可以把实体分割成两部分。（　　　）

4）可回滚编辑只能修改特征的形状。（　　　）

5）拔模只能产生常角度拔模。（　　　）

2. 任务实施方案设计

（1）零件图样分析　笔筒零件图如图1-239所示。笔筒是均匀壁厚的塑料件，有光滑曲面、异型腔、交错排列孔、拔模、变半径倒圆角和抽壳等结构。

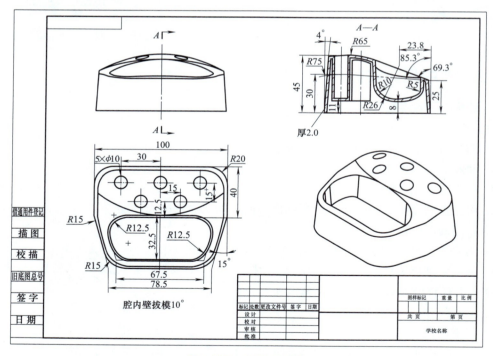

图 1-239　笔筒零件图

（2）零件建模实施方案设计

1）零件建模方案设计——参考。笔筒零件的建模包含了交错线性阵列、变半径倒圆角、从边拔模、通过曲线组曲面、分割实体、抽壳等知识点，涵盖了简单曲面零件的建模方法和思路。具体建模方案见表1-27。

表 1-27　笔筒零件建模方案　　　　　　　　　　　　　（单位：mm）

1）创建主体	2）创建腔底曲面	3）创建顶部草图	4）倒圆角 R20 和 R15
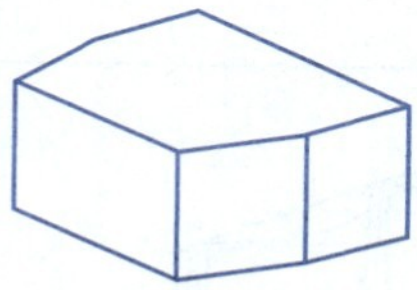	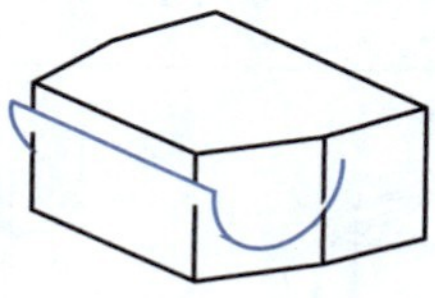	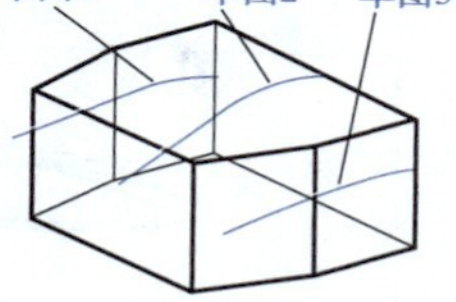 草图1　草图2　草图3	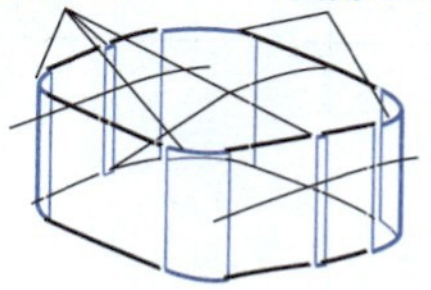 圆角R15　　圆角R20

5）拔模 4°	6）创建凹槽	7）倒圆角 R12.5	8）创建孔 φ10

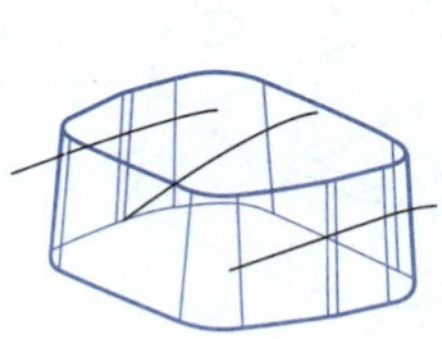

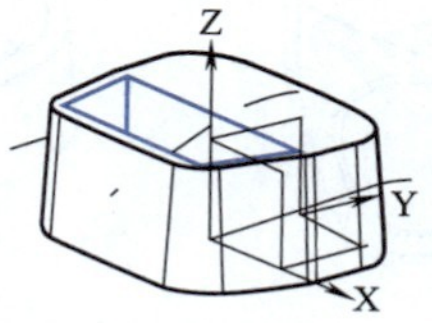

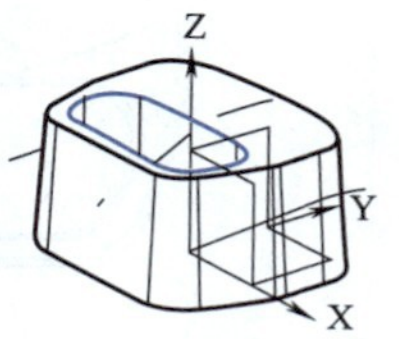

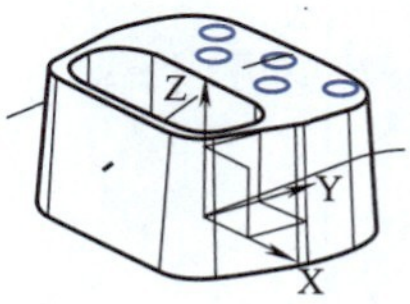

9）创建曲面 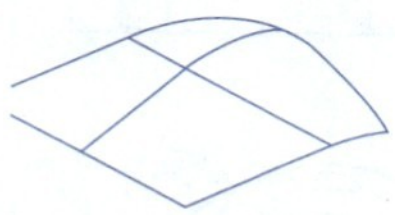	10）裁剪实体 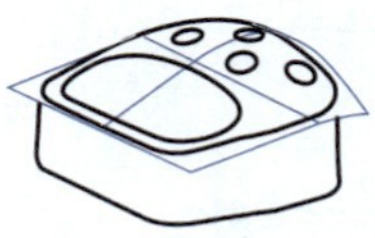	11）拔模 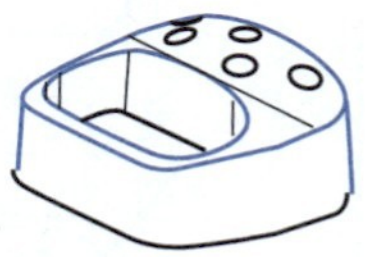	12）倒圆角、抽壳 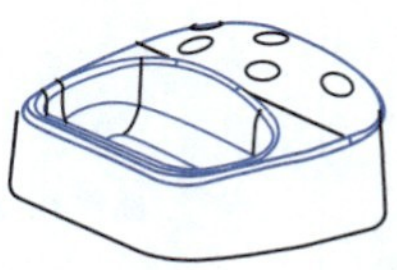

2）零件建模方案设计——学员。

要求：依据学员自己的任务分析，参考 1）方案的设计形式，设计自己的可实施零件建模方案。要求图表清晰，按老师要求提交到指定位置。

温馨提示：

① 可采用与参考方案不同的设计思路进行建模方案设计。

② 可采用与参考方案不同的命令来完成各部分的造型。

（3）工程图样制作方案设计

1）工程图样制作方案设计——参考。依据笔筒零件图分析，笔筒工程图样比较简单，由三视图和轴测图组成，尺寸标注也是基本的线性尺寸、角度、直径等。图纸使用标准 A3 图纸和图框，根据工程图绘制规范制作，工程图样创建方案见表 1-28。

2）工程图样制作方案设计——学员。

要求：依据笔筒零件图，参考"工程图样制作方案设计——参考"的形式，制定自己的工程图样制作方案，按老师要求提交到指定位置。

表 1-28　工程图样创建方案

序号	内容	图例
1	创建图纸	图纸和图框：A3 标题栏：GB/T 10609.1—2008
2	创建基本视图	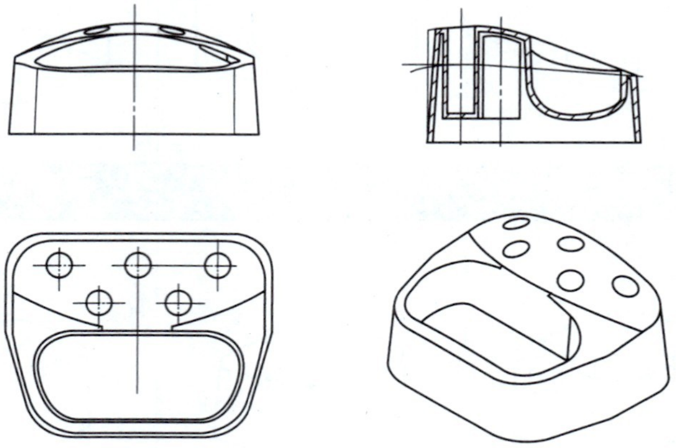
3	标注尺寸	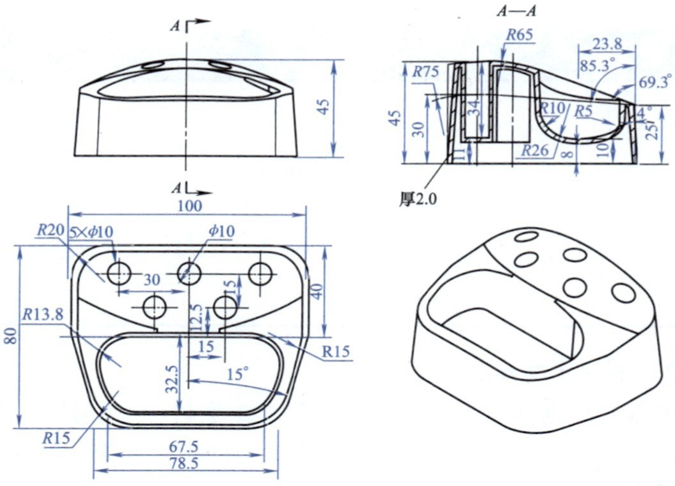

3. 任务实施步骤

（1）任务实施步骤——参考

1）新建模型文件。要求：文件名为"笔筒.prt"，文件存储位置为 G：\ 盘根目录。

2）使用"拉伸"特征创建基本体。方法：

① 激活"拉伸"对话框后，拉伸截面放置面：XY 平面，截面形状如图 1-240 所示。

② 拉伸方向：+ZC，拉伸高度：45mm，结果如图 1-241 所示。

3）使用"拉伸"特征创建腔底曲面。方法：

① 激活"拉伸"对话框后，拉伸截面放置面选择基本体右侧面，截面形状和尺寸如图 1-242 所示。

② 拉伸方向：-XC，拉伸高度：100mm，结果如图 1-243 所示。

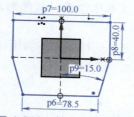

图 1-240　基本体拉伸截面

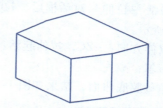

图 1-241　基本体拉伸结果

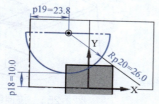

图 1-242　腔底曲面拉伸截面

图 1-243　腔底曲面拉伸结果

4）使用草图绘制笔筒顶部曲面的截面。要求：

① 截面 1 位于基本体左侧面，尺寸如图 1-244 所示。

② 截面 2 位于 YZ 平面，尺寸如图 1-245 所示。

③ 截面 3 位于基本体右侧面，尺寸如图 1-244 所示，结果如图 1-246 所示。

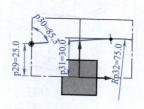

图 1-244　截面 1 和 3

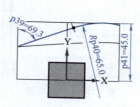

图 1-245　截面 2

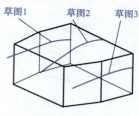

图 1-246　截面位置

5）使用"边倒圆"工具创建倒圆角 R20mm 和 R15mm，结果如图 1-247 所示。

6）使用"拔模"特征为笔筒侧面创建拔模。方法：

① 使用"拔模"工具按钮 激活"拔模"对话框。

② 脱模方向：+ZC 轴，拔模方法：固定面，选择基本体底面作为固定面，拔模面：基本体侧面，拔模角度：4°，结果如图 1-248 所示。

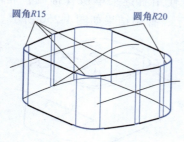

图 1-247　倒圆角

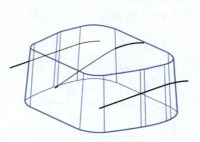

图 1-248　拔模 4°

7）使用"拉伸"特征创建笔筒前侧腔。要求：

① 激活"拉伸"对话框后，拉伸截面：草图平面选择基本体顶面，截面形状与尺寸如图 1-249 所示。

② 拉伸方向：-ZC，拉伸起始：0，拉伸结束：直至选定，选择曲面，如图 1-250 所示。

③ 布尔：减去。

④ 隐藏腔底曲面，结果如图 1-251 所示。

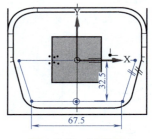

图 1-249　腔截面

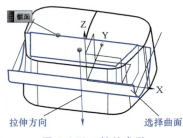

图 1-250　拉伸参数

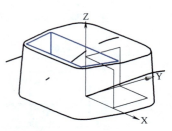

图 1-251　拉伸结果

8）使用"边倒圆"特征创建倒圆角 $R12.5mm$，结果如图 1-252 所示。

9）使用"孔"工具创建顶部孔 $\phi10mm \times 34mm$。要求：

孔直径：$\phi10mm$，深度：34mm，位置：如图 1-253 所示，结果如图 1-254 所示。

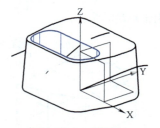

图 1-252　倒圆角

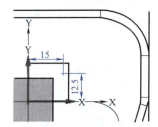

图 1-253　孔位置

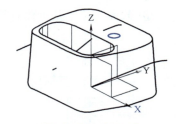

图 1-254　孔特征

10）使用"阵列特征"工具对孔 $\phi10mm \times 34mm$ 进行线性交错阵列。方法：

① 使用"阵列特征"工具按钮激活"阵列特征"对话框。

② 布局：线性。

③ 方向 1：矢量：+XC 轴，数量：3，节距：30mm，选中"对称"选项。

④ 方向 2：矢量：+YC 轴，数量：2，节距：15mm。

⑤ "阵列设置"选项组中"交错"选项选择"方向 1"。

⑥ 在绘图区选择不需要的实例（正方形实心点），使用右键菜单项【抑制】将阵列中不需要的实例对象抑制。需要抑制的实例如图 1-255 所示，抑制结果如图 1-256 所示。

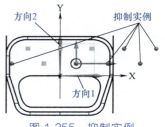

图 1-255　抑制实例

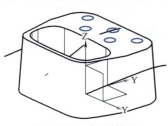

图 1-256　抑制结果

11）使用"通过曲线组""修剪体"等特征成型顶部曲面。方法：

① 使用"曲面"选项卡→"通过曲线组"工具按钮 激活"通过曲线组"对话框。

② 截面1、截面2、截面3按如图1-257所示左图顺序选择。单击"确定"后结果如图1-257右图所示。

③ 使用"主页"选项卡"特征"工具栏"修剪体"工具按钮 激活"修剪体"对话框。

④ 目标体和工具面按图1-258所示选择，保留下侧，结果如图1-259所示。

⑤ 隐藏顶部曲面和截面线，如图1-260所示。

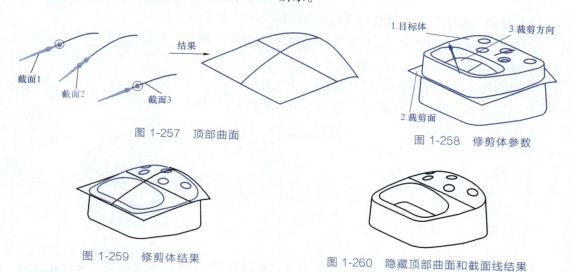

图 1-257　顶部曲面

图 1-258　修剪体参数

图 1-259　修剪体结果

图 1-260　隐藏顶部曲面和截面线结果

12）使用"拔模"特征的边拔模方式创建腔侧面拔模4°。方法：

① 使用"拔模"工具按钮 激活"拔模"对话框。

② 拔模形式：边，脱模方向：+ZC 轴。

③ 固定边：按图1-261选择，拔模角度：4°，结果如图1-262所示。

13）使用边倒圆特征倒圆角 R2mm，结果如图1-263所示。

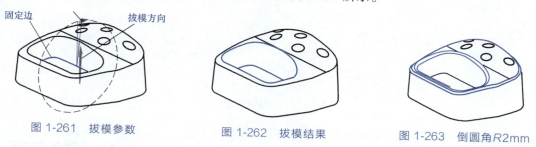

图 1-261　拔模参数

图 1-262　拔模结果

图 1-263　倒圆角 R2mm

14）使用"边倒圆"特征创建变半径圆角。方法：

① 使用"边倒圆"工具激活"边倒圆"对话框。

②"上边框条"→"曲线规则"选择"相切曲线"，选择如图1-264所示内腔底边。

③ 选择"变半径"选项组"指定半径点"选项，按图1-264所示设定4个节点的半径

值。单击"确定"按钮，结果如图 1-265 所示。

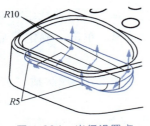

图 1-264　半径设置点

图 1-265　倒圆角结果

15）使用"抽壳"特征将模型变成厚度 2 的壳体。方法：

① 使用"特征"工具栏→"抽壳"工具按钮 ![icon] 激活"抽壳"对话框。

② 抽壳类型：移除面，然后抽壳。

③ 要穿透的面：选择模型底面，如图 1-266 所示。

④ 抽壳厚度：2，单击"确定"按钮，结果如图 1-267 所示。

图 1-266　选择要穿透的面

图 1-267　抽壳结果

16）保存文件。观看步骤 1）至 16）操作视频，请扫二维码 E1-55。

17）进入工程图界面，创建 A3 图纸，调入图纸边框和标题栏。

18）创建基本视图。视图比例为 1：1，创建结果如图 1-268 所示。

E1-55

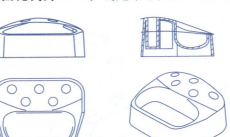

图 1-268　基本视图

19）标注尺寸。所标尺寸的位置可参考图 1-269。

20）保存文件完成笔筒工程图的创建。观看步骤 17）至 20）操作视频，请扫二维码 E1-56。

（2）任务实施步骤——学员　根据自己所做的任务实施方案，完成任务实施步骤，并参考前边提供的形式撰写操作过程报告，提交到指定位置。

E1-56

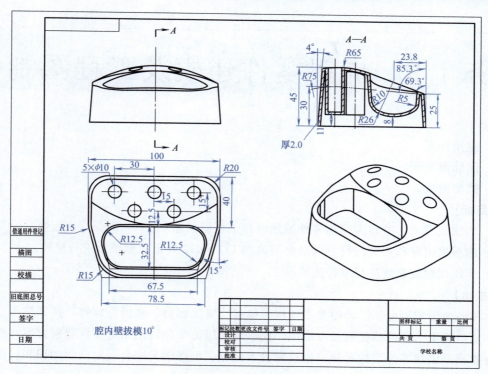

图 1-269　笔筒工程图样

1.8.3　课后拓展训练

参照笔筒零件的建模方法及知识点介绍，完成图 1-270 所示零件的建模及工程图制作。

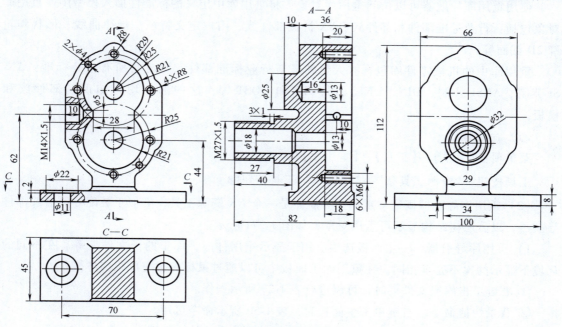

图 1-270　泵体零件

任务 1.9　虎钳零件建模及工程图制作

【知识点】
- 重用件库。
- 删除面特征。
- 螺旋曲线。

【技能目标】
- 能独立完成一些较为简单零件的建模和工程图创建。
- 能根据国标和相关的行业标准合理调用 UG NX12.0 重用库模型进行建模。
- 能使用螺旋曲线进行零件建模。

【任务描述】

本任务由固定钳身、活动钳身、丝杠、螺母、紧固螺钉、垫圈、螺钉、锁紧螺母、紧固螺母、钳口板十个零件的建模任务组成，要求以小组为单位讨论制定零件建模方案，然后独立进行建模并创建零件工程图样。通过完成本任务，训练学员综合运用已学知识和技能解决实际问题的能力。

1.9.1　课前知识学习

1. 重用库

使用重用库导航器可以访问重用库对象，将重用库中定义的标准件插入模型中。重用库对象包括：行业标准部件和部件族、NX 机械部件族、用户定义特征、规律曲线、形状和轮廓 2D 截面等。

重用库中的机械零件库包含有大量的最新行业标准部件，可支持所有主要标准：ANSI 英制、ANSI 公制、DIN、UNI、JIS、GB 和 GOST 等，这些部件均为知识型部件族和模板。

（1）命令位置

菜单项：【菜单】→【工具】→【重用库】。

工具按钮："资源工具条"→"重用库" 工具按钮▥。

（2）重用库导航器概述　重用库导航器是一个 NX 资源工具，类似于装配导航器或部件导航器，以分层树结构显示可重用对象，如图 1-271 所示。

1）重用库导航器——主面板选项。用于显示重用件库，库里的子文件夹等。在不同的环境下显示的库不完全相同。在重用库主面板中可以通过鼠标右键完成很多库操作。

①右键单击库或文件夹时，可以进行表 1-29 所示操作。

②背景快捷命令。右键单击主面板时，表 1-30 所示命令可用。

2）重用库导航器——搜索面板选项。用于设置搜索条件，常用命令见表 1-31。

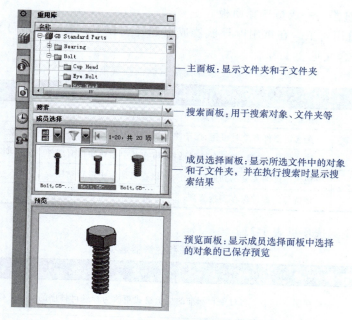

主面板：显示文件夹和子文件夹

搜索面板：用于搜索对象、文件夹等

成员选择面板：显示所选文件中的对象和子文件夹，并在执行搜索时显示搜索结果

预览面板：显示成员选择面板中选择的对象的已保存预览

图 1-271　重用库导航器

表 1-29　右键单击库或文件夹快捷命令

命令	含义
刷新	重新加载所选库容器或文件夹，以合并新数据
从此处搜索节点	打开"在选定节点下搜索"对话框，可用于搜索选定的库
定义可重用对象	打开可重用对象对话框。用于创建可重用对象，并将它从图形窗口中显示的几何体添加到选定的库容器或文件夹中
新建文件夹	在选定文件夹时可用，将新的子文件夹添加到所选文件夹
重命名	在选定文件夹时可用，重命名选定的文件夹
删除	在选定文件夹时可用，从库中移除所选文件夹

表 1-30　背景快捷命令

命令	含义
库管理	打开"重用库管理"对话框，进行库的添加，删除等操作
全部折叠	将库的所有文件夹全部折叠，只显示库的名称
全部展开	将库的所有文件夹都展开显示

表 1-31　搜索面板命令

命令	含义
搜索框	设置搜索关键字
在上面的树中搜索	对输入的关键字执行搜索
消除搜索结果	从成员选择面板中移除搜索结果
搜索设置	打开搜索设置对话框，允许您修改搜索设置

3）重用库导航器——成员选择面板。

① 右键单击重用对象。在重用库导航器成员选择面板下，右键单击可重用对象时，右键快捷菜单项命令含义见表1-32。

表 1-32　成员选择面板右键快捷菜单命令

命令	含义
打开	在新会话中打开所选对象
添加到装配	在选定部件对象时可用,用于将所选对象添加到装配中,并约束对象
编辑 KRX 文件	打开创建、编辑 KRX 文件对话框,可在其中创建知识型部件。该选项不可用于只读部件
复制	把选中的对象复制到剪贴板中,可以在其他库中进行粘贴
添加到已保存搜索	将选择的部件保存到搜索项

② 视图和过滤器选项见表1-33。

表 1-33　视图和过滤器选项

选项图标	选项名称	描述
	表格视图	将对象和标准的显示格式更改为标题可排序的表格
	缩略图	以缩略图格式显示对象,其中包含对象的图像和名称
	预览	显示对象的图像和名称
	列表	以列表格式列出对象(包含对象名称)
	图标	以图标形式显示对象(包含对象名称)
	标题	显示对象的名称、类型和图像

过滤器列表选项见表1-34。

表 1-34　过滤器列表选项

选项图标	选项名称	描述
	全部查看	显示所选文件夹中的所有部件
	仅查看 KE 部件	仅显示知识型部件
	UDF 模板	仅显示用户定义特征模板
	特征/模板对象	仅显示特征对象或模板对象
	PTS 模板	仅显示 Product Template Studio 模板
	2D 截面模板	仅显示 2D 模板

（续）

选项图标	选项名称	描述
	梁截面模板	仅显示梁截面模板
	材料项	根据标准件的材料进行过滤显示

③ 将可重用对象添加到模型操作步骤。

扫描二维码 E1-57 观看调用 M12×50（GB/T 5781—2016）螺栓的操作步骤视频。

E1-57

2. 删除面

删除面是同步建模常用工具，使用"删除面"工具可以移除非参数模型或参数模型上选定面，系统自动使用被删除面的相邻面进行填补。

（1）命令位置

菜单项：【菜单】→【插入】→【同步建模】→【删除面】。

工具按钮："同步建模"工具栏→"删除面"工具按钮 。

激活"删除面"命令后，系统弹出"删除面"对话框，如图 1-272 所示。

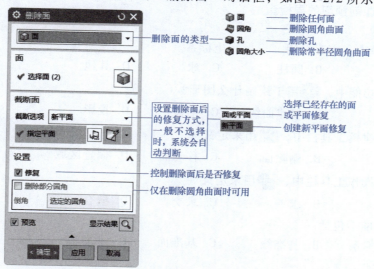

图 1-272 "删除面"对话框

（2）删除面操作过程 扫描二维码 E1-58 观看删除面操作步骤视频。

E1-58

3. 螺旋

螺旋命令是曲线工具栏的一个工具，该命令可沿矢量或脊线创建螺旋样条线。

（1）命令位置

菜单项：【菜单】→【插入】→【曲线】→【螺旋】。

工具按钮："曲线"选项卡→"曲线"工具栏→"螺旋"工具按钮 。

激活"螺旋"命令后，系统弹出"螺旋"对话框，如图 1-273 所示。

（2）螺旋线创建过程 扫描二维码 E1-59 观看螺旋线创建过程视频。

E1-59

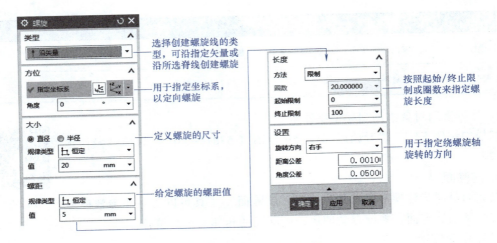

图 1-273 "螺旋"对话框

1.9.2 课中任务实施

1.9.2.1 课前预习效果检查

（1）单选题

1）UG 建模中，主要采用（　　）坐标系。

A. 笛卡儿　　　　　B. 圆柱　　　　　C. 球　　　　　D. 其他

2）在曲线功能中，用于绘制什么图形？（　　）

A. 螺旋线　　　　　B. 规律曲线　　　C. 偏移　　　　　D. 投影

3）在同步建模工具栏中，用来定义（　　）。

A. 替换面　　　　　B. 删除面　　　　C. 移动面　　　　D. 偏置区域

4）在特征操作工具栏中，用来定义（　　）。

A. 求和　　　　　　B. 求差　　　　　C. 求交　　　　　D. 缝合

5）建模基准不包括（　　）。

A. 基准坐标系　　　B. 基准线　　　　C. 基准面　　　　D. 基准轴

（2）填空题

1）使用_____导航器可将重用库中定义的标准件插入模型中。

2）使用_____命令可沿矢量或脊线指定螺旋样条。

3）用"键槽"命令可以创建_____种槽型。

4）"删除面"命令可以删除面、圆角和_____。

5）"腔体"特征可以在指定的实体中形成_____、矩形或者常规的空腔。

（3）判断题

1）特征是特征建模中建立实体模型的基本单元。（　　）

2）UG 是一个集 CAD、CAM、CAE 于一体的集成化计算机辅助设计系统。（　　）

3）任意的实体和片体的组合都能实现布尔运算。（　　）

4）重用库中的机械零件库包含大量的最新行业标准部件。（　　）

5）"删除面"命令不能移除孔。（　　　）

1.9.2.2　任务实施

1. 固定钳身建模

（1）零件图分析　固定钳身零件图如图 1-274 所示。主要由基本体、腔体及两侧耳组成，主要用到块、垫块、腔体、倒圆角、孔等特征命令，比较简单。

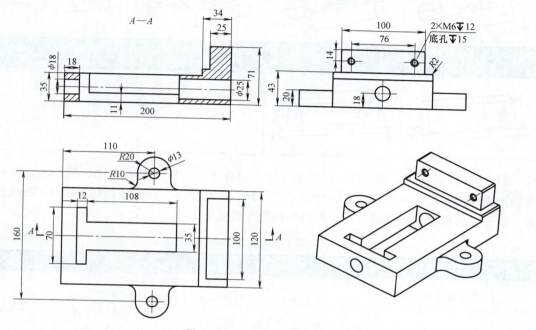

图 1-274　固定钳身零件图

（2）建模及工程图实施方案设计

1）建模实施方案设计——参考。固定钳身建模方案见表 1-35。

表 1-35　固定钳身建模方案 （单位：mm）

立方体（200×120×35）	凸起（34×120×8）	凸起（25×100×24）	腔（108×70×11）
腔（12×70×35）	腔（108×35×24）	凸起（40×20×40）	圆角 R10 和 R20

（续）

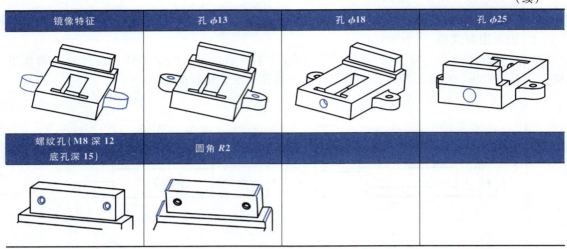

镜像特征	孔 $\phi13$	孔 $\phi18$	孔 $\phi25$
螺纹孔（M8 深 12 底孔深 15）	圆角 $R2$		

2）工程图样制作方案设计——参考。固定钳身工程图样由基本视图、剖视图、左视图和轴测图组成，尺寸标注含常见线性尺寸、注释、中心线等，图纸使用标准的 A3 图纸和图框，根据工程图绘制规范制作。工程图样创建方案见表 1-36。

表 1-36　固定钳身工程图样创建方案

序号	内容	图例
1	创建图纸和标题栏	图纸和图框：A3 标题栏：GB/T 10609.1—2008
2	创建基本视图	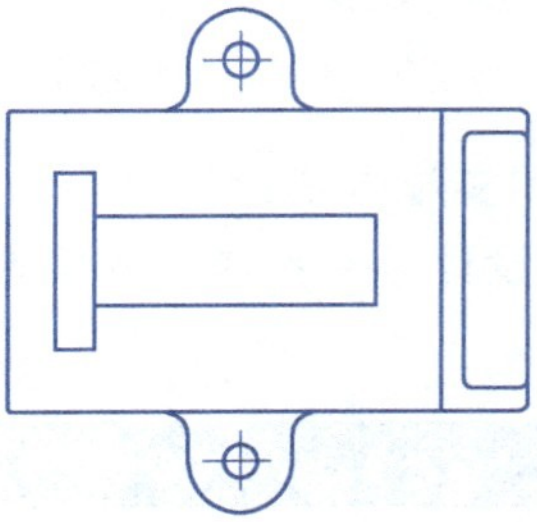
3	创建剖视图 A—A	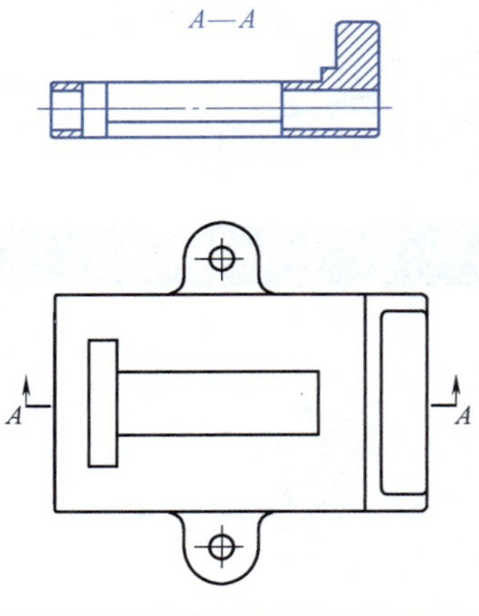

（续）

序号	内容	图例
4	创建其余视图	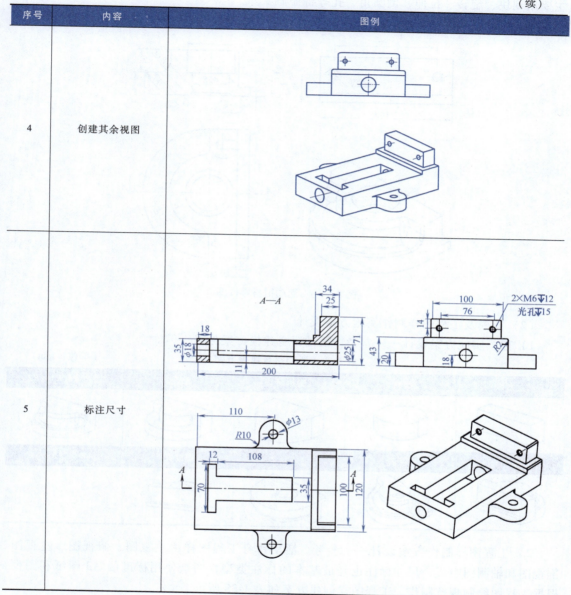
5	标注尺寸	

3）建模及工程图实施方案设计——学员。

要求：依据学员自己的任务分析，参考1）~2）方案的设计形式，设计自己的可实施零件建模及工程图实施方案。要求图表清晰，按老师要求提交到指定位置。

（3）任务实施步骤　读者可参考教材提供的参考方案或自己制定的实施方案，进行固定钳身的建模并制作工程图。如有困难可扫二维码 E1-60，观看参考视频。

E1-60

2. 活动钳身建模

（1）零件图分析　活动钳身零件图如图 1-275 所示。主要由基本体和沉头孔部分组成，主要用到块、旋转、拉伸、倒圆角、孔等特征命令。

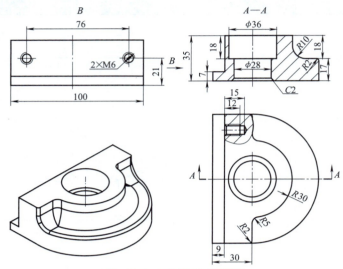

图 1-275　活动钳身零件图

（2）建模及工程图样制作实施方案设计

1）建模实施方案设计——参考。活动钳身建模方案见表 1-37。

表 1-37　活动钳身建模方案　　　　　　　　　　　（单位：mm）

立方体	旋转	删除面	凸台	圆角 R5、R10、R2
拉伸凹台	沉头孔	倒斜角 2	螺纹孔	

2）工程图样制作方案设计——参考。活动钳身工程图样由主视图、俯视图、左视图、剖视图和轴测图组成，尺寸标注也是最基本的标注类型，图纸使用标准的 A3 图纸和图框，根据工程图绘制规范制作。工程图样创建方案如表 1-38 所示。

表 1-38　活动钳身工程图样创建方案

序号	内容	图例
1	创建图纸和标题栏	图纸和图框：A3 标题栏：GB/T 10609.1—2008
2	创建基本视图	

（续）

序号	内容	图例
3	创建剖视图 *A—A*	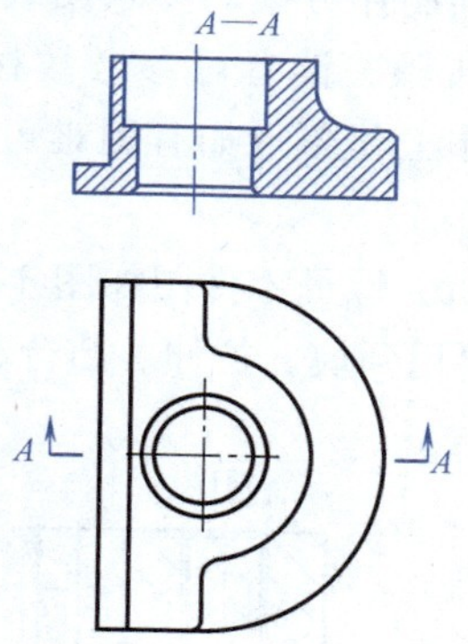
4	创建其余视图	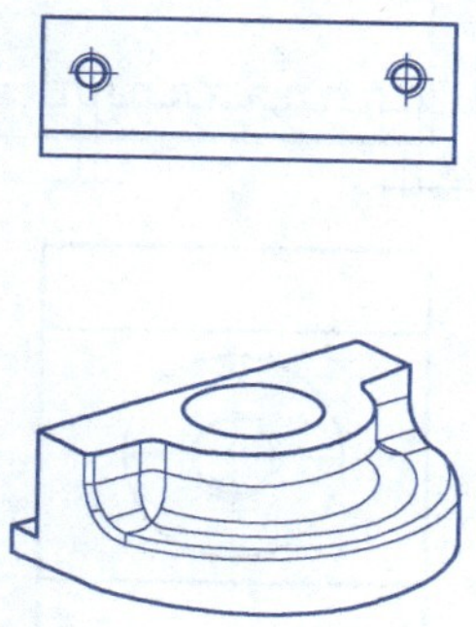
5	标注尺寸	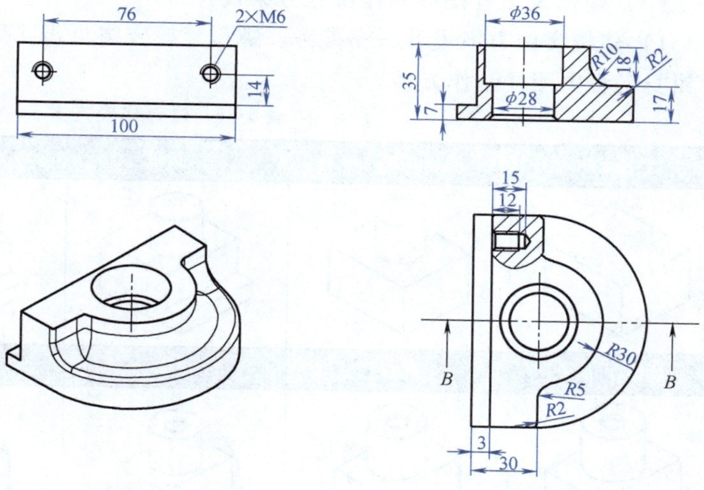

3）建模及工程图样实施方案设计——学员。

要求：依据学员自己的任务分析，参考1）~2）中方案的设计形式，设计自己的可实施零件建模及工程图样制作方案。要求图表清晰，按老师要求提交到指定位置。

（3）任务实施步骤　读者可参考教材提供的参考方案或自己制定的实施方案，进行活动钳身的建模并制作工程图。如有困难可扫二维码E1-61，观看参考视频。

3. 螺母造型

（1）零件图分析　螺母零件图如图1-276所示。主要由基本体、孔及矩形螺纹部分组成，主要用到块、拉伸、凸台、孔、螺旋线、扫掠等特征命令。

E1-61

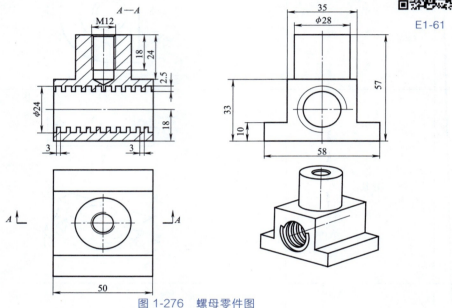

图 1-276　螺母零件图

（2）建模及工程图样制作实施方案设计

1）建模实施方案设计——参考。螺母建模方案见表1-39。工程图样制作方案可参考活动钳身工程图图样制作方案。

表 1-39　螺母建模方案　　　　　　　　　　　　　　（单位：mm）

长方体（50×58×33）	凸台（28×24）	左侧面凹台	右侧面凹台	螺纹孔
简单孔 ϕ19	螺旋线	扫掠	求差	

2）建模实施方案设计——学员。

要求：依据学员自己的任务分析，参考方案设计形式，设计自己的可实施零件建模及工程图样制作方案。要求图表清晰，按老师要求提交到指定位置。

（3）任务实施步骤　读者可参考教材提供的参考方案或自己制定的实施方案，进行螺母的建模并制作工程图。如有困难可扫二维码 E1-62，观看参考视频。

E1-62

4. 丝杠造型

（1）零件图分析　丝杠零件图如图 1-277 所示。主要由基本体和矩形螺纹组成，主要用到圆柱、凸台、螺旋线、扫掠、槽等特征命令。

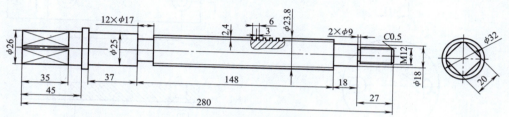

图 1-277　丝杠零件图

（2）建模及工程图样制作实施方案设计

1）建模及工程图样制作实施方案设计——参考

丝杠建模方案见表 1-40。工程图样制作方案可参考活动钳身工程图图样制作方案。

表 1-40　丝杠建模方案

基本体	端部方形结构	螺旋线
扫掠	求差及右端倒斜角 0.5	右端符号螺纹及矩形槽

2）建模及工程图样制作实施方案设计——学员。

要求：依据学员自己的任务分析，参考方案设计形式，设计自己的可实施零件建模及工程图样制作方案。要求图表清晰，按老师要求提交到指定位置。

（3）任务实施步骤　读者可参考教材提供的参考方案或自己制定的实施方案，进行丝杠的建模并制作工程图。如有困难可扫二维码 E1-63，观看参考视频。

E1-63

5. 紧固螺钉及钳口板零件造型

（1）零件图分析　紧固螺钉零件图如图 1-278 所示。钳口板零件图如图 1-279 所示。

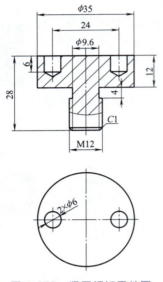

图 1-278　紧固螺钉零件图

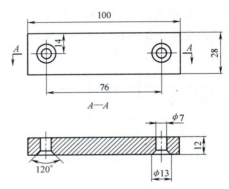

图 1-279　钳口板零件图

（2）建模及工程图样制作实施方案设计　请读者参考教材提供的虎钳前边几个零件的建模方案自行制定紧固螺钉和钳口板的建模方案。

（3）任务实施步骤　依据自己制定的建模方案，实施零件建模过程。如有困难，紧固螺钉造型请扫二维码 E1-64，钳口板建模请扫二维码 E1-65 观看造型操作过程。

E1-64

6. 锁紧螺母和紧固螺母造型

（1）零件图分析　锁紧螺母零件图如图 1-280 所示，紧固螺母零件图如图 1-281 所示。读者自行进行零件分析。

E1-65

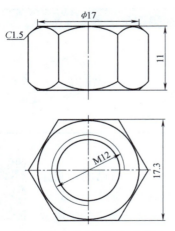

图 1-280　锁紧螺母零件图

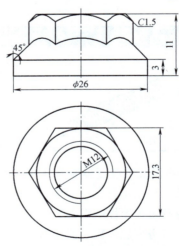

图 1-281　紧固螺母零件图

（2）建模实施方案设计　请读者自己独立制定锁紧螺母及紧固螺母的建模方案。

（3）任务实施步骤　依据自己制定的建模方案，实施零件建模过程。如有困难，锁紧螺母请扫二维码 E1-66，紧固螺母请扫二维码 E1-67 观看建模视频。

E1-66　　　　E1-67

7. 螺钉及垫圈建模

（1）零件图分析　请读者自行查找螺钉（图 1-282）和垫圈（图 1-283）的国家标准代号及规格。

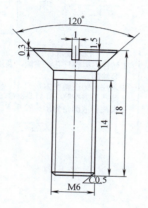

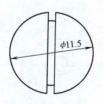

图 1-282　螺钉

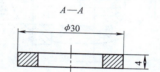

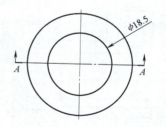

图 1-283　垫圈

（2）建模实施方案设计

要求：根据自己查到的螺钉及垫圈标准代号、规格使用重用库调出零件模型。如果遇到困难，螺钉请扫二维码 E1-68，垫圈请扫二维码 E1-69 观看操作过程。

1.9.3　课后拓展训练

参照虎钳零件的建模方法及知识点介绍，完成图 1-284 所示的节流阀阀盖及图 1-285 所示的底座零件的建模及工程图制作（图纸模板可以自己确定）。

E1-68　　　　E1-69

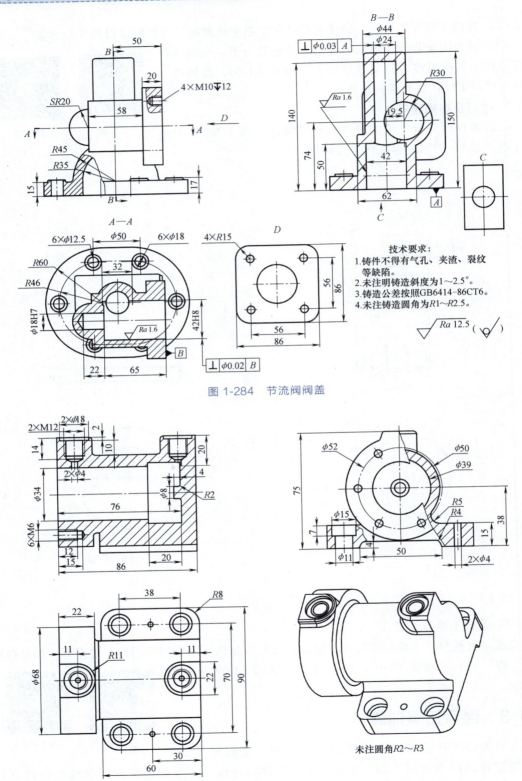

技术要求:
1. 铸件不得有气孔、夹渣、裂纹等缺陷。
2. 未注明铸造斜度为1~2.5°。
3. 铸造公差按照GB6414-86CT6。
4. 未注铸造圆角为R1~R2.5。

图 1-284　节流阀阀盖

未注圆角R2~R3

图 1-285　底座

项目2 PROJECT 2

产品装配及装配工程图制作

【教学目标】

- 熟悉零件虚拟装配及其装配图的相关标准。
- 掌握装配约束、约束编辑、装配导航器、爆炸图、WAVE 几何连接器、干涉与检查、引用集等工具。
- 能使用 UG NX 完成产品虚拟装配、产品设计、装配图等任务。
- 能熟练地对装配体中的组件进行编辑和关联设计。
- 掌握使用表格创建和编辑工具创建装配工程图的 BOM 表，能根据需要创建球标，对球标进行排序，能正确调整视图中零件的显示和剖切状态。
- 零件装配形成有序运行的机具，启示学生团结合作，做好本职，才能发挥出 1+1 大于 2 的神奇力量。
- 通过机械装配、干涉分析，启示学生认真细致、精益求精的重要性，培养工匠精神。

【知识重点】

- 装配约束、装配导航器、约束导航器、引用集。
- 装配爆炸图常用工具、装配序列常用工具、运动仿真常用工具。
- 剖面线工具、BOM 表、球标。
- WAVE 几何连接器。

【知识难点】

- WAVE 几何连接器、BOM 表工具。

【教学方法】

- 线上线下结合、任务驱动，自主学习探索，实施全过程考核。

【建议学时】

- 6~12 学时。

【项目描述】

通过虎钳虚拟装配、单向阀设计等任务的实施，学习掌握使用 UG NX 进行虚拟装配、产品设计和创建装配工程图的基本思路、技巧和常用工具，熟悉与虚拟装配、产品设计及装配工程图相关的国标，培养学生 UG NX 虚拟装配、产品设计及工程图工具和专业知识相结合完成相关工作任务的综合应用能力、勇于实践和创新的能力。

【知识图谱】

项目 2 知识图谱如图 2-1 所示。

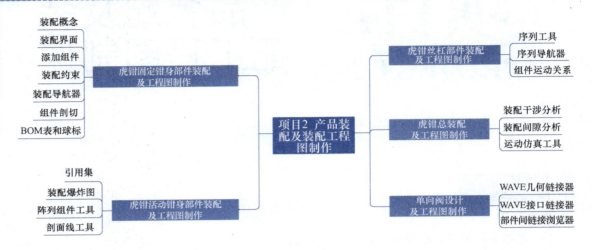

图 2-1　项目 2 知识图谱

任务 2.1　虎钳固定钳身部件装配及工程图制作

【知识点】

- 装配界面。
- 添加组件工具。
- 装配导航器。
- 装配约束、约束编辑工具。
- 视图中剖切工具。
- BOM 表和球标的创建工具。

【技能目标】

- 熟练使用装配约束、约束编辑工具进行产品虚拟装配。
- 能使用装配导航器对装配体进行相关操作。
- 能在装配工程图中调整零件的剖切状态、创建符合国标的 BOM 表和球标。

【任务描述】

　　虎钳固定钳身部件是虎钳的固定部件，包含固定钳身、钳口板、螺钉共 3 种零件，零件之间没有相对运动。通过完成该任务，学习 UG NX 装配约束的定义和编辑、装配导航器用法，掌握装配工程图制作过程中"视图中剖切""BOM 表""球标"等工具的用法，能生成符合国标的装配工程图。

2.1.1　课前知识学习

1. 装配概述

机械装置一般由多个零部件组成，各零部件按一定的关系组合到一起的过程称为装配。

UG NX 装配过程中，部件几何体被装配所引用，而非复制到装配中，因此装配体中的零件始终与原几何体保持关联。

UG NX 装配模块可以直接在建模环境中使用，用户可以在装配体使用子装配或组件进行装配，能根据需要进行组件装配、组件创建与编辑、干涉检查、装配爆炸、装配动画创建、运动仿真、装配工程图样制作等操作。

为了便于装配，UG NX 提供了装配导航器、约束导航器、装配工具栏和装配菜单等多种工具，如图 2-2 所示。

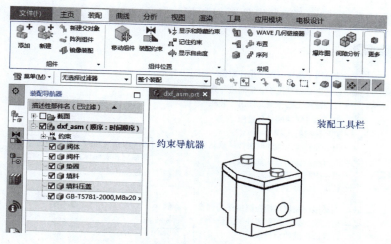

图 2-2　常用装配工具

2. 装配工具栏

在建模环境中功能区右侧空白处单击鼠标右键，在弹出的右键菜单中选择【装配】菜单项，【装配】选项卡就显示在功能区，单击"装配"选项卡，常用装配工具显示在工具栏中。常用装配工具按钮的含义如下：

1）——"添加"工具按钮。向装配体中装配一个已经存在的组件，单击这个工具，系统会弹出"添加组件"对话框。

2）——"新建"工具按钮。在装配体新建一个不存在的组件或子装配，单击这个按钮，系统会弹出"新组件文件"对话框。

3）新建父对象——"新建父对象"工具按钮。新建当前显示部件的父部件，单击这个按钮，系统会弹出"新建父对象"对话框。

4）——"阵列组件"工具按钮。使用这个工具可以将组件以给定的方式产生一组阵列对象，单击这个工具按钮，系统弹出"阵列组件"对话框。

5）——"镜像装配"工具按钮。使用这个工具可以将组件沿选定的面产生一个镜像体，单击这个工具按钮，系统弹出"镜像装配向导"。

6）——"装配约束"工具按钮。使用这个工具可以为组件添加新的装配约束，单击这个工具，系统会弹出"装配约束"对话框。

7）移动组件——"移动组件"工具按钮。当所装配组件的自由度没有被完全限制时，使用这个按钮可以将组件沿未限制的自由度方向运动。

3. 添加组件

（1）命令介绍　添加组件就是向装配体中引用已经存在的零件或者子装配。如果新建文件时模板选择"装配"，进入系统后会自动激活"添加组件"命令。

（2）命令位置

1）菜单项：【菜单】→【装配】→【组件】→【添加组件】。

2）工具按钮："装配"工具栏→"添加"工具按钮 。

命令激活后，系统弹出"添加组件"对话框，如图2-3所示。

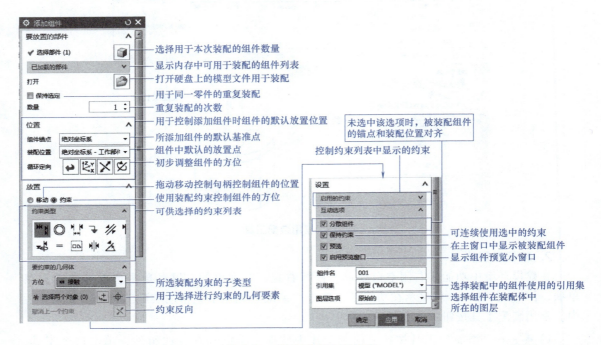

图2-3　"添加组件"对话框

扫二维码E2-1，观看添加组件使用过程。

4. 装配约束

（1）装配约束介绍　在 UG NX 中装配约束有接触对齐、同心、距离、固定、平行、垂直、对齐/锁定、等尺寸配对（拟合）、胶合、中心和角度等。

（2）约束命令的激活　在"添加组件"对话框选中"放置"选项组"约束"选项时，对话框中显示"约束类型"列表。通过选择列表中的约束工具，就可以在绘图区选择相应的对象进行约束定义。

选择"组件位置"工具栏中"装配约束"工具按钮 ，系统会弹出"装配约束"对话框。通过"装配约束"对话框，用户可以为装配体已经引用的组件添加约束，如图2-4所示。

了解装配约束的详细使用方法请扫二维码E2-2观看视频。

在装配导航器中或约束导航器中，双击一个已经存在的约束，可以激活

E2-1

E2-2

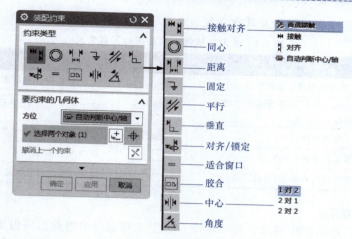

图2-4 "装配约束"对话框

"装配约束"对话框，对选中的约束进行重定义。

（3）装配约束的状态 装配体中，约束的状态有启用、抑制、干涉、过约束、完全约束、部分约束和无约束。

1）启用：正常情况下，约束定义完成后，就被自动启用，但如果约束被抑制后，要改为启用，则必须在装配导航器或约束导航器中选中该约束，启用方法是使用右键菜单项【启用】。

2）抑制：当用户不需要某个约束时，可以抑制该约束，在装配导航器或约束导航器中选中该约束，抑制方法是使用右键菜单项【抑制】。

3）干涉：当存在一个或多个矛盾的、未解算的约束时，约束前显示。此时，需要用户通过删除、重定义或抑制约束进行解决。

4）完全约束、部分约束和无约束：通常组件在空间中有三个移动自由度和三个旋转自由度，装配组件的过程就是限制自由度的过程，当组件自由度被完全限制、部分限制、没有自由度被约束的情况下，就在装配导航器对应组件后"位置度"列下显示过约束、完全约束、部分约束、无约束符号。

5）显示和隐藏：默认状态下，约束符号是显示在绘图窗口中的，显示和隐藏约束，可以和显示隐藏对象一样操作。

5. 装配导航器

1）装配导航器用层次结构树显示装配结构、组件属性以及成员组件间的约束。使用装配导航器可以进行组件状态、组件结构调整、组件属性编辑、装配约束调整等操作，如图2-5所示。

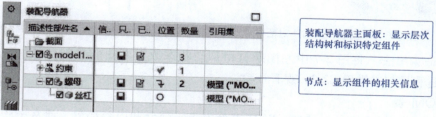

图2-5 装配导航器

2）装配导航器中常见图标及其含义见表2-1。

表2-1 装配导航器中常用图标及其含义

图标	含义	图标	含义
⊞/⊟	展开/折叠装配或子装配节点	🗄/🗄	处于工作/非工作状态子装配
⋮⋯	表示已从装配导航器显示中过滤掉一个或多个组件	◈/◈	处于工作/非工作状态组件
⬛	标识工作剖视图	🗄/🗄	已被抑制子装配/组件
⬛	标识非工作截面的剖视图	□/□	组件未加载/抑制
☑	组件至少已部分加载，而且可见	☑	组件至少已部分加载，但不可见

6. 组件剖切状态

为了使装配工程图清晰易读，国家标准对装配工程图样中组件剖切做了一定的规定。如果剖视图剖切面过某轴类组件的轴线，则剖视图中这个轴类零件为非剖切状态。

在创建剖视图时可以使用"剖视图"对话框中"设置"选项组"非剖切"子选项组进行控制，也可以在创建剖视图时，用绘图区的右键菜单项【非剖切组件/实体】控制。剖视图创建完成后，需要调整组件的剖切状态可以使用工具"视图中剖切"。

（1）命令位置

菜单项：【菜单】→【编辑】→【视图】→【视图中剖切】（默认为隐藏状态）。

工具按钮："视图"工具栏→【编辑视图】下拉菜单→"视图中剖切"工具按钮🔳。

激活命令后，系统弹出"视图中剖切"对话框，如图2-6所示。

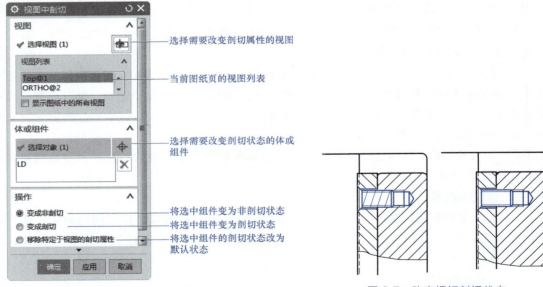

图2-6 "视图中剖切"对话框

图2-7 改变螺钉剖切状态

（2）命令用法 将图2-7中左图螺钉由剖切状态改为右图的非剖切状态，详细过程请扫二维码E2-3，观看视频。

E2-3

7. BOM 表

产品装配中BOM表必不可少。BOM表分为表头部分和内容部分，通常表头由调用系统"A××装配 无视图"工程图模板自动加载。表的内容显示则可以由用户根据需要进行控制。

用户创建 BOM 表一般步骤是：

1）定义或编辑各组件和 BOM 对应的属性值。

2）更新 BOM 表。

3）创建球标。

4）球标重排序。

5）更新 BOM 表。

创建如下页图 2-8 所示工程图样 BOM 表的详细步骤，请扫二维码 E2-4 观看视频学习。

E2-4

2.1.2 课中任务实施

1. 课前预习效果检查

（1）单选题

1） 工具按钮的作用是（　　）。

A. 激活组件　　　　　B. 显示组件　　　C. 隐藏组件　　　　　　D. 新建一个组件

2）🧊 工具按钮的功能是（　　）。

A. 固定组件　　　　　B. 移动组件　　　C. 添加约束　　　　　　D. 删除约束

3）🧩 工具按钮的功能是（　　）

A. 限制自由度　　　　B. 删除自由度　　C. 显示组件自由度　　　D. 移动组件

4）当使用"接触约束"时，一个柱面和平面的位置关系是（　　）。

A. 不能使用该约束　　B. 相切　　　　　C. 柱面轴线在平面上　　D. 柱面和平面垂直

5）可以使用（　　）工具按钮控制约束的显示与隐藏。

A. 🧊　　　　　　　　B. 🧩　　　　　　C. 🧩　　　　　　　　　D. 📐

（2）多选题

1）"接触对齐"约束有（　　）子选项。

A. 自动判断中心/轴　　B. 对齐　　　　　C. 相切　　　　　　　　D. 接触

2）中心约束有（　　）形式。

A. 1 对 2　　　　　　B. 1 对 1　　　　C. 2 对 2　　　　　　　D. 2 对 1

3）接触可以限制（　　）等类型。

A. 曲面与曲面

B. 平面与平面、柱面与平面、球面与平面

C. 柱面与柱面、柱面与球面、球面与球面

D. 直线与直线

4）装配环境下，组件的状态有（　　）。

A. 显示部件　　　　　B. 抑制　　　　　C. 工作部件　　　　　　D. 隐藏

5）组件在装配中的位置度状态有（　　）。

A. 完全约束　　　　　B. 没有约束　　　C. 部分约束　　　　　　D. 需要约束

（3）判断题

1）默认状态下，被完全约束的对象是不允许移动的。（　　）

2）平行约束不仅限制对象之间的方向，而且限制对象之间的距离。（　　）

3）组件约束限制完后就不能更改约束了。（　　）

4）在装配环境下一次可以同时选中多个组件进行镜像操作。（　　）

5）〇这个位置度符号（装配导航器中）表示，组件没有被约束。（　　）

2. 任务分析

固定钳身部件是虎钳中固定不动的部件，装配关系如图 2-8 所示，固定钳身部件由固定钳身、钳口板和螺钉共 3 种零件装配而成，组件之间没有相对运动。

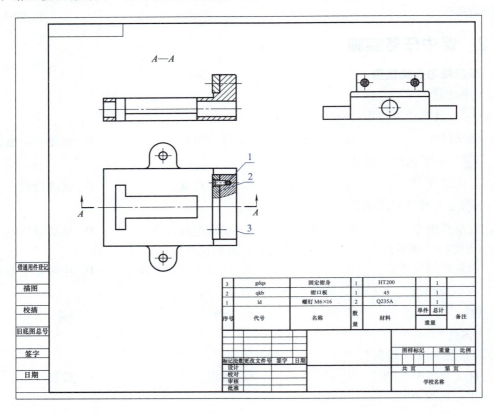

图 2-8　固定钳身装配图

请扫二维码模型文件 2-1 下载模型文件。

模型文件 2-1

3. 装配和工程图方案设计

（1）装配方案——参考　制定装配方案需要考虑如下几方面的要素：

1）如果产品中存在相对运动，需要根据运动关系将产品分割成若干个子装配。

2）将实际装配时的基准组件作为首先装配的零件，其他组件可以按照实际装配时的顺序进行装配。

3）装配条件的选择，以实现产品的功能要求为原则，选择方便定义、方便编辑的约束进行组件装配，通常需限制组件的所有自由度。

固定钳身部件中各组件之间不存在相对运动，连接关系简单。固定钳身是整个装配的基础，应该首先进行装配。装配方式采用绝对原点对齐方式，装配完成后添加固定约束；钳口板采用两孔一面方式进行装配；第一个螺钉采用拟合和平行两个约束进行装配，第二个螺钉采用重复装配。

装配工程图制作步骤与零件工程图相同，首先创建装配图纸，调用符合国标要求的标题栏、BOM 格式，然后添加基本视图和剖视图，其次修改各组件的属性，接着生成 BOM 表、球标，最后根据需要进行球标、BOM 表的调整，并标注相关尺寸。

（2）装配及装配图制作方案——学生

1）参考方案中固定钳身采用的是坐标系对齐后固定的方式装配，请制定使用装配约束方式装配固定钳身的方案。

2）参考方案中钳口板使用的是一面两孔方式装配，请制定使用其他装配条件进行装配的方案。

3）螺钉在参考方案种使用组件重复装配的方法，请制定使用组件阵列或组件镜像方式装配的方案。

4. 任务实施步骤

（1）任务实施步骤——参考

1）新建装配文件，文件名为"固定钳身_asm. prt"。方法：新建文件时，"模板"选择【装配】，文件名输入"固定钳身_asm. prt"，文件位置选择虎钳零件所在文件夹。

2）装配固定钳身 gdqs. prt。方法：

① 使用"装配"工具栏→"添加"工具按钮 激活"添加组件"对话框。

② 使用"打开"选项按钮 打开"部件名"对话框，选择"gdqs. prt"后，单击"OK"返回"装配组件"对话框。

③ "位置"选项组"组件锚点"选项列表选"绝对坐标系"，"装配位置"选项列表选"绝对坐标系-工作部件"。

④ "放置"选项组选中"移动"选项。单击"确定"按钮，系统弹出"创建固定约束"对话框，选择"否"，装配结果如图 2-9 所示。

3）显示部件自由度。方法：

① 在"装配导航器"中选择"gdqs"右键菜单项【显示自由度】，显示固定钳身的自由度，结果如图 2-10 所示。按快捷键 F5，绘图区固定钳身自由度符号消失。

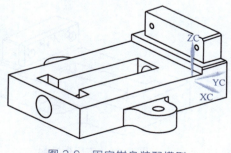

图 2-9　固定钳身装配模型

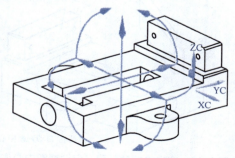

图 2-10　固定钳身自由度

② 在绘图区中选中组件 "gdqs"，运用右键菜单项【显示自由度】，显示固定钳身的自由度，按快捷键 F5，绘图区固定钳身自由度符号消失。

③ 单击 "组件位置" 工具栏→"显示自由度" 工具按钮  ，在绘图区选择 "gdqs"，系统显示固定钳身自由度，按快捷键 F5，绘图区固定钳身自由度符号消失。

4）设置在 "装配导航器" 中显示部件的位置度。方法：

使用 "装配导航器" 中空白处的右键菜单【列】→【位置】菜单项，将 "位置度" 显示出来，结果如图 2-11 所示。

5）为固定钳身添加固定约束。方法：

① 使用 "装配" 工具栏→"装配约束" 工具按钮 激活 "装配约束" 对话框。

② "约束类型" 列表中选择 "固定" 按钮 ，在绘图区选择固定钳身，单击 "确定" 完成为固定钳身添加【固定】约束操作，如图 2-12 所示。

图 2-11　组件位置度　　　　　　　　　　图 2-12　添加固定约束后的位置度

6）再次显示固定钳身的自由度。方法：使用步骤 4）的方法显示固定钳身的自由度。

7）装配钳口板 qkb.prt。方法：

① 使用 "装配" 工具栏→"添加" 工具按钮 激活 "添加组件" 对话框。

② 使用 "打开" 选项后按钮 打开 "部件名" 对话框，选择 "gkb.prt" 后，单击 "OK" 返回 "装配组件" 对话框。放置选项组选中 "约束" 选项。

③ 在 "约束类型" 列表中选择 "接触对齐" 按钮 ，在 "方位" 选项列表中选择 "接触"，在绘图区按图 2-13 所示选择钳口板和固定钳身上两个面，完成两面 "接触" 约束定义。

④ 在 "方位" 选项列表中选择 "自动判断中心/轴"，在绘图区按图 2-13 所示选择钳口板和固定钳身左侧孔的圆柱面，完成第一个孔中心对齐约束定义。同样方法完成钳口板和固定钳身右侧孔中心对齐，单击 "应用" 按钮完成钳口板的装配，结果如图 2-14 所示。

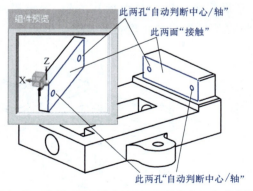

图 2-13　定义 "接触" 和 "自动判断中心/轴" 约束

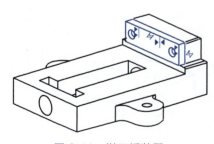

图 2-14　钳口板装配

8）装配螺钉 ld. prt。方法：

① 步骤7）未关闭"添加组件"对话框，故可以继续装配其他组件，参考步骤7）调入组件"ld. prt"。

② 选中"保持选定"选项，数量选项后输入"2"，此时预览窗口出现两个螺钉。

③ 在"约束类型"列表中选择"适合窗口"按钮＝，在绘图区按图 2-15 所示选择螺钉锥面和钳口板左侧孔锥面。

④ 在"约束类型"列表中选择"平行"按钮 ∥，在绘图区按图 2-15 所示选择螺钉槽侧面和钳口板顶面，完成第一个螺钉装配。

⑤ 使用相同约束定义方法约束第二个螺钉，装配完成后，单击"应用"按钮，结果如图 2-16 所示。

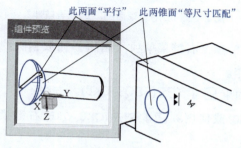
图 2-15　定义"适合窗口"和"平行"约束

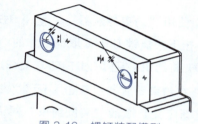
图 2-16　螺钉装配模型

9）抑制、启用和删除约束。方法：

① 取消选中"保持选定"选项，将数量选项后数字改为"1"。

② 使用如图 2-17 所示"接触""对齐"和"中心"约束条件装配 qkb. prt，单击"确定"退出"装配组件"对话框，结果如图 2-18 所示。

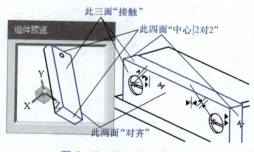
图 2-17　钳口板装配约束

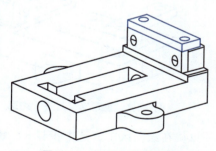
图 2-18　钳口板装配模型

③ 在"约束导航器" ⊞ ☑ ╏ 对齐 (QKB, QKB) 上使用右键菜单项【抑制】或者在"约束导航器"中单击 ⊞ ☑ ╏ 对齐 (QKB, QKB) 前的 ☑ ，对号消失，完成约束的抑制操作，结果如图 2-19 所示。

④ 选择"约束导航器" □ ╏ 对齐 (QKB, QKB) 项上右键菜单项【取消抑制】或单击 □ ╏ 对齐 (QKB, QKB) 前的方框，显示对号，完成启用约束操作。结果如图 2-20 所示。

图 2-19　约束抑制后的"约束导航器"

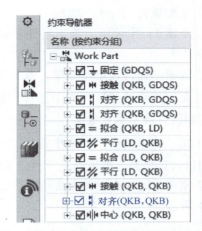

图 2-20　启用约束后的"约束导航器"

⑤ 使用"约束导航器"⊞☑ ᛁ 对齐 (QKB, QKB)项上右键菜单项【删除】完成删除约束操作。按下快捷键 Ctrl+Z 取消刚才的约束删除操作。

10）将约束⊞☑ ᛁ 对齐 (QKB, QKB)重定义为约束☑ ᛁ 对齐 (GDQS, QKB)。方法：

① 在约束导航器中双击⊞☑ ᛁ 对齐 (QKB, QKB)或使用⊞☑ ᛁ 对齐 (QKB, QKB)右键菜单项【重新定义】激活"装配约束"对话框。

② 按住 Shift 键的同时在绘图区选择步骤 7）装配的钳口板前侧面，取消对齐约束中的一个面。

③ 选择固定钳身如图 2-21 所示端面，单击"确定"完成对齐约束重定义，结果如图 2-22 所示。

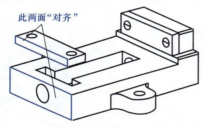

图 2-21　重定义"对齐"约束

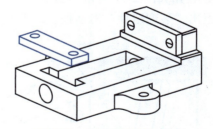

图 2-22　约束重定义后结果

④ 在绘图区中，选中步骤 9）装配的钳口板，单击鼠标右键，选择菜单项【删除】，系统弹出"删除"对话框，选择"确定"，系统弹出"移除组件"对话框，选择"是"删除步骤 9）装配的钳口板。

观看步骤 1）至 10）操作视频，请扫二维码 E2-5。

11）保存文件。

12）进入工程图界面并创建 A3 图纸。方法：

① 按快捷键 Ctrl+Shift+D 进入工程图界面。

② 单击"新建图纸页"工具按钮🖿激活"工作表"对话框，"大小"选项组选择"使

E2-5

用模板"，图纸列表中选择【A3-装配 无视图】创建 A3 图纸。

③ 使用"替换模板"工具按钮 为图纸添加边框、标题栏、明细栏表头。

13）创建主视图、俯视图、左视图。方法：参考零件工程图中创建三视图的方法创建固定钳身部件三视图（要求首先创建俯视图），结果如图 2-23 所示。

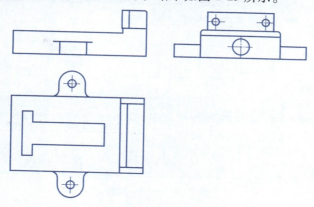

图 2-23　创建三视图

14）将主视图改为全剖视图，为俯视图添加局部剖。方法：参考零件工程图中创建全剖和局部剖的方法将主视图改为全剖，为俯视图添加局部剖，结果如图 2-24 所示。

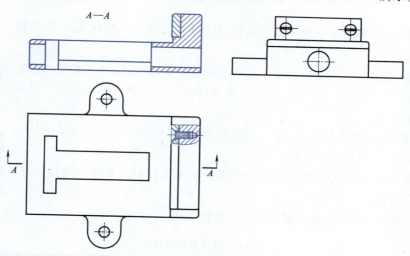

图 2-24　创建剖视图

15）编辑剖视图中组件的剖切状态。方法：

① 使用"制图编辑"工具栏→"视图中剖切"工具按钮 激活"视图中剖切"对话框。在视图区选中俯视图（注：TOP@1），选中对话框中"变成非剖切"选项。

② 选中对话框"体或组件"选项组下"选择对象"项，在俯视图上选择螺钉，单击"确定"将俯视图局部剖视图中的螺钉改为非剖切状态，结果如图 2-25 所示。

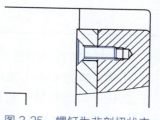

图 2-25　螺钉为非剖切状态

16）为 gdqs 添加属性值。方法：

① 在装配导航器中选择"gdqs"项的右键菜单项【属性】，激活"组件属性"对话框。

② 选择"属性"选项卡，在属性表中添加属性值，如图 2-26 所示。

图 2-26　gdqs 属性

17）为 gdqs 指定材料 HT2000。方法：

① 在部件导航器中选择"gdqs"项右键菜单项【在窗口中打开】，打开固定钳身。

② 使用【菜单】→【工具】→【材料】→【指派材料】菜单项系统弹出"指派材料"对话框。

③ 在绘图区选择固定钳身，在对话框中选择"创建"后按钮，系统弹出"各项同性材料"对话框。

④ "名称-描述"项下编辑条输入材料名称为"HT2000"，"质量密度"后编辑条输入为"0.0078kg/mm³"，单击"确定"返回"指派材料"对话框，再次单击"确定"完成为组件 gdqs 指定材料操作。

⑤ 在部件导航器中选择"gdqs"项右键菜单项【在窗口中打开父项】→【固定钳身_asm】，系统返回装配工程图中。

18）参考步骤 17）为其他零件添加属性值，指定材料。要求：属性及材料按照表 2-2 所示进行设置。

请扫描二维码 E2-6 观看步骤 12 至 18 操作视频。

E2-6

表 2-2　零件属性和材料

组件名称	DB_PART_NAME	DB_PART_NO	材料
qkb	钳口板	qkb	45
ld	螺钉 M6×16	ld	Q235A

19）创建零件明细栏。方法：

① 按快捷键 Ctrl+L 激活"图层设置"对话框，将图层 170 变成可编辑层。

② 选中明细栏后，使用右键菜单项【编辑级别】，系统弹出"编辑级别"快捷工具，单击"主模型"工具按钮，结果如图 2-27 所示。

序号	代号	名称	数量	材料	单件	总计	备注
3	ld	螺钉M6×16	2	Q235A	0.0		
2	qkb	钳口板	1	45	0.0		
1	gdqs	固定钳身	1	HT200	0.0		
序号	代 号	名 称	数量	材 料	单件 重量	总计	备注

图 2-27 修改完成后的明细栏

20）创建球标。方法：

① 选中明细栏后，使用右键菜单项【 🖉 自动符号标注(B) 】激活"零件明细表自动符号标注"对话框，在列表框中选择"Top@1"，单击"确定"在俯视图上创建球标，结果如图 2-28 所示。（球标实际位置可能和图 2-28 略有不同）。

② 使用选中明细栏后右键菜单项【 🅰 设置(S) 】，系统弹出"设置"对话框，对话框左侧选择"零件明细表"，右侧"标注"选项组"符号"后选项列表选择"U 下划线"，单击"关闭"，设置完成后俯视图如图 2-29 所示。

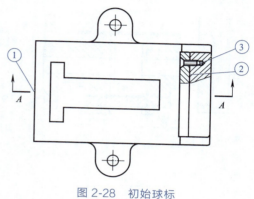

图 2-28 初始球标

③ 使用"装配序号排序"工具按钮 🔡 激活"装配序号排序"对话框，视图列表选"Top@1"，初始装配序号在绘图区选择序号"3"，选中"顺时针"选项，单击"确定"对明细零件序号进行重新排序。结果如图 2-30 所示

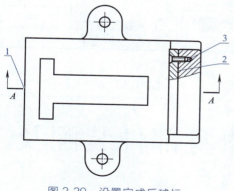

图 2-29 设置完成后球标

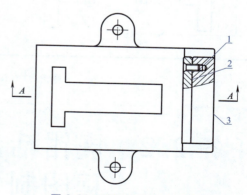

图 2-30 球标修改完成后图

④ 选择明细栏"序号"列，使用右键菜单项【 🅰 设置(S) 】激活"设置"对话框，左侧选择"列"，调整右侧"类别"选项列表，直到明细栏显示正确为止。单击"关闭"退出对话框。

观看步骤 19）至 20）操作视频，请扫二维码 E2-7。

E2-7

21）保存文件。

（2）任务实施步骤——学生 以自己制定实施方案为基础，完成任务的实施过程，按照老师的要求提交最后的成果。

2.1.3 课后拓展训练

参考如图 2-31 所示工程图完成节流阀阀体部件的装配，并生成装配工程图。查看任务请扫描二维码模型文件 2-2 下载模型文件。

模型文件 2-2

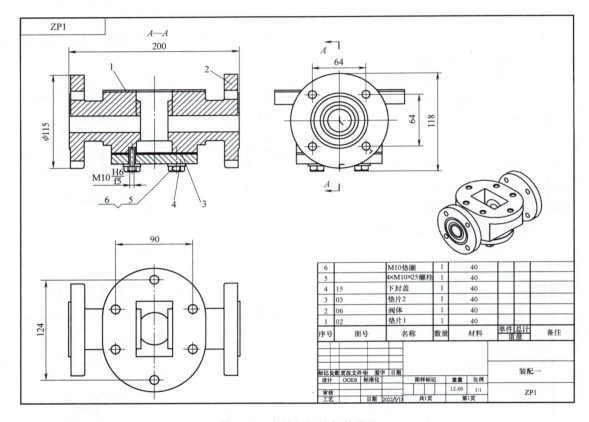

图 2-31 节流阀阀体部件装配

任务 2.2 虎钳活动钳身部件装配及工程图制作

【知识点】

- 引用集。
- 装配爆炸图工具：编辑爆炸、自动爆炸。
- 爆炸视图。

- 阵列组件工具。
- 剖面线工具。

【技能目标】
- 熟练使用引用集对部件进行显示控制。
- 能根据需要定义装配爆炸图，创建爆炸视图。
- 能根据需要在视图中使用剖面线工具创建剖面。

【任务描述】

虎钳活动钳身部件是虎钳的线性移动部件。活动钳身部件由活动钳身、钳口板、螺钉、紧固螺钉、螺母共5种零件组成，这5种零件之间无相对运动。通过完成该任务，巩固装配约束的使用方法，学习组件引用集、装配爆炸图、组件阵列等工具的应用方法，要求能够根据装配表达需要创建合适的装配爆炸图。

2.2.1 课前知识学习

1. 引用集

"引用集"是 UG NX 用来控制装配中组件或子装配部件显示方式的工具。引用集是组件或子装配中特定类型对象的集合，它可以过滤掉组件中不需要显示的对象，使它们不出现在装配中，缩短组件加载的时间，减少内存的占用量，使图形显示更加简洁，容易分析。引用集有两种类型，即由 NX 管理的"自动引用集"和"用户定义"引用集。

几何体、基准、坐标系、子装配等可以定义成引用集成员，而提升体、与视图相关的对象、CSYS 中的各个基准不能独立地定义进引用集。

（1）系统默认引用集　系统自动建立的引用集有：空引用集、整个部件引用集、模型引用集、简化引用集、实体引用集、制图引用集和配对约束引用集几种。

1）空引用集：引用集中不含任何对象。当组件装配使用"空引用集"时，组件在图形窗口中不显示任何内容。图 2-32 所示是弹簧组件使用"空引用集"时的显示状态。

2）整个部件引用集：组件中的所有对象都包含在引用集中。当组件装配使用"整个部件引用集"时，组件中的所有对象就会显示在装配体中。图 2-33 所示是弹簧组件使用"整个部件引用集"的显示状态。

图 2-32　空引用集　　　　　　　　　　　图 2-33　整个部件引用集

3）模型引用集（MODEL）：引用集仅包含实体、片体等模型几何体。图 2-34 所示是弹簧组件使用"模型引用集"的显示状态。

（2）用户自定义引用集　当 NX 的默认引用集不能满足用户需要时，用户可以定义自己的引用集以确保装配显示满足用户的需要。

和引用集相关的工具有"引用集""引用集信息""替换引用集"等。

1）"引用集"工具。用户使用"引用集"工具创建新的引用集或编辑已经存在的引用集。可以通过菜单项【格式】→【引用集】或者"装配"选项卡→"更多"工具栏→"引用集"工具按钮 激活命令，系统弹出"引用集"对话框，如图2-35所示。

图2-34 模型引用集

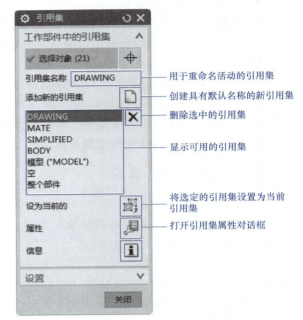

用于重命名活动的引用集

创建具有默认名称的新引用集

删除选中的引用集

显示可用的引用集

将选定的引用集设置为当前引用集

打开引用集属性对话框

图2-35 "引用集"对话框

观看引用集新建及编辑视频，请扫二维码E2-8。

2）"引用集信息"。引用集信息工具可以显示引用集的信息。用户可以通过菜单项【信息】→【装配】→【引用集】激活命令。

3）"替换引用集"。为选定的组件选择要显示的引用集。用户可以通过菜单项【装配】→【替换引用集】，或"装配"功能选项卡→"更多"工具栏→"替换引用集"工具按钮 激活命令，系统弹出组件引用集列表对话框，用户选择合适的引用集即可，也可以在装配导航器组件上右键菜单项【替换引用集】后列表中选择合适的引用集。

E2-8

2. 装配爆炸图

装配爆炸就是将选中的组件或子装配相互分离开来，而不会影响组件的实际装配位置。装配爆炸主要用于显示组件之间的装配关系，也可以使用装配状态生成爆炸视图。

装配爆炸图工具在"装配"功能选项卡"爆炸图"工具栏下，如图2-36所示。

图2-36 "爆炸图"工具栏

（1）新建爆炸图 单击"新建爆炸图"工具按钮，系统弹出"新建爆炸图"对话框，在对话框中输入爆炸图的名称，也可以单击"确定"使用系统默认的爆炸图名称。UG NX 装配中支持创建多个爆炸图，如果装配没有创建过爆炸图，则除了"新建爆炸图"按钮可用之外，其余工具均处于灰色不可用状态。

（2）编辑爆炸图 创建一个新的爆炸图后，零件的位置并没有发生变化，可以使用"自动爆炸组件"或"编辑爆炸图"工具编辑组件的位置。

单击"编辑爆炸图"工具按钮 后，系统弹出"编辑爆炸图"对话框，如图 2-37 所示。

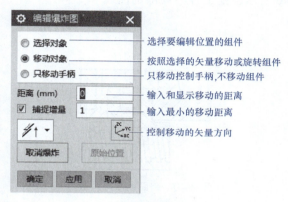

图 2-37 "编辑爆炸图"对话框

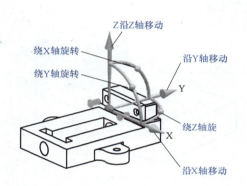

图 2-38 控制移动方向和距离

扫二维码 E2-9 观看使用"编辑爆炸图"工具对图 2-38 所示实例操作的视频。

（3）自动爆炸组件 按照给定的爆炸距离对选定的组件进行自动爆炸，这种方式可以很快速地产生组件的爆炸图，但是组件移动的方向是由系统自动判断，通常需要和"编辑爆炸图"工具配合使用。

E2-9

（4）取消爆炸组件 可以将当前爆炸图中选中组件的爆炸状态取消，显示为未爆炸状态。

（5）删除爆炸图 删除选定的爆炸图，但是如果一个爆炸图已经被用于工程图，则这个爆炸图不能被删除。

（6）工作视图爆炸 Explosion 3 将选中的爆炸图改为当前工作视图。

（7）隐藏视图组件 将选中的组件在工作爆炸图中隐藏掉，和"显示视图组件"工具为反操作。

（8）显示视图组件 将选中的隐藏组件在工作爆炸图中显示出来。

E2-10

（9）追踪线 用于显示组件的装配位置。

请扫二维码 E2-10 观看创建如图 2-39 所示追踪线。

3. 组件阵列 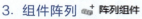 阵列组件

在产品装配过程中用户可以使用"阵列组件"工具将一个组件按照一定的规律进行阵

列，实现组件的重复装配。"组件阵列"命令可以通过菜单项【装配】→【组件】→【组件阵列】或者"装配"功能选项卡→"装配"工具栏→"组件阵列"工具按钮 激活，激活命令后，系统弹出"阵列组件"对话框，阵列过程可以参考"阵列特征"工具学习。和阵列特征不同的是，阵列组件只有线性、圆形、参考三种布局形式。

4. 剖面线工具

剖面线工具是用户在视图中某些特定区域创建填充图案的工具，一般要经过创建剖切轮廓线、激活剖面线工具、定义剖切范围、定义剖面线参数等几个步骤。

请扫二维码 E2-11 观看视频，学习如图 2-40 所示装配工程图局部剖面线创建过程。

E2-11

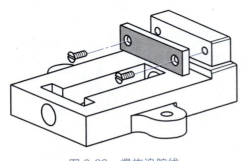

图 2-39   爆炸追踪线

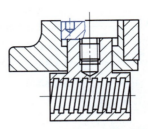

图 2-40   剖面线工具用法

2.2.2   课中任务实施

1. 课前预习效果检查

（1）单选题

1）删除爆炸图的工具按钮是（   ）。

A.   B.   C.   D.

2）取消爆炸组件工具可以（   ）。

A. 取消所有组件的当前爆炸状态   B. 取消所选组件的当前爆炸状态

C. 取消所有的爆炸视图   D. 取消当前的爆炸状态

3）组件装配完成后，已经定义完成的装配约束（   ）编辑。

A. 无法   B. 需要   C. 不可以   D. 可以

4）菜单【视图】→【操作】→【另存为】选项的作用是（   ）。

A. 调用视图   B. 文件另命名保存

C. 保存当前视图   D. 给当前视图另存一个名称

5）可以选择（   ）工具按钮对球标重新排序。

A.   B.   C.   D.

（2）多选题

1）在 UG NX 中默认的引用集有（   ）等。

A. 简化引用集   B. 实体引用集   C. 空引用集   D. 整个部件引用集

2）UG NX 的引用集有（　　）。

A. 隐藏引用集　　　　　　　　　　B. 系统默认引用集

C. 用户自定义引用集　　　　　　　D. 其他引用集

3）激活创建或编辑引用集的方式有（　　）。

A. 菜单【信息】→【装配】→【引用集】

B. 选项卡"装配"→"替换引用集"

C. 选择菜单项【格式】→【引用集】

D. 工具按钮"装配选项卡"→"更多"→"其他"→"引用集"

4）编辑爆炸图工具可以对装配中的组件进行（　　）操作，而不受装配约束的限制。

A. 绕指定轴旋转　　　　　　　　　B. 随意旋转

C. 沿指定方向平移　　　　　　　　D. 随意移动

5）自动爆炸组件工具可以（　　）。

A. 对装配体中的部分组件进行爆炸

B. 按照给定的爆炸距离对选定的组件进行自动爆炸

C. 设定自动爆炸的距离

D. 让组件按自动判断的方向移动

（3）判断题

1）UG NX 的引用集是用来控制装配中组件或子装配部件显示的一种工具。（　　）

2）几何体、基准、坐标系和子装配，与视图相关的对象等都可以单独定义为引用集。（　　）

3）UG NX 12.0 版本之前创建装配爆炸图必须单击"爆炸图"工具先激活爆炸图工具栏。（　　）

4）爆炸图创建完成后就不能编辑了。（　　）

5）UG NX 支持创建多个爆炸图。（　　）

2. 零件图样分析

活动钳身部件是虎钳中线性移动部件，装配关系如图 2-41 所示。活动钳身部件由活动钳身、钳口板、紧固螺钉、螺母和螺钉共 5 种组件装配而成，组件之间没有相对运动。在装配工程图样中，右视图仅显示了钳口板，主视图采用剖中剖，俯视图使用局部剖，轴测图使用爆炸视图。

3. 装配方案设计

（1）装配方案设计——参考　活动钳身是整个装配的基础部件，它的位置是其他零件定位的基础，应该首先装配。装配方式采用绝对原点方式对齐，装配完成后需要固定；钳口板采用两孔一面方式进行装配；螺钉有两个，这里采用装配后组件阵列，单个螺钉装配条件和固定钳身中螺钉装配方式相同；螺母采用"自动判断中心/轴""平行"和"距离"三个约束进行定位；紧固螺钉采用"自动判断中心/轴""接触"和"平行"三个约束进行定位。装配完成后使用爆炸图工具创建爆炸图，显示各组件之间的装配关系。

（2）工程图创建方案——参考　使用基本视图工具创建三视图，接着使用剖视图、剖面线、隐藏视图中组件、局部剖等工具编辑视图，然后创建明细栏和序号，最后创建爆炸视图。

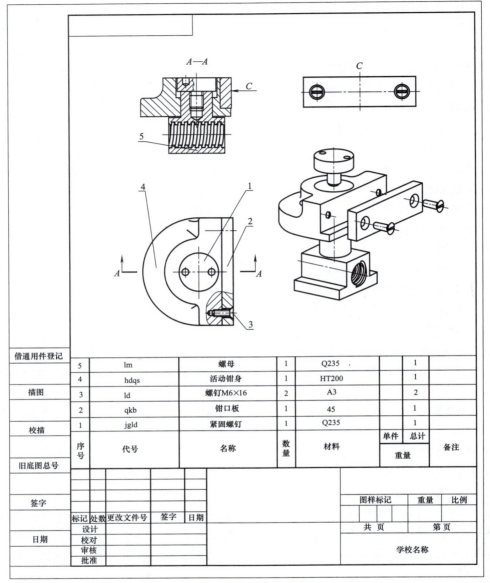

5	lm	螺母	1	Q235		1	
4	hdqs	活动钳身	1	HT200		1	
3	ld	螺钉M6×16	2	A3		2	
2	qkb	钳口板	1	45		1	
1	jgld	紧固螺钉	1	Q235		1	
序号	代号	名称	数量	材料	单件	总计	备注
					重量		

借通用件登记

描图

校描

旧底图总号

签字

日期

标记	处数	更改文件号	签字	日期
设计				
校对				
审核				
批准				

| 图样标记 | 重量 | 比例 |
| 共 页 | | 第 页 |

学校名称

图 2-41　活动钳身装配图

请扫二维码模型文件 2-3 下载模型文件。

（3）装配及装配工程图创建方案——学生　要求：

模型文件 2-3

1）制定活动钳身爆炸图制作方案。

2）制定使用基本视图工具直接创建主视图只显示钳口板的方案。

4. 参考实施步骤

（1）任务实施步骤——参考

1）新建装配文件"活动钳身_asm. prt"。方法：使用 Ctrl+N 快捷键激活"新建文件"对话框，"模板"选择"装配"，文件名输入"活动钳身_asm. prt"，文件夹选择虎钳零件所在文件夹。

2）装配活动钳身 hdqs. prt。方法：参考任务 2.1 中固定钳身装配方式装配活动钳身，装配完成后为活动钳身 hdqs. prt 添加"固定"约束，结果如图 2-42 所示。

3）装配钳口板 qkb. prt。方法：参考任务 2.1 中步骤 7）钳口板装配方法装配 qkb. prt。要求：装配约束为"接触对齐 | 接触""接触对齐 | 自动判断中心/轴""接触对齐 | 自动判断中心/轴"，约束所用到的几何对象如图 2-43 所示，装配后结果如图 2-44 所示。

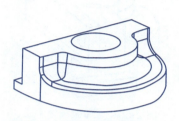

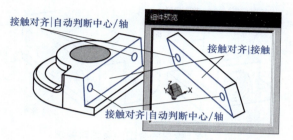

接触对齐|自动判断中心/轴
接触对齐|接触
接触对齐|自动判断中心/轴

图 2-42　活动钳身装配后结果

图 2-43　钳口板约束条件

4）装配钳口板连接螺钉 ld. prt。方法：参考步骤 3）激活"添加组件"对话框，要求：打开"ld. prt"后，使用"约束"进行组件定位，装配约束为"适合窗口"和"平行"，配对条件如图 2-45 所示，第一个螺钉 ld. prt 装配结果如图 2-46 所示。

等尺寸配对 平行

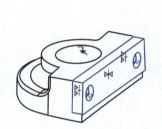

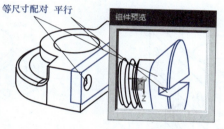

图 2-44　钳口板装配后结果

图 2-45　螺钉装配条件

图 2-46　装配螺钉后的结果

温馨提示： 使用"适合窗口"约束装配螺钉时，如果螺钉方向不对，可以单击"装配约束"对话框中"撤销上一个约束"项后 ⊠ 按钮进行调整。

5）使用"阵列组件"工具阵列钳口板螺钉。方法：

① 使用"装配"工具栏→"阵列组件"工具按钮 ，激活"阵列组件"对话框。

② "布局"选项列表选择"线性"，"方向 1"选项组"指定矢量"项定义如图 2-47 所示。"间距"选项列表选择"数量与间距"，数量输入"2"，距离输入"76"，结果如图 2-48 所示。

选择此边定义矢量方向

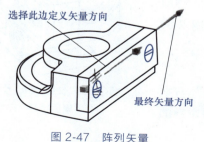

最终矢量方向

图 2-47　阵列矢量

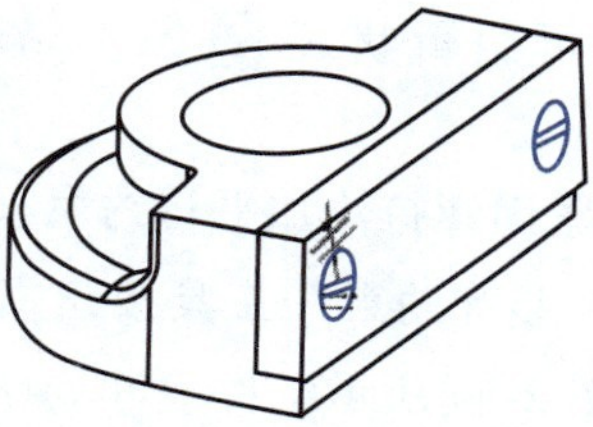

图 2-48　螺钉阵列结果

6）使用约束定位方式装配螺母 1m. prt。方法：

① 装配约束为"接触对齐｜自动判断中心/轴""平行"和"距离"。

② 配对要求如图 2-49 所示。孔 1 和圆柱面 1 同心、面 1 和面 2 平行、面 3 与底面距离为 0，装配结果如图 2-50 所示。

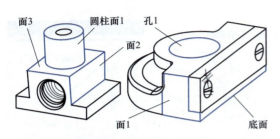

图 2-49　螺母的装配约束配对要求

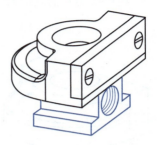

图 2-50　螺母装配结果图

7）使用约束定位方式装配紧固螺钉 jgld. prt。方法：

① 装配约束为"接触对齐｜自动判断中心/轴""接触对齐｜接触"。

② 配对条件为圆柱面与孔圆柱面同心，螺母顶面与 jgld 中间面接触，如图 2-51 所示，结果如图 2-52 所示。

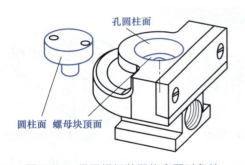

图 2-51　紧固螺钉装配约束配对条件

图 2-52　jgld. prt 装配结果图

8）将紧固螺钉的引用集方式改为"整个部件"，将 61 层改为可编辑层。方法：

① 在装配导航器中使用 jgld. prt 上的右键菜单项【替换引用集】→【整个部件】将紧固螺钉的引用集改为"整个部件"。

② 使用快捷键 Ctrl+L 激活"图层设置"对话框，将图层 61 改为可编辑状态 ☑ 61，结果图形区显示如图 2-53 所示。

9）为紧固螺钉添加平行约束。方法：

使用"装配约束"工具按钮 激活"装配约束"对话框，为如图 2-54 所示组件 jgld. prt 的 XZ 平面和活动钳身的侧面添加平行约束。结果如图 2-55 所示。

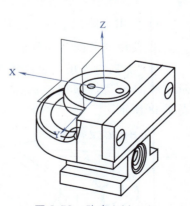

图 2-53　改变 jgld. prt
引用集后结果

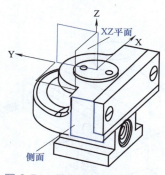

图 2-54　平行约束的几何对象

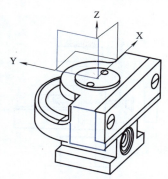

图 2-55　添加完平行约束后结果

10）将紧固螺钉的引用集改为"Mold"。方法：参考步骤8）将紧固螺钉引用集改回"Mold"。

请扫二维码 E2-12 观看步骤 1）至 10）操作视频。

11）创建新爆炸图。方法：

① 使用"装配"功能选项卡→"爆炸图"工具栏→"新建爆炸"工具按钮，系统弹出"新建爆炸"对话框。

E2-12

② 使用默认的爆炸图名称"Explosion1"，单击"确定"按钮完成新建爆炸图过程，界面中和爆炸图相关工具按钮被激活。

12）使用距离30mm自动产生爆炸图。方法：

① 使用"爆炸图"工具栏→"自动爆炸组件"工具按钮 激活"类选择"对话框，在绘图区选择所有组件，单击"确定"按钮，系统弹出"自动爆炸组件"对话框。

② 在距离后的编辑条中输入"30"，单击"确定"，完成自动爆炸，结果如图 2-56 所示。

13）编辑爆炸图，调整零件到合适位置。方法：

① 使用"爆炸图"工具栏→"编辑爆炸图"工具按钮 激活"编辑爆炸"对话框，选中"选择对象"选项，在绘图区选择前侧的螺钉。

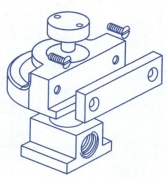

图 2-56　自动爆炸组件后结果

② 选中对话框中"移动对象"选项，使用快捷键 Ctrl+Alt+F 将视角方向改为前视图，在绘图区按住坐标系 Y 轴，移动鼠标，组件会水平移动，按住 Z 轴，移动鼠标，组件竖直方向移动，将组件调整到合适位置，如图 2-57 所示。

③ 将视角方向调整到合适方位，组件爆炸位置调整后的位置如图 2-58 所示（如果 X 方向感觉不满意，可在选中"移动对象"选项时，用鼠标拖动 X 轴进行调整）。

14）将视图改为不显示爆炸状态。方法：

① 使用"爆炸图"工具栏中"工作视图爆炸"列表下的"无爆炸"选项将视图改为不显示爆炸视图状态。

② 保存文件。

请扫描二维码 E2-13 观看步骤 11）~14）操作视频。

E2-13

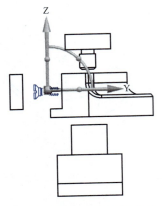

图 2-57　编辑 X 轴方向组件位置

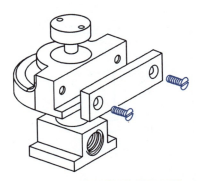

图 2-58　编辑组件位置后结果

15）进入工程图环境，创建"A4-装配 无视图"图纸。方法：

① 使用快捷键 Ctrl+Shift+D 进入工程图环境。

② 使用"视图"工具栏→"新建图纸"工具按钮 ![icon]，系统弹出"工作表"对话框，"大小"选项组选择"使用模板"，在列表中选择图纸模板"A4-装配 无视图"，单击"确定"按钮，系统弹出"信息"窗口，手动关闭"信息"窗口。

③ 使用"制图工具-GC 工具箱"工具栏→"替换模板"工具按钮 ![icon]，系统弹出"工程图模板替换"对话框，单击"确定"按钮，图纸标题栏如图 2-59 所示。

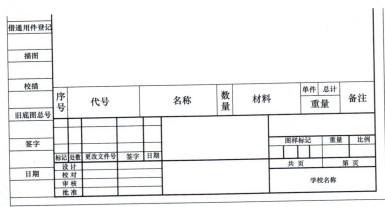

图 2-59　图纸标题栏

16）使用"基本视图"工具创建俯视图，视图比例 1：2，结果如图 2-60 所示。

17）使用"剖视图"工具创建全剖主视图，使用"视图中剖切"工具调整组件 jgld.prt 为非剖切状态，结果如图 2-61 所示。

18）使用"局部剖视图"工具在俯视图添加局部剖，参考结果如图 2-62 所示。

19）在主视图上添加局部剖。方法：

① 在绘图区选中主视图后，在鼠标右上角快捷工具中选择按钮 ![icon] 将主视图变成草图视图，使用草图工具绘制如图 2-63 所示截面。

② 使用"注释"工具栏"剖面线"工具按钮 ![icon]，系统弹出"剖面线"对话框，在剖切

范围内选点，单击对话框"确定"按钮为 2-63 所绘截面添加剖面线，结果如图 2-64 所示。

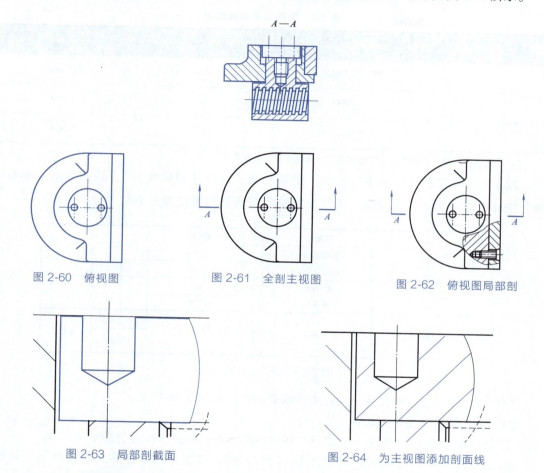

图 2-60 俯视图   图 2-61 全剖主视图   图 2-62 俯视图局部剖

图 2-63 局部剖截面   图 2-64 为主视图添加剖面线

20）创建右视图仅显示钳口板。方法：

① 使用"投影视图"工具按钮激活"投影视图"对话框，父视图选择主视图。

② 激活对话框"设置"选项组"隐藏的组件"下"选择对象"项，在绘图区选择"ld、hdqs、lm、jgld"5 个组件。

③ 激活"视图原点"选项组"指定位置"选项，在绘图区合适位置，单击鼠标左键放置视图，结果如图 2-65 所示。

④ 使用"注释"工具为向视图添加注释"A"，如图 2-66 所示。

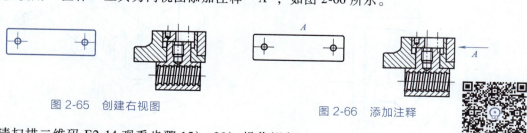

图 2-65 创建右视图   图 2-66 添加注释

请扫描二维码 E2-14 观看步骤 15）~20）操作视频。

E2-14

21）参考任务 2.1 为各个组件设置名称和材料，组件名称及属性值见表 2-3。

表 2-3　组件名称及属性值

组件名称	DB_PART_NAME	DB_PART_NO	材料
hdqs	活动钳身	hdqs	HT2000
lm	螺母	lm	Q235A
jgld	紧固螺钉	jgld	Q235A

注：其他组件的属性在任务 2.1 中已经给定，这里不需要重复指定。

22）更新明细栏。选中明细栏后，使用右键菜单项【编辑级别】，系统弹出 "编辑级别" 快捷工具，单击 "主模型" 工具按钮，编辑后明细栏如图 2-67 所示。

5	lm	螺母	1	Q235		1	
4	hdqs	活动钳身	1	HT200		1	
3	ld	螺钉M6×16	2	A3		2	
2	qkb	钳口板	1	45		1	
1	jgld	紧固螺钉	1	Q235		1	
序号	代号	名称	数量	材料	单件	总计	备注
					重量		

图 2-67　编辑后的明细栏

23）参考任务 2.1 生成球标，并进行编辑调整，如图 2-68 所示。

24）添加爆炸视图。方法：

① 使用快捷键 Ctrl+M 进入 "建模" 环境，将 "Explosion_1" 设为激活视图。

② 选择【菜单】→【视图】→【操作】→【另存为】，系统弹出 "保存工作视图" 对话框，在 "名称" 下输入条中输入 "爆炸"，单击 "确定" 退出对话框。

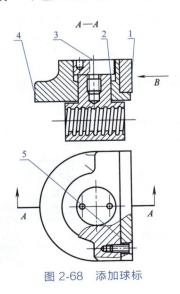

图 2-68　添加球标

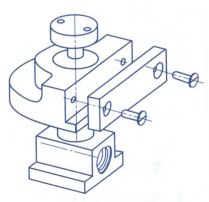

图 2-69　爆炸视图

③ 返回"工程图"环境，创建基本视图，使用的模型视图选项选择"爆炸"，比例设为 1 : 2，如上页图 2-69 所示。

④ 保存文件。

请扫二维码 E2-15 观看步骤 21）至 24）操作视频。

E2-15

（2）任务实施步骤——学生　根据自己的工程图制作方案，实施工程图创建过程。

2.2.3　课后拓展训练

1. 学习与提高

1）查找资料，学习装配布置工具的用法和特点。

2）查找资料，学习使用布置的方法生成装配爆炸图。

3）探讨在装配工程图中添加单个组件视图的方法。

2. 创建装配图

创建如图 2-70 所示节流阀阀盖部件的装配图，并生成爆炸图（扫二维码模型文件 2-4 下载模型文件）。

模型文件 2-4

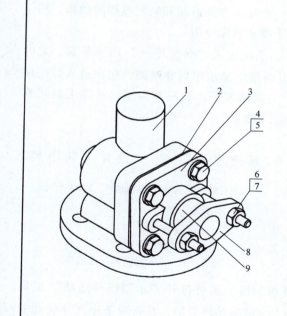

9	12	连接套	1	40		
8	13	连杆	1	40		
7		M10螺母	2	40		
6		双头螺柱	2	40		
5		M10×25螺栓	4	40		
4		M10垫圈	4	40		
3	10	上封盖	1	40		
2	05	垫圈1	1	40		
1	07	阀盖	1	40		
序号	图号	名称	数量	材料	单件 总计 重量	备注

标记	处数	更改文件号	签字	日期			ZP2
设计	DOES		标准化		图样标记	重量 比例	
审核						1:1	
工艺			日期	2022/5/16	共1页	第1页	

图 2-70　节流阀阀盖部件的装配图

任务 2.3　虎钳丝杠部件装配及工程图制作

【知识点】

- 序列工具。
- 序列导航器。

【技能目标】

- 根据表达需要在装配序列环境下使用序列工具创建拆卸-装配序列动画。
- 能在创建拆卸-装配序列动画过程中熟练使用序列导航器。

【任务描述】

虎钳丝杠部件是虎钳的旋转运动部件，由丝杠、垫圈、调整螺母、锁紧螺母4个组件组成，这4个组件之间没有相对运动。通过该任务的学习，掌握装配序列的应用方法，要求能够根据装配表达需要创建合适的装配序列。

2.3.1　课前知识学习

装配序列可以方便地为产品设计和制造创建一个显示产品拆卸和装配过程的动画，用于产品的前期展示和方案论证，还可以对部件进行干涉和间隙分析。

单击"装配"工具栏→"序列"工具按钮 ，系统进入"装配序列"用户界面，此时"主页"功能选项卡显示与序列相关的工具栏，资源条中显示序列导航器。初次进入装配序列界面，大多数工具按钮处于灰色不可用状态。一般情况下，装配序列用户界面工具栏有"装配序列""序列步骤""工具""回放""碰撞""测量"等。

1. "装配序列"工具栏

如图 2-71 所示，包括"完成序列" 、"新建序列" 、"设置关联序列"

序列_2 ▾ 三个工具按钮。

2. "序列步骤"工具栏

"序列步骤"工具栏用于创建序列的动作、相机、运动包络体等操作，主要的工具如图 2-72 所示。

图 2-71　"装配序列"工具栏

（1）插入运动 　单击"插入运动"工具按钮后，系统打开"录制组件运动"工具栏，如图 2-73 所示，各工具按钮的含义见表 2-4。完成运动设置后，在资源条序列导航器中显示对应的运动步骤，运动结果在序列结果窗口显示出来。

图 2-72　"序列步骤"工具栏

图 2-73　"录制组件运动"工具栏

表 2-4　录制组件运动工具按钮的含义

图标	含　义	用　法
	选择对象	选择进行运动的对象
	移动对象	对选中对象进行运动操作,操作方式参考装配环境下组件移动
	只移动手柄	不移动对象,只移动控制句柄
	矢量列表	控制选中的移动矢量的方向
	捕捉手柄至 WCS	将控制手柄移动至 WCS
	运动录制首选项	设置运动的步长计算方法
	拆卸	加入拆卸动作
	摄像机	加入摄像机

（2）装配 当选中一个已经被拆卸的组件时，"装配"工具按钮亮显可用。单击这个按钮，系统将已经拆卸的组件重新装配到装配体中，在资源条序列导航器中显示对应的装配步骤，并在序列结果窗口显示出来。

（3）成组装配 当用户同时选中多个已经被拆卸的组件时，"成组装配"工具按钮亮显可用，单击这个按钮，系统将已经拆卸的多个组件一起装配到装配体中，在资源条序列导航器中显示对应的成组装配步骤，并在序列结果窗口显示出来。

（4）拆卸 拆卸和装配互为反操作，当用户选中一个已装配的组件时，"拆卸"工具按钮亮显可用，单击这个按钮，系统将一个被选中的已装配组件拆卸掉，在资源条序列导航器中显示对应的拆卸步骤，组件在序列结果窗口消失。

（5）成组拆卸 成组拆卸和成组装配互为反操作，使用方法可参考成组装配的用法。

（6）插入暂停 在序列中插入一个暂停动作，当序列回放时，执行到这个步骤，会自动暂停，直到用户回应。

（7）抽取运动轨迹 抽取运动轨迹可以为选定的组件创建一个无碰撞"抽取路径序列"步骤，以便在起始和终止位置之间移动，使用这种方法可以实现复合运动，但前提条件是运动组件之间不能产生干涉。

（8）摄像机 插入摄像机，可以在运动前后显示不同的场景，用于突出显示装配中要表现的部分，而忽略其他部分。使用时应在插入摄像机前先调整好视图方位。当要改变到其他场景时候需要再次插入摄像机进行变化。

3. "工具"工具栏

"工具"工具栏包含删除、捕捉布置、运动包络、显示所有序列等工具按钮，如图 2-74 所示。

4. "回放"工具栏

"回放"工具栏用于播放、设置序列动画或导出视频，包含的工具按钮和各按钮的功能如图 2-75 所示。

图 2-74 "工具"工具栏

图 2-75 "回放"工具栏

5. 序列导航器

序列导航器位于资源条中，用于显示装配序列及序列的步骤，用户可以通过序列导航器非常方便地进行序列的设置、序列步骤的删除、复制、播放等操作。如图 2-76 所示，序列导航器由"对象名称"和"详细信息"两部分组成。

"对象名称"窗口显示序列的名称，序列初始化的布置、已忽略的组件名称，已预装的组件名称，序列的步骤等。用户可以通过这个窗口调整序列初始状态、序列的播放步骤等基本操作。

在"对象名称"窗口中，选择不同的对象，在"详细信息"窗口中显示的内容不尽相同，用户可以通过这个窗口对这些详细信息进行修改。

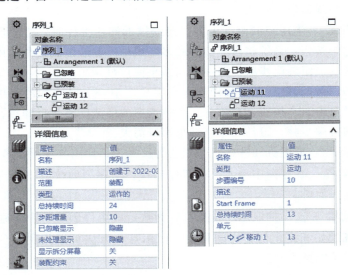

图 2-76 序列导航器

请扫二维码 E2-16 观看视频了解序列导航器的详细使用方法。

E2-16

2.3.2 课中任务实施

1. 课前预习效果检查

（1）单选题

1）选择菜单项【装配】→【序列】或单击装配选项卡下常规工具组（　　）工具按钮，系统自动进入到装配序列用户界面。

A. 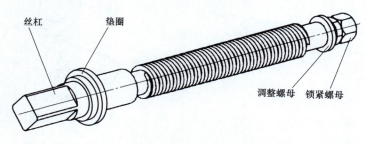　　　　B.　　　　　　C.　　　　　　D.

2）在装配序列用户界面中，要对组件插入运动，需要先在序列导航器中（　　）。

A. 删除装配约束　　　B. 隐藏装配约束　　　C. 抑制装配约束　　　D. 关闭装配约束

3）使用记录摄像位置工具的正确方法是（　　）。

A. 不用切换视图

B. 切换视图的时间没有要求

C. 单击"记录摄像位置"工具按钮前，先将视图切换到需要记录的视图位置

D. 单击"记录摄像位置"工具按钮后，将视图切换到需要记录的视图位置

4）为了方便装配序列的创建，通常把显示区拆分成两部分，其中左边屏幕显示的是（　　）。

A. 序列未产生前的状态　　　　　　　　B. 用户可以切换

C. 序列产生后的状态　　　　　　　　　D. 不显示

5）一个装配体可以创建（　　）装配序列。

A. 一个　　　　　　　　　　　　　　　B. 没有数量限制的

C. 三个　　　　　　　　　　　　　　　D. 两个

（2）填空题

1）序列详细信息中"步距增量"的含义是序列（　　）持续时间。

2）装配序列默认状态下，定义为已忽略的组件是（　　）的。

3）在装配序列用户界面中，一次只能激活（　　）序列。

4）进入装配序列环境后，装配序列导航器出现在装配序列用户界面（　　）。

（3）判断题

1）运动序列不可以导出成视频，单独播放。（　　）

2）组件拆卸只能选择已经预装的组件。（　　）

3）装配序列只能对已经定义了拆卸的组件进行定义。（　　）

4）序列定义完成后就不可以编辑了。（　　）

5）序列执行的快慢是可以人为修改的。（　　）

2. 零件图样分析

丝杠部件是虎钳中的旋转运动部件，装配关系如图2-77所示。丝杠部件由丝杠、垫圈、调整螺母、锁紧螺母4个组件组成，这4个组件之间没有相对运动。

图2-77　丝杠装配图样

请扫二维码模型文件 2-5 下载模型文件。

模型文件 2-5

3. 装配方案设计

（1）装配方案设计——参考　丝杠是整个装配的核心部件，是其他零件装配的基础，应该首先装配。装配方式采用绝对原点对齐，并添加固定约束；垫圈装配使用约束定位，约束方式采用"接触对齐｜自动判断中心/轴"和"接触"两个约束进行装配；调整螺母采用"接触对齐｜自动判断中心/轴"和"距离"两个约束进行装配，其中距离要和固定钳身的长度一致，否则会产生干涉；锁紧螺母采用"接触对齐｜自动判断中心/轴""接触对齐｜接触"和"平行"三个约束进行装配。垫圈、调整螺母和锁紧螺母的周向位置没有要求，因此这三个组件可以部分约束。

产品拆卸方案初步定为：锁紧螺母沿轴线向右移动 100mm 后拆卸，调整螺母沿轴线向右移动 100mm 后拆卸，垫圈沿轴线向右移动 300mm 后拆卸，最后拆卸丝杠。拆卸过程中可使用相机改变视角。

（2）装配方案设计——学生　参考方案中，垫圈、调整螺母、锁紧螺母都采用的是部分约束装配，请制定方案，进行完全约束装配，并使用图文说明。

参考拆卸序列步骤自行设计装配序列步骤方案。

4. 实施步骤

（1）任务实施步骤——参考

1）新建装配文件，文件名为"丝杠_asm. prt"，文件位置选择虎钳组件所在文件夹。

2）装配丝杠"sg. prt"。方法：

① 激活"添加组件"对话框后，要放置的部件选择"sg. prt"。

② 组件锚点选择"绝对坐标系"，装配位置选择"绝对坐标系-工作部件"，选中"移动"选项。

③ 选择"确定"按钮，系统弹出"创建固定约束"对话框，单击"是"按钮，为丝杠添加固定约束，结果如图 2-78 所示。

3）装配垫圈"dq. prt"。方法：

① 激活"添加组件"对话框后，要放置的部件选择"dq. prt"。

② 选中放置选项组下"约束"选项，对话框中出现约束类型列表。

③ 装配约束使用"接触对齐｜自动判断中心/轴""接触对齐｜接触"，约束形式如图 2-79 所示，结果如图 2-80 所示。

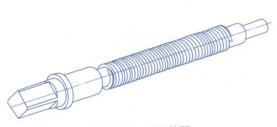

图 2-78　丝杠装配

图 2-79　垫圈装配示意

温馨提示："接触对齐｜接触"约束的是丝杠凸台右端面和垫圈左端面。

4）装配调整螺母"lm01. prt"。方法：

① 激活"添加组件"对话框后，要放置的部件选择"lm01. prt"。

② 装配约束使用"接触对齐 | 自动判断中心/轴""距离"，距离值为"200mm"。约束形式如图 2-81 所示，调整螺母装配结果如图 2-82 所示。

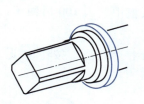
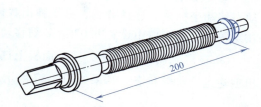

图 2-80　垫圈装配结果　　图 2-81　调整螺母约束　　　　图 2-82　调整螺母装配结果

5) 装配锁紧螺母"lm02. prt"。方法：

① 激活"添加组件"对话框后，要放置的部件选择"lm02. prt"。

② 装配约束使用"接触对齐 | 自动判断中心/轴""接触对齐 | 接触"和"平行"，约束形式如图 2-83 所示，结果如图 2-84 所示。

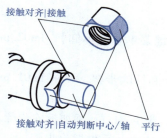
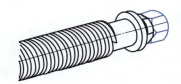

图 2-83　锁紧螺母约束形式　　　　　图 2-84　锁紧螺母装配结果

6) 进入装配序列创建和编辑界面。方法：

单击"装配"工具栏中"装配序列"工具按钮 ，系统进入装配序列创建、编辑及播放用户界面，在资源面板上出现序列导航器图标 。

7) 新建装配序列，并修改序列名称为"装配拆卸动画"。方法：

① 使用"新建序列"工具按钮 或者按下快捷键 Ctrl+N 创建新序列"序列 1"。

② 在序列导航器对象名称窗口中选择"序列 1"，展开"详细信息"窗口。

③ 双击详细信息窗口"名称"选项，将序列名称改为"拆卸_装配序列"。

④ 双击详细信息窗口"显示拆分屏幕"选项，使该选项为"开"状态，此时，图形窗口被分为左右两个窗口。

⑤ 双击详细信息窗口"装配约束"选项，使该选项为"关"状态。要创建序列动画，必须将"装配约束"选项处于关闭状态。设置完成后序列导航器详细信息窗口如图 2-85 所示。

属性	值
详细信息	∧
名称	装配_拆卸序列
描述	创建于 2022...
范围	装配
类型	运作的
总持续时间	0
步距增量	10
已忽略显示	隐藏
未处理显示	隐藏
显示拆分屏幕	开
装配约束	关

图 2-85　序列导航器详细信息窗口

8）为 lm02. prt 创建移动步骤，要求沿 Z 轴方向移动距离 100mm。方法：

① 单击"插入运动"工具按钮 ，系统弹出"录制组件运动"选项面板，在绘图区（也可以在序列导航器对象名称窗口）选择". m02"，如图 2-86 所示。

② 系统弹出"录制组件运动"选项面板选择"移动对象"按钮，在绘图区 m02 上显示动态移动坐标系。选择 Z 轴，系统弹出数据输入条，在"距离"输入框中输入 100 后回车，在绘图区右侧窗口中设置 lm02 沿 Z 轴移动 100mm。

③ 在"录制组件运动"选项面板上选择"确定"按钮  后，单击"取消"按钮 ✖ 退出创建运动步骤状态，结果如图 2-87 所示。

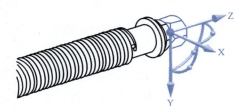

图 2-86　lm02 开始移动前　　　　　　　图 2-87　lm02 移动后结果

9）为 lm02. prt 创建拆卸步骤。方法：

在序列导航器中选中 lm02，单击鼠标右键，选择右键菜单项【拆卸】，lm02. prt 在绘图区右侧窗口中消失。

10）参考步骤 8）、9）为 lm01. prt、dq. prt 添加移动和拆除步骤，要求 lm01. prt 沿 Z 轴移动 100mm，dq. prt 沿 Z 轴移动 300mm。方法：

① 为 lm01. prt 添加沿 Z 轴移动 100mm 运动步骤后，为 lm01. prt 添加拆除步骤。

② 为 dq. prt 添加沿 Z 轴移动 300mm 运动步骤后，为 dq. prt 添加拆除步骤。

③ 为 sg. prt 添加拆除步骤，完成后"装配_拆卸序列"导航器如图 2-88 所示。

11）在运动 1 步骤前添加相机控制。要求：

① 使用"序列回放"工具栏→"倒回到开始"工具按钮 ⏮，将序列返回到序列开始。

② 在右边窗口中放大图形，如图 2-89 所示。

③ 使用"记录摄像位置"工具按钮 📷，在"运动 1"前边添加摄像机。

④ 在序列导航器中双击"运动 3"，将序列的当前步骤变为"运动 3"。

⑤ 在右边窗口中缩小图形，如图 2-90 所示。

⑥ 单击"记录摄像位置"工具按钮 📷，在"运动 3"前边添加摄像机。

⑦"序列导航器"如图 2-91 所示。

⑧ 使用"序列回放"工具播放序列动画。

12）输出序列动画。方法：

① 单击"导出至电影"工具按钮 🎬，系统弹出"录制电影"

图 2-88　装配序列导航器

对话框。

② 在文件名后的编辑条输入"丝杠部件拆卸动画",单击"OK"系统完成动画导出。

13)单击装配序列用户界面中"完成"工具按钮 退出装配序列环境,返回装配环境。

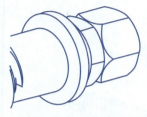

图 2-89 图形放大后结果

图 2-90 图形缩小结果

图 2-91 序列导航器

请扫二维码 E2-17 观看步骤 1)至 13)操作视频。

14)创建工程图。方法:

① 按下快捷键 Ctrl+Shift+D 进入工程图,创建"A4-装配 无视图"。

② 使用替换模板的方法为图纸添加标题栏和明细栏,并修改产品名称、代号和单位名称等属性值为"丝杠部件""SG-ASM""学校名称"。

③ 创建视图,视图方向为"正三轴测图",比例为 1:2。

④ 为丝杠各组件修改 DB_PART_NAME、DB_PART_NO 和材料属性,组件名称及属性值见表 2-5。

表 2-5 组件名称及属性值

组件名称	DB_PART_NAME	DB_PART_NO	材料
sg	丝杠	sg	45
dq	垫圈	dq	45
lm01	调整螺母	lm01	45
lm02	锁紧螺母	lm02	45

⑤ 创建明细栏。

⑥ 创建球标。丝杠装配工程图如图 2-92 所示。

⑦ 保存文件。

请扫二维码 E2-18 观看步骤 1)至步骤 14)操作视频。

(2)任务实施步骤——学生 依据自己设计的装配序列步骤方案,为完成拆卸序列步骤的丝杠部件添加装配序列步骤。

E2-17

E2-18

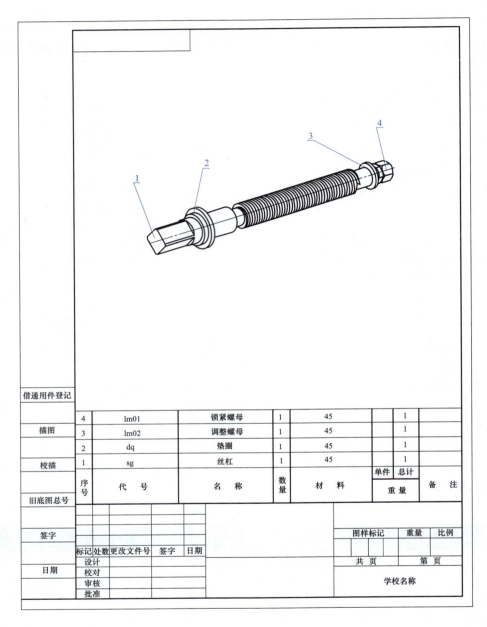

4	lm01	锁紧螺母	1	45		1	
3	lm02	调整螺母	1	45		1	
2	dq	垫圈	1	45		1	
1	sg	丝杠	1	45		1	
序号	代 号	名 称	数量	材 料	单件	总计	备 注
					重 量		

借通用件登记

描图

校描

旧底图总号

						图样标记	重量	比例
签字								
	标记	处数	更改文件号	签字	日期			
日期	设计					共 页	第 页	
	校对							
	审核				学校名称			
	批准							

图 2-92　丝杠装配工程图

2.3.3　课后拓展训练

1）探讨装配布置和装配序列的配合使用方法，显示组件的运动极限，干涉状况检查。

2）创建如图 2-93 所示节流阀齿轮轴的装配拆卸动画序列（扫二维码 2-6，下载模型文件）。

模型文件 2-6

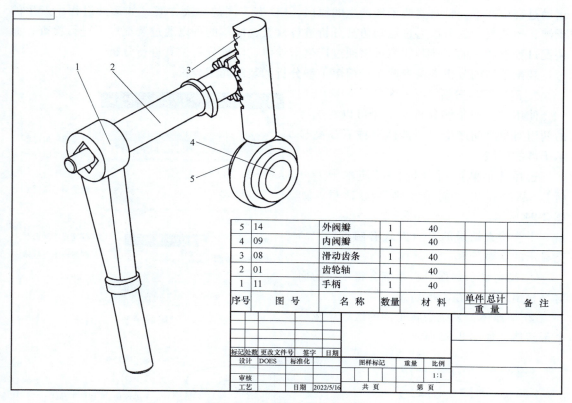

5	14	外阀瓣	1	40			
4	09	内阀瓣	1	40			
3	08	滑动齿条	1	40			
2	01	齿轮轴	1	40			
1	11	手柄	1	40			
序号	图　号	名　称	数量	材　料	单件 总计 重　量		备　注

标记	处数	更改文件号	签字	日期			
设计	DOES		标准化		图样标记	重量	比例
							1:1
审核							
工艺			日期	2022/5/16	共　页	第　页	

图 2-93　节流阀齿轮轴的装配

任务 2.4　虎钳总装配及工程图制作

【知识点】
- 装配干涉分析工具：简单干涉、间隙分析。
- 运动仿真工具：连杆、接头、驱动体、解算方案。

【技能目标】
- 能使用简单干涉、间隙分析等工具对产品进行干涉分析，并根据分析结果对装配体进行适当的调整。
- 能使用连杆、接头、驱动体、解算方案等运动仿真工具进行产品的运动仿真。

【任务描述】
　　虎钳总装配是虎钳装配的最后一部分，通过该任务的学习，使学生掌握干涉分析和装配调整的方法，能使用运动仿真工具进行虎钳运动仿真。

2.4.1　课前知识学习

　　在产品设计过程中经常会出现一些不合理的干涉，干涉可能在装配过程产生，也可能在运动过程中产生。针对这些干涉产生的原因，UG 有不同的解决方案，如运动过程中产生的干涉，比较复杂的可以通过运动仿真分析进行检查，简单的可以通过装配序列进行检查；而装配过程中产生的干涉和间隙可以通过产生干涉体、测量分析工具进行分析。

装配干涉的分析方法有两个：简单干涉分析和装配间隙分析。

1. 简单干涉分析

使用"简单干涉分析"命令可以在选择的两组对象之间产生"干涉体"或者高亮显示干涉的区域。

选择【菜单】→【分析】→【简单干涉分析】，系统弹出"简单干涉"对话框，如图 2-94 所示。

干涉检查结果的显示方式有两种："高亮显示的面对"和"干涉体"。

① 高亮显示的面对：系统会将干涉的面对亮显出来，如图 2-95 所示。

② 干涉体：系统会将干涉的区域生成一个干涉体，如图 2-96 所示。

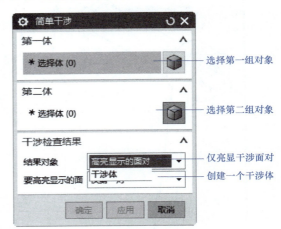

图 2-94　"简单干涉"对话框

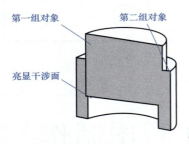

图 2-95　高亮显示干涉的面对

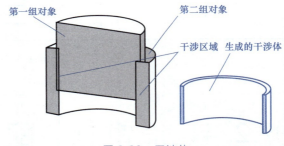

图 2-96　干涉体

2. 装配间隙分析

装配间隙分析组包含新建集、执行分析、编辑集、间隙浏览器等多个间隙分析工具。可以在组件之间或对象之间进行间隙分析，为用户处理组件或对象之间的干涉提供便利的处理途径。

选择【菜单】→【分析】→【间隙分析】→【新建集】，或者单击功能区"装配"选项卡→"间隙分析组"→"新建集"工具按钮 ，系统会弹出"间隙分析"对话框和"间隙浏览器"。"间隙分析"对话框如图 2-97 所示。

新建间隙集后系统会自动激活"间隙浏览器"，如图 2-98 所示，通过间隙浏览器可以很方便地查看对象之间的干涉状态。

请扫二维码 E2-19 观看视频了解间隙分析和间隙浏览器的用法。

3. 运动仿真初步

UG NX 12.0 可以使用"运动"应用模块进行运动仿真，用户在产品设计时可以根据需要创建各种机械运动仿真。

E2-19

图 2-97 "间隙分析"对话框

图 2-98 间隙浏览器

用户可以通过单击"应用模块"功能选项卡→"仿真"工具栏→"运动"工具按钮 ，进入运动仿真界面。进入界面后用户首先需要使用"新建仿真"工具按钮 新建一个仿真文件。新建完文件后，系统会自动弹出"环境"对话框，当用户按照图 2-99 所示设置，单击"确定"后，界面上大部分工具按钮变得可用。

简单的机械运动分析一般按照连杆定义、接头定义、驱动体设置、设置解算方案、求解、分析、结果输出等步骤进行仿真。

（1）连杆 连杆是 UG NX 中运动仿真的基本单元。连杆可以是一个体、组件或相互之间不存在运动的几个组件或子装配；连杆可以固定，也可以活动。

在"运动"用户界面"主页"功能选项卡"机构"工具栏中单击"连杆"工具按钮 ，系统弹出如图 2-100 所示的"连杆"对话框。

图 2-99 "环境"对话框

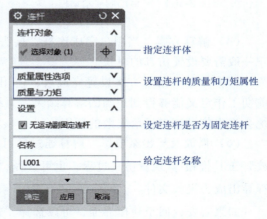

图 2-100 "连杆"对话框

（2）接头　接头用于定义连杆和连杆之间的连接和运动传递。UG NX 中接头有旋转副、滑块、柱面副、螺旋副、万向节、球面副、平面副等共计 15 种形式。

在"运动"用户界面"主页"功能选项卡"机构"工具栏中单击"接头"工具按钮，系统弹出如图 2-101 所示的"运动副"对话框。

请扫二维码 E2-20 观看视频学习连杆和接头定义方法。

E2-20

（3）驱动体　驱动体为系统设置动力源，一个机构中可以根据需要设置一个或多个驱动体。驱动体既可以在定义好连杆和接头后进行定义，也可以在定义接头的时候进行定义。

在"运动"用户界面"主页"功能选项卡"机构"工具栏中单击"驱动体"工具按钮，系统弹出如图 2-102 所示的"驱动"对话框。

图 2-101　"运动副"对话框　　　　　图 2-102　"驱动"对话框

（4）解算方案　当用户完成连杆、接头和驱动体定义之后，就可以设置解算方案。用户一般需要设置仿真的时长。

（5）求解　解算方案设置完成后，使用求解工具，系统会在后台计算运动过程。如果前期工作定义能够得到正确的解算结果，系统会弹出解算过程信息窗口；如果解算失败，系统会弹出信息窗口显示失败的原因。

（6）播放及导出至电影　解算通过后可以选择"结果"选项卡→"动画"工具栏→"播放"工具按钮 ▶ 观看仿真过程，也可选择"导出至电影"工具按钮 📷，导出至电影 将仿真过程导出成为视频文件。

如果需要返回至建模界面，可以选择"返回至模型"工具按钮 🔲 转入建模界面。

2.4.2　课中任务实施

1. 课前预习效果检查

（1）单选题

1）调整完装配工程图中的球标后，可以通过（　　）使 BOM 表的排列顺序和球标顺序一致。

A. 编辑表　　　　　　B. 排序　　　　　　C. 装配序号排序　　　　　D. 重新生成明细栏

2）使用"简单距离"工具按钮，选中两条平行的轴线，显示的距离表示（　　）。

A. 轴线之间的 X 方向距离　　　　　　B. 轴线之间的 Z 方向距离

C. 轴线之间的 Y 方向距离　　　　　　D. 轴线之间的空间距离

3）UG 工程图环境中创建基本视图时可以通过【基本视图】对话框中（　　）选项组更改创建视图的部件。

A. 视图原点　　　　B. 设置　　　　C. 部件　　　　　　D. 放置

4）UG 装配工程图中创建基本视图时可以通过【基本视图】对话框中【设置】选项组下（　　）选项排除不用剖切的组件。

A. 打开文件　　　　B. 非剖切　　　　C. 隐藏的组件　　　　D. 方法

5）装配体中如果一个组件处于非工作部件状态，则（　　）被编辑。

A. 不能　　　　　　B. 能　　　　　　C. 不确定能　　　　D. 必须改为显示部件才能

（2）多选题

1）在 UG NX 装配工程图中 BOM 表的表头可以通过（　　）确定。

A. 选择装配工程图模板　　　　　　B. 导入

C. 自动　　　　　　　　　　　　　D. 在工程图模板中自定义重复区域

2）测量两点之间 X 轴方向的距离，需要在"测量距离"对话框中（　　）。

A. 默认选项

B. 矢量方向选"XC"

C. 在测量类型列表中选"投影距离"

D. 在测量类型列表中选"长度"

3）简单干涉分析命令可以（　　）。

A. 亮显所有干涉面　　　　　　　　B. 生成所选对象之间的干涉体

C. 亮显所选对象之间的干涉面　　　D. 生成装配体中所有对象之间的干涉体

4）装配工程图中球标的排序可以沿（　　）方向进行。

A. 顺时针　　　　B. 不确定　　　　C. 逆时针　　　　　D. 混合

5）部件装配已经定义的约束关系可以通过（　　）的方式进行编辑修改。

A. 约束导航器中右键单击约束，选择右键菜单项

B. 绘图区内双击约束

C. 绘图区在约束上右键单击约束，选择右键菜单项

D. 装配导航器约束选项组下，右键单击对应约束，选择右键菜单

（3）判断题

1）装配工程图中视图一经创建，就不能改变装配体中某个组件被显示或被隐藏的状

态。（　　　）

2）装配工程图中视图一经创建，就不能改变对象的剖切状态。（　　　）

3）装配约束可以控制在界面中显示或不显示。（　　　）

4）装配体中如果要让组件沿某个方向移动，就必须保留这个方向的自由度。（　　　）

5）组件处于工作部件状态时可以被编辑。（　　　）

2. 装配图样分析

如图 2-103 所示虎钳装配图，包含固定钳身、活动钳身、丝杠、螺母、钳口板、螺钉、紧固螺钉、垫圈、调整螺母、锁紧螺母等共计 10 种 13 个零件。如果直接将这些零件依次装配，很容易造成装配关系混乱，导致后期进行产品分析和运动仿真时产生困难，因此可以从实现虎钳工作功能需求及各部件之间的运动关系入手，把虎钳整个装配分成固定钳身、活动钳身和丝杠 3 个部件。固定钳身可以连接工作台，工作时不产生运动；丝杠部件在工作过程中和固定钳身之间产生旋转运动，向活动钳身传递运动和夹紧力；活动钳身工作过程中发生平移运动，和固定钳身配合完成夹紧工件的功能要求。

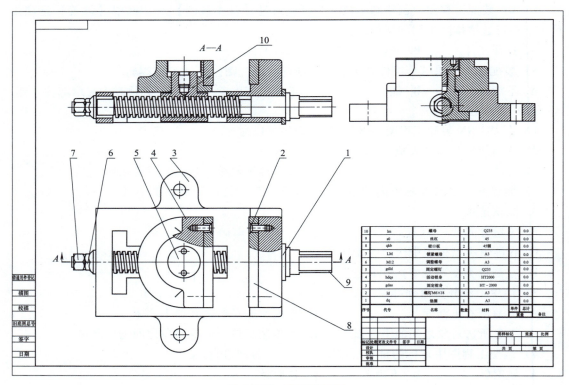

图 2-103　虎钳装配图

请扫二维码模型文件 2-7，下载模型文件。

3. 装配方案设计

（1）装配方案设计——参考　虎钳整个装配过程可以分为三个阶段：装配、间隙分析、运动仿真。

1）装配。经过装配图样分析，将虎钳总装配分成 3 个部件，各部件的组成和装配过程如同任务 2.1、任务 2.2 和任务 2.3。分别完成将这 3 个组成

模型文件 2-7

部分装配完成后，再将它们装配到一起，形成虎钳总装配。

2）间隙分析。整个虎钳装配完成后，进行3个部件之间的干涉分析，并进行调整，直到不存在不合理的干涉为止。

3）运动仿真。首先定义3个连杆，其中固定钳身部件为固定连杆；然后定义3个运动副，旋转副主动连杆是丝杠部件，从动连杆为固定钳身，并为旋转副设置驱动，速度30°。移动副主动连杆为活动钳身部件，从动连杆为固定钳身。螺旋副主动连杆为丝杠部件，从动连杆为活动钳身部件，传动比为6，接着设置解算方案，虎钳需要移动36mm，故总时长为72s，最后进行求解和播放动画。

（2）装配方案设计——学生

1）分析3个部件之间的关系，确定3个部件装配顺序和装配约束条件。

2）为虎钳间隙分析调整设计一个可以实施的方案。

4. 参考实施步骤

（1）任务实施步骤——参考

1）新建文件虎钳_asm.prt。要求单位为mm，模板选择"装配"，名称为"虎钳_asm.prt"，文件保存位置为素材所在文件夹。

2）装配gdqs_asm.prt。方法：

① 使用"添加"工具按钮 ，激活"添加组件"对话框。

② 要放置的部件选择"gdqs_asm.prt"，组件锚点选择"绝对坐标系"，装配位置选择"绝对坐标系-工作部件"，放置选项组选中"移动"选项，单击"确定"按钮系统弹出"创建固定约束"对话框。

③ 单击"是"完成添加固定约束，结果如图2-104所示。

3）装配hdqs_asm.prt。方法：

① 使用"添加"工具按钮 ，激活"添加组件"对话框。

② 放置选项组选中"约束"选项，约束条件采用"接触对齐|接触""距离"和"中心|2对2"，约束几何对象如图2-105所示，装配完成后模型如图2-106所示。

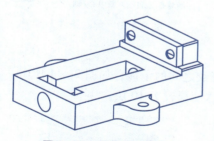

图2-104 固定钳身装配

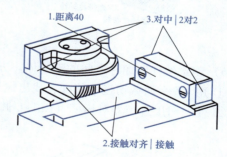

图2-105 约束几何对象

4）调整两轴线之间的同心度。方法：

① 使用YZ平面剪切装配并显示剪切。使用功能区"视图"选项卡→"可见性"工具栏→"编辑截面"工具按钮 ，系统弹出"视图剖切"对话框，"剖切平面"选项组"平面"选项选择按钮 ，单击"确定"，结果如图2-107所示。

② 使用菜单项【分析】→【测量距离】或单击"实用工具"工具栏→"测量距离"工具

按钮 ⊨—⊨ 测量如图 2-108 所示两轴线的距离（参考值为 1），并记录下来。

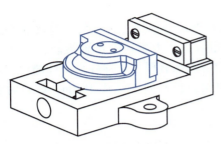

图 2-106 活动钳身装配模型

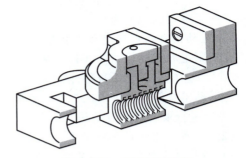

图 2-107 剪切后的结果

③ 在 "装配导航器" 展开 "hdqs _ asm" 部件中 "约束"，双击约束 ☑╟╨┤距离 (LM, HDQS)，系统弹出 "装配约束" 对话框，将 "距离" 选项组 "距离" 选项值改为 1，单击 "确定" 退出对话框。

④ 在 "装配导航器" 中双击 hq_asm，激活总装配。

5）装配 sg_asm.prt。方法：

参考步骤 3）装配 "sg_asm.prt"，约束条件采用 "接触对齐|接触" 和 "接触对齐|自动判断中心/轴"，约束几何对象如图 2-109 所示，参考装配结果如图 2-110 所示。

2. 选择此轴线

1. 选择此轴线

图 2-108 轴线选择

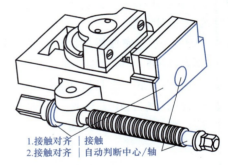

1.接触对齐 ｜接触
2.接触对齐 ｜自动判断中心/轴

图 2-109 配对条件

6）创建丝杠和螺母之间的干涉体。方法：

① 用 YZ 平面截切显示装配，找出螺母和丝杠螺纹之间的干涉，如图 2-111 所示。

② 使用图层管理器对话框（Ctrl+L 调出）将工作图层改为 10 层。

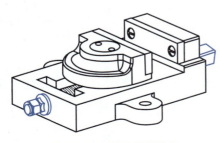

图 2-110 丝杠装配结果

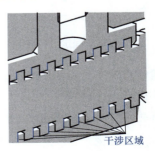

干涉区域

图 2-111 干涉调整前丝杠和螺母

③ 使用菜单项【分析】→【简单干涉】创建 lm. prt 和 sg. prt 之间的干涉体。

④ 取消截切显示，使用图层管理器关闭 1 层，参考结果如图 2-112 所示。

7）分析干涉体，调整装配。方法：

① 使用"主页"功能选项卡→"特征"工具栏→"裁剪体"工具按钮 ⬛，运用 🔲 xc 面裁剪干涉体，结果如图 2-113 所示。

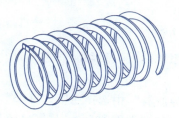

图 2-112 创建的干涉体

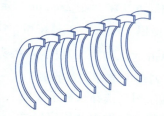

图 2-113 裁剪后的干涉体

② 使用"分析"选项卡→"测量"工具栏→"更多|简单长度"工具按钮 **)‧简单长度**，选择如图 2-114 所示的边，测量干涉体的轴向厚度，并将结果复制下来（参考值为 0.316802907）。

③ 使用图层管理器（Ctrl+L）将工作图层改为 1 层，关闭图层 10。

④ 编辑活动钳身钳口板和固定钳身钳口板距离约束 **☑ ‧距离 (HDQS_ASM, GDQS_ASM)**，使得螺母和丝杠在轴线方向不发生干涉（方法参考步骤4）），如图 2-115 所示。

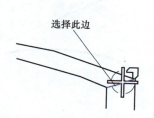

图 2-114 测量选择边的长度

选择此边

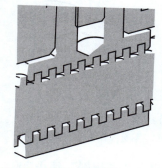

图 2-115 调整后的螺母和丝杠配合

请扫二维码 E2-21 观看步骤 1）至 7）操作视频。

8）进入运动仿真用户界面并创建仿真文件。方法：

① 选择"应用模块"选项卡→"仿真"工具栏→"运动"工具按钮 ⛰，系统转入"运动"用户界面。

E2-21

② 单击"新建仿真"工具按钮 🏭，系统弹出"新建仿真"对话框，使用默认值，单击"确定"退出"新建仿真"对话框完成创建仿真文件"hq _ asm _ motion. sim"。

③ 系统弹出"环境"对话框，取消"新建仿真时启动运动副向导"选项，选择"确定"完成新建仿真文件。

9）创建固定连杆 L001，活动连杆 L002 和 L003，方法：

① 单击"机构"工具栏→"连杆"工具按钮 ✎，系统弹出"连杆"对话框，在装配导航器中选择"gdqs_asm.prt"，选中对话框中"无运动副固定连杆"选项，单击"应用"按钮完成固定连杆 L001 定义。

② 在装配导航器中选择"hdqs_asm.prt"，取消选中对话框中"无运动副固定连杆"选项，单击"应用"按钮完成活动连杆 L002 定义。

③ 相同方法将"sg_asm.prt"定义为活动连杆 L003。

10）使用"接头"工具按钮 ⬮定义旋转副 J001，方法：

① 单击"机构"工具栏→"接头"工具按钮 ⬮，系统弹出"运动副"对话框，在"类型"下拉列表中选择"旋转副"。

② 在绘图区选择丝杠子装配上的对象或在"运动导航器"中选择连杆"L003"。

③ 选择对话框中"指定原点"项，在绘图区选择丝杠前端面圆心，如图 2-116 所示。

④ 选择对话框"指定矢量"选项，选择丝杠组件上的圆柱面，将圆柱面轴线指定为旋转矢量，如图 2-116 所示。

⑤ 单击对话框"驱动"选项卡，在旋转下拉列表中选择"多项式"。

⑥ "速度"编辑框中输入"30"。

⑦ 单击"应用"按钮，完成旋转副 J001 的定义。

11）使用相同方法定义"滑块"连接 J002。要求：在"类型"列表中选择"滑块"，连杆选择 L002，原点和矢量选择如图 2-117 所示，"驱动"选项卡类型列表选择"无"。

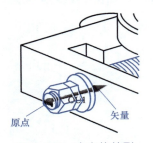

图 2-116　定义旋转副

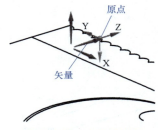

图 2-117　定义滑块副

12）定义"螺旋副"连接 J003，方法：

① 在"运动副"对话框"类型"列表选择"螺旋副"。

② 选择"操作"选项组"选择连杆"选项，在绘图区中选择 L003，"指定原点"和"指定矢量"选项定义和旋转副 J001 相同。

③ 选择"基本"选项组"选择连杆"，在绘图区中选择 L002。

④ "方法"选项列表选择"比率"，"类型"选项列表选择"表达式"，"值"选项后输入"6"。

⑤ 单击"确定"完成螺旋副 J003 定义。

13）定义"解算方案"并求解。方法：

① 单击"解算方案"工具栏→"解算方案"工具按钮 ⬮，系统弹出"解算方案"对话框，在"时间"选项后的编辑条中输入"72"（丝杠旋转 6 圈），单击"确定"完成"解算方案"设置。

② 单击"解算方案"工具栏→"求解"工具按钮 ▦ ，系统开始计算，计算完成后，弹出"信息"窗口。关闭"信息"窗口。

14）进行仿真运动播放和视频输出。

① 单击"结果"功能选项卡→"动画"工具栏→"播放"工具按钮 ▶ 播放动画。

② 单击"结果"功能选项卡→"动画"工具栏→"导出至电影"工具按钮 🎬▶导出至电影 ，系统弹出"录制电影"对话框，"文件名"后编辑条输入"虎钳"，单击"确定"完成视频输出。

③ 保存仿真文件"虎钳_asm_motion.sim"，使用"应用模块"功能选项卡→"设计"工具栏→"建模"工具按钮返回装配窗口。

请扫二维码 E2-22 观看步骤 8）至 14）操作视频。

15）进入工程图环境，创建三视图。方法：

① 使用快捷键 Ctrl+Shift+D 进入工程图环境。

② 使用"新建图纸页"工具创建"A3-装配 无视图"图纸，使用"替换模板"工具调入标题栏和明细栏表头。

E2-22

③ 使用"基本视图"工具创建俯视图。

④ 使用"剖视图"工具创建全剖状态的主视图。俯视图使用局部剖。

⑤ 使用"剖视图"工具以主视图为创建全剖状态的主视图。

⑥ 使用"投影视图"工具创建左视图，激活"剖视图"对话框，以俯视图为父视图，在俯视图上创建局部剖。在"方法"选项列表选"半剖"选项，"视图原点"选项组"方向"选项列表中选择"剖切现有的"，选择左视图，结果如图2-118所示。

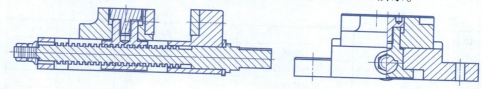

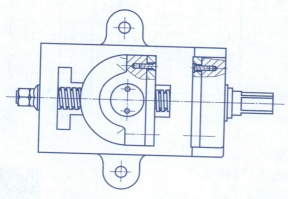

图 2-118　虎钳装配三视图

16）调整剖面线。要求：

① 使用"视图"工具栏→"视图中剖切"工具按钮 ▦ ，排除不剖切组件，使视图符合

国标要求。

② 调整剖面线角度和距离，如图 2-119 所示。

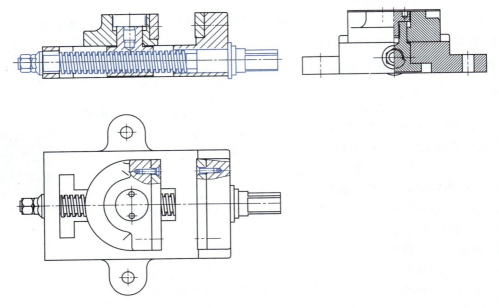

图 2-119　调整剖面

17）生成明细栏，如图 2-120 所示。创建过程参考固定钳身装配。

10	sg	丝杠	1	45	
9	dq	垫圈	1	45	
8	lm01	调整螺母M12	1	45	
7	lm02	锁紧螺母M12	1	45	
6	hdqs	活动钳身	1	HT200	
5	lm	螺母块	1	Q235A	
4	gdld	固定螺钉	1	Q235A	
3	gdqs	固定钳身	1	HT200	
2	qkb	钳口板	2	45	
1	ld	螺钉M6×16	4	Q235A	

图 2-120　明细栏

18）创建并调整球标，如图 2-121 所示。

19）调整明细栏零件排列顺序，如图 2-122 所示。

20）保存文件。

请扫二维码 E2-23 观看步骤 8）至 20）操作视频。

（2）任务实施步骤——学生　要求依据"（1）任务实施步骤——参考"中步骤 15）、16）提供的线索，完成这两步的详细操作过程。

E2-23

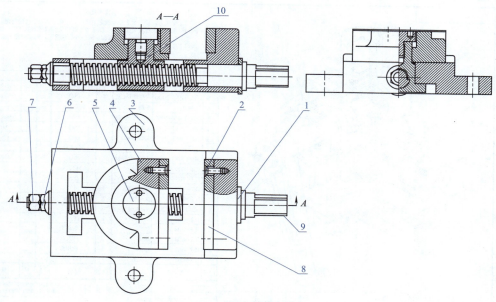

图 2-121　创建并调整球标

10	lm	螺母	1	Q235	0.0	
9	sg	丝杠	1	45	0.0	
8	qkb	钳口板	1	45	0.0	
7	lm	锁紧螺母	2	A3	0.0	
6	M12	螺母	1	A3	0.0	
5	gdld	固定螺钉	1	Q235	0.0	
4	hdqs	活动钳身	1	HT200	0.0	
3	gdqs	固定钳身	1	HT200	0.0	
2	ld	螺钉M6×16	4	A3	0.0	
1	dq	垫圈	1	A3	0.0	
序号	代号	名称	数量	材料	单件　总计 重量	备注

图 2-122　明细栏调整完成后结果

2.4.3　课后拓展训练

1）在装配的时候，有些干涉是合理的，有些干涉是不合理的。如何判断哪些干涉合理，哪些干涉必须消除？

2）这里的干涉分析基本上都是定性分析，如何进行定量分析？有了定量分析，定性分析有没有必要？

3）对节流阀装配体（图 2-123a）进行装配并创建装配工程图，完成按压行走式玩具马车装配图（图 2-123b）（扫描二维码模型文件2-8，下载模型文件）。

模型文件 2-8

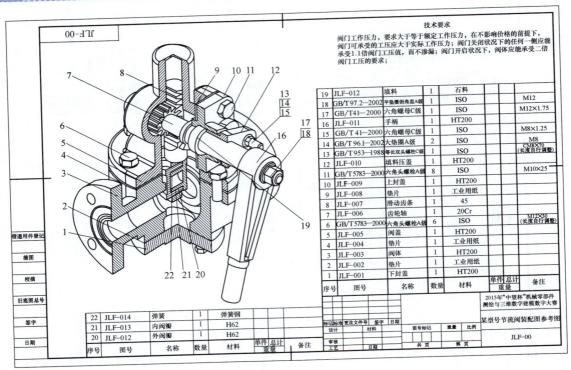

技术要求

阀门工作压力，要求大于等于额定工作压力，在不影响价格的前提下，阀门可承受的工压应大于实际工作压力；阀门关闭状况下的任何一侧应能承受1.1倍阀门工压值，而不渗漏；阀门开启状况下，阀体应能承受二倍阀门工压的要求；

序号	图号	名称	数量	材料	单件重量	总计重量	备注
19	JLF-012	填料	1	石料			
18	GB/T 97.2—2002	平垫圈倒角型A级	1	ISO			M12
17	GB/T 41—2000	六角螺母C级	1	ISO			M12×1.75
16	JLF-011	手柄	1	HT200			
15	GB/T 41—2000	六角螺母C级	1	ISO			M8×1.25
14	GB/T 96.1—2002	大垫圈A级	1	ISO			M8
13	GB/T 953—1988	等长双头螺柱C级	2	ISO			CM8×70（长度自行调整）
12	JLF-010	填料压盖	1	HT200			
11	GB/T 5783—2000	六角螺栓A级	8	ISO			M10×25
10	JLF-009	上封盖	1	HT200			
9	JLF-008	垫片	1	工业用纸			
8	JLF-007	滑动齿条	1	45			
7	JLF-006	齿轮轴	1	20Cr			
6	GB/T 5783—2000	六角头螺栓A级	6	ISO			M12×30（长度自行调整）
5	JLF-005	阀盖	1	HT200			
4	JLF-004	垫片	1	工业用纸			
3	JLF-003	阀体	1	HT200			
2	JLF-002	垫片	1	工业用纸			
1	JLF-001	下封盖	1	HT200			
序号	图号	名称	数量	材料	单件重量	总计	备注

2015年"中望杯"机械零部件测绘与三维数字建模数字大赛

某型号节流阀装配图参考图

JLF-00

22	JLF-014	弹簧	1	弹簧钢			
21	JLF-013	内阀瓣	1	H62			
20	JLF-012	外阀瓣	1	H62			
序号	图号	名称	数量	材料	单件重量	总计	备注

a)

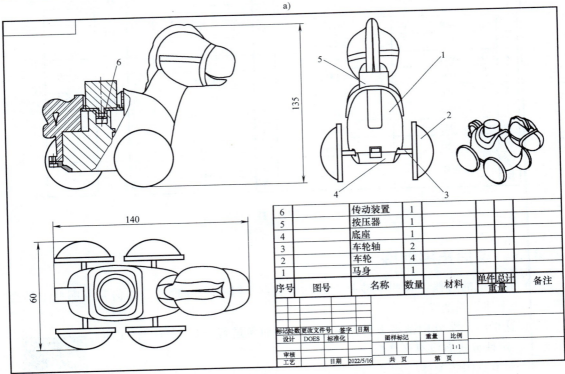

6		传动装置	1				
5		按压器	1				
4		底座	1				
3		车轮轴	2				
2		车轮	4				
1		马身	1				
序号	图号	名称	数量	材料	单件重量	总计	备注

b)

图 2-123　拓展训练

a）节流阀装配体　b）按压行走式玩具马车装配图

任务 2.5　单向阀设计及工程图制作

【知识点】

- WAVE 几何连接器。
- 部件间链接浏览器。

【技能目标】

- 掌握使用 WAVE 几何连接器对产品进行 TOP-DOWN 设计的方法。
- 能使用重用库简化产品设计过程，提升设计效率。

【任务描述】

单向阀是机械设计中较为简单的产品设计。设计前，已经获得单向阀关键部件——阀体的零件工程图样及单向阀工作原理图、结构零件明细，需要读者根据单向阀的功能要求，在阀体工程图的基础上完成单向阀的产品设计，并制作单向阀装配工程图。通过单向阀设计任务的实施，使得大家初步掌握在 UG NX 中运用 TOP-DOWN 设计思想进行产品设计的基本方法和相关工具的使用。

2.5.1　课前知识学习

1. WAVE 几何链接器

WAVE 几何链接器为产品设计时在不同组件之间相互引用对象提供了便捷通道，是 UG NX 实现 TOP-DOWN 装配设计的重要工具。使用 WAVE 几何链接器可以在组件之间引用点、面、草图、曲线、体等各种几何要素。链接的几何要素与它的父几何要素相关，当改变父几何体时，其他组件中的链接几何体会自动更新。

（1）命令位置

菜单项：【菜单】→【插入】→【关联复制】→【WAVE 几何链接器】。

工具按钮："装配"选项卡→"常规"工具栏→"WAVE 几何链接器"工具按钮
 WAVE 几何链接器 。

激活"WAVE 几何链接器"命令后，系统弹出如图 2-124 所示"WAVE 几何链接器"对话框。

请扫二维码 E2-24 观看视频，了解"WAVE 几何链接器"对话框的详细用法。

E2-24

（2）设置　用于设置链接所产生的对象与原始对象之间的关系，对于不同的选择类型，设置的复选框内容也各不相同，下边解释共同的选项：

1）"关联"：选中此复选框，则链接的对象与原始对象相关联；不选中，链接的对象与原始对象就没有关联关系。一般情况下，这个复选框被选中。

2）"隐藏原先的"：选中这个复选框，产生链接对象后，原始对象会被隐藏掉。这个复选框一般不被选中。

3）"使用父部件的显示属性"：将父部件的显示属性复制到经链接产生的对象上。

4）"固定当前的时间戳记"：选中该复选框，表示链接产生的对象只与当前被链接对象的形状相关，不论以后被链接对象如何变化，链接体都不发生改变。一般不选中此复选框。

5）"设为与位置无关"：链接后的对象位置与原对象无关。

2. 部件间链接浏览器

部件间链接浏览器可以查询部件之间、部件对象之间、部件特征之间的链接关系，用户还可以通过部件间链接浏览器修改这些链接关系。可以通过菜单项或工具按钮激活命令。

菜单：【菜单】→【装配】→【WAVE】→【部件间链接浏览器】。

工具按钮："装配"选项卡→"常规"工具栏→"部件间链接浏览器"工具按钮 。

激活部件间链接浏览器后，系统弹出如图 2-125 所示"部件间链接浏览器"对话框。

图 2-124 "WAVE 几何链接器"对话框

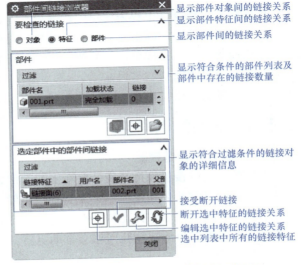

图 2-125 "部件间链接浏览器"对话框

请扫二维码 E2-25 观看视频了解"部件间链接浏览器"对话框的详细用法。

E2-25

2.5.2 课中任务实施

1. 课前预习效果检查

（1）单选题

1）UG 装配环境下 WAVE 几何链接器提供了在工作部件中建立与其他组件（　　）几何体的功能。

A. 相关联或不相关联　　　B. 不关联　　　C. 任意　　　D. 相关联

2）TOP-DOWN 产品设计思路是（　　）。

A. 设计顺序无所谓

B. 不能做到组件之间的关联

C. 先进行关键零件或总体布局设计，然后再根据布局或关键零件设计其他零件

D. 先将所有的零件设计好，然后进行装配

3）UG NX 中实现 TOP-DOWN 设计的工具是（　　　）。

A. 旋转　　　　　　B. 关系式　　　　　　C. WAVE 几何链接器　　　　　　D. 拉伸

4）WAVE 链接中，勾选"固定于当前时间戳记"后，WAVE 几何对象（　　　）。

A. 随着 WAVE 源对象修改而修改

B. 不随 WAVE 源对象修改而修改

C. 无法相对于镜像基准面发生距离移动

D. 无法对 WAVE 几何对象再做任何操作

5）WAVE 几何链接器中无法链接（　　　）类型的几何对象。

A. 镜像体　　　　B. 复合曲线　　　　C. 基准　　　　　　　　D. 引用集

（2）多选题

1）WAVE 几何链接器可以选择（　　　）进行关联。

A. 复合曲线、草图、点　　　　　　　　B. 基准

C. 特征　　　　　　　　　　　　　　　D. 面、面域、体、镜像体、管线布置对象

2）WAVE 复制出来的对象和原对象之间可以（　　　）。

A. 不关联　　　　　B. 不重复　　　　C. 重复　　　　　　D. 关联

3）WAVE 几何链接器可以选择（　　　）进行关联。

A. 复合曲线、草图、点

B. 基准

C. 面、面域、体、镜像体、管线布置对象

D. 特征

（3）判断题

1）利用 WAVE 几何链接器复制到工作部件中的几何体总是与原始几何体保持关联。（　　　）

2）一个组件只有成为工作部件或显示部件之后，才能查看其引用集设置。（　　　）

3）使用 WAVE 几何链接器时，所有 WAVE 的几何对象将不会随源对象的更改而更改。（　　　）

4）已存在"配对条件"的装配文件，再使用"定位约束"添加配合关系时，会出错。（　　　）

5）WAVE 几何链接能够建立不同组件之间的相关性。（　　　）

2. 任务分析

单向阀是液压回路通断控制部件，如图 2-126 所示。单向阀工作时可以通过旋转阀杆，使得阀杆上的横孔和阀体上的孔相通，液体就可以通过。如果阀杆上的横孔和阀体上的孔不相通，则液压回路就会中断。因此，阀体和阀杆是核心工作部件，要求阀杆和阀体的锥面要准确配合，阀杆上的孔和阀体上的孔位置和形状相关。其他组件是辅助零件，用于辅助单向阀功能的实现，要求其形状与尺寸要与核心零件的形状与尺寸相关联。

进行单向阀产品设计前已知单向阀的工作原理，结构示意图（图 2-126），关键零件阀体的工程图样（图 2-127）。如果采用虎钳装配的方法完成单向阀装配，则需要在装配前完成所有零件的建模，这样就会发现各个零件的尺寸无法实现关联，产品方案设计变更时，各个零件需要依次修改，设计修改的效率低。

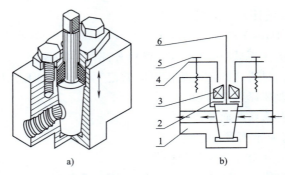

a)　　　　　　　　　　　　b)

6	test.05	阀杆	1	45	
5	GB/T 5781	螺栓	2	Q235	M8×20
4	test.04	填料压盖	1	Q235	
3	test.03	填料	1	石棉	
2	test.02	垫圈	1	Q235	
1	test.01	阀体	1	45	
序号	代号	名称	数量	材料	备注
		阀门组件			

c)

图 2-126　单向阀

a）单向阀装配示意图　b）单向阀装配原理图　c）单向阀零件明细栏

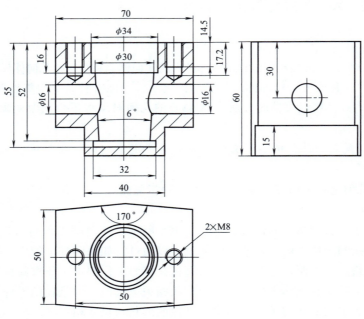

图 2-127　阀体工程图样

　　针对这种设计需要，可以采用 TOP-DOWN 设计方法。UG NX 装配环境下 WAVE 链接器工具是实现 TOP-DOWN 设计的关键工具。通过完成单向阀设计任务，可以熟悉 WAVE 链接器、新建组件、组件编辑、组件状态转换等工具的使用。

3. 设计方案选择

（1）设计方案——参考

1) 依据阀体的工程图样进行阀体零件建模。

2) 将阀体装配到装配体中作为其他零件设计的基础。

3) 在装配体中新建阀杆、垫圈、填料、填料压盖模型文件。

4) 将阀杆模型文件设为工作组件，使用建模工具进行阀杆建模。

5) 使用相同方法依次进行垫圈、填料、填料压盖建模。

6) 使用重用库调入螺钉。

（2）设计方案——学生

1) 根据任务提供的阀体工程图，设计阀体的建模方案。

2) 依据单向阀对填料压盖的功能要求，设计填料压盖的建模方案。

4. 任务实施步骤

任务实施步骤——参考

1) 新建阀体模型文件，文件名：阀体 . prt，按照表 2-6 所示步骤对阀体进行建模设计，结果如图 2-128 所示。

读者可以按照自己设计的阀体建模方案进行阀体的零件建模。

表 2-6 　阀体建模过程 　　　　　　　　　　　　　　　（单位：mm）

1）使用拉伸创建主体，高度60	2）使用旋转创建中间孔	3）使用拉伸创建阀底台阶	4）创建 M8 螺纹孔	5）创建 φ16 孔
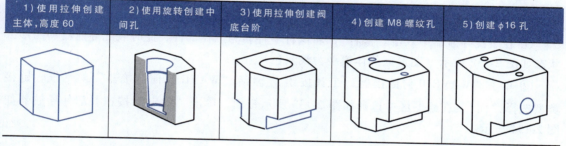				

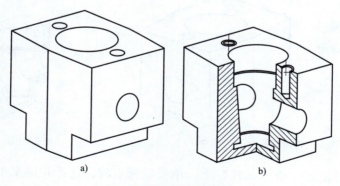

a) 　　　　　　　　　　　　　b)

图 2-128 　阀体建模结果

a）阀体外形 　b）阀体内部结构

请扫二维码 E2-26 观看步骤 1) 操作视频。

2) 新建单向阀装配文件，文件名：单向阀_asm. prt。

3) 装配"阀体 . prt"。方法：

E2-26

— 183 —

① 使用"添加"工具按钮激活"添加组件"对话框，组件锚点选项为"绝对坐标系"，装配位置"绝对坐标系—工作部件"，选中"放置"选项组"移动"选项。

② 装配完成后为阀体零件添加固定约束，结果如图2-129所示。

4）新建组件阀杆、垫圈、填料、填料压盖、螺钉。方法：

① 使用"装配"功能选项卡→"组件"工具栏→"新建"工具按钮 新建模型文件激活"新组件文件"对话框，名称："阀杆.prt"，单位使用mm，要求组件阀杆.prt和阀体.prt在装配中的级别相同，如图2-130所示。

② 按照相同方法创建组件垫圈、填料、填料压盖三个零件，如图2-131所示。

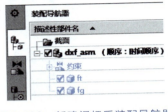

图2-129　阀体装配　　　图2-130　新建阀杆后装配导航器　　　图2-131　完成后装配导航器

5）对组件阀杆"阀杆.prt"进行建模。方法：

① 在装配导航器中双击"阀杆"，将阀杆零件转为工作部件，此时装配导航器和图形区状态如图2-132所示（图形区阀体模型为浅灰色）。

② 单击"WAVE几何链接器"工具按钮 激活"WAVE几何链接器"对话框，链接类型选择"面"，在绘图区中选择如图2-133所示锥面，单击"确定"按钮，部件导航器如图2-134所示。

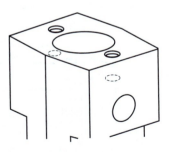

图2-132　将阀杆改为工作部件　　　　　　　图2-133　选择此锥面

③ 在"装配导航器"中"阀杆"上，单击鼠标右键，选择右键菜单项【在窗口中打开】，将组件"阀杆.prt"设为显示部件，如图2-135所示。

④ 使用"圆柱"工具按钮创建圆柱体。参考尺寸为直径20mm，高度38mm，定位基准点在锥面下轮廓圆以下1mm处，轴线方向为ZC，布尔方式为"无"，结果如图2-136所示。

⑤ 使用"同步建模"工具栏→"面替换"工具按钮 激活"面替换"对话框，按图2-137所示选择原始面和替换面，单击"确定"后结果如图2-138所示。

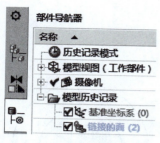

图 2-134　阀杆部件导航器

图 2-135　设阀杆为显示部件

图 2-136　创建圆柱体

⑥ 选择如图 2-139 所示曲线做截面进行拉伸，拉伸方向-XC，拉伸高度穿过圆锥体即可，如图 2-140 所示。

图 2-137　原始面和替换面

图 2-138　面替换结果

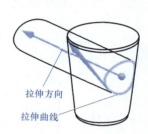

图 2-139　拉伸曲线

⑦ 使用"裁剪体"工具按钮 ▦ 激活"修剪体"对话框，按如图 2-141 所示选择对象，单击"确定"裁剪完成后将"链接（1）"和"拉伸（4）"隐藏，结果如图 2-142 所示。

图 2-140　拉伸结果

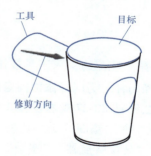

图 2-141　裁剪设置

⑧ 使用拉伸创建圆柱凸台，参考尺寸为 φ18mm×80mm，布尔运算方式为"合并"，定位到圆锥大端圆心，如图 2-143 所示。

⑨ 使用拉伸工具创建阀杆和扳手配合面，截面形状和尺寸如图 2-144 所示，草图平面为圆柱凸台顶面，拉伸参考高度尺寸为 20mm，布尔运算方式为"减去"，结果如图 2-145 所示。

⑩ 在"装配导航器""阀杆"上单击鼠标右键，选择右键菜单项【在窗口中打开父项】→【单向阀_asm】，如图 2-146 所示。

⑪ 在"装配导航器""阀杆"上单击鼠标右键，选择右键菜单项【替换引用集】→【model】，结果如图 2-147 所示。

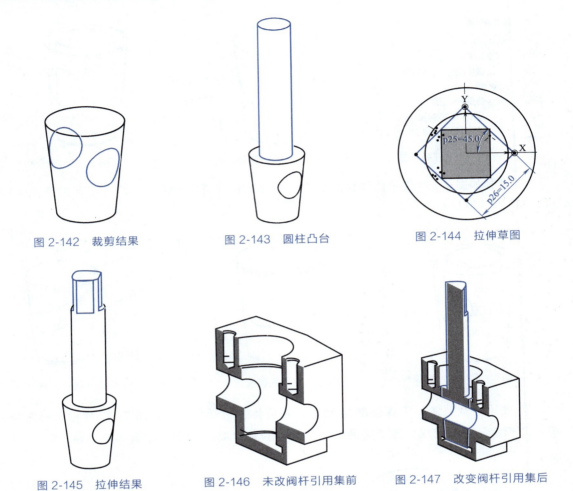

图 2-142　裁剪结果　　　　图 2-143　圆柱凸台　　　　图 2-144　拉伸草图

图 2-145　拉伸结果　　　图 2-146　未改阀杆引用集前　　　图 2-147　改变阀杆引用集后

⑫ 选择"装配约束"工具按钮 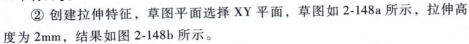 激活"装配约束"对话框，约束类型选择 ，在绘图区中选择阀杆，为阀杆添加固定约束。

请扫二维码 E2-27 观看步骤 2）~5）操作视频。

6）对组件"垫圈"进行建模。方法：

① 在"装配导航器""垫圈"上单击鼠标右键，选择右键菜单项【在窗口中打开】。

② 创建拉伸特征，草图平面选择 XY 平面，草图如 2-148a 所示，拉伸高度为 2mm，结果如图 2-148b 所示。

③ 返回垫圈的父项窗口，并将垫圈的引用集改为"model"。

④ 建模完成后返回"单向阀_asm. prt"，将组件"垫圈"的引用集改为"Model"。

⑤ 为"垫圈"添加"自动判断中心/轴"和"接触"约束，如图 2-148c 所示，结果如图 2-148d 所示。

温馨提示：如果进入单向阀装配体中垫圈的位置不理想，可使用"移动组件"工具按钮 进行调整。

E2-27

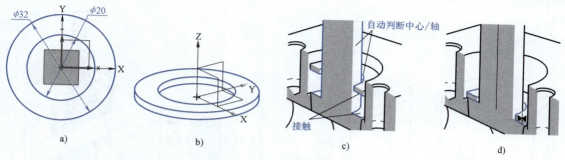

图 2-148 垫圈拉伸

a）拉伸参考草图 b）参考结果 c）约束条件 d）装配结果

7）参考垫圈的建模装配过程对"填料"进行造型和装配。方法：

① 填料的旋转截面草图如图 2-149a 所示，旋转结果如图所示 2-149b 所示。

② 装配结果如图 2-150 所示。

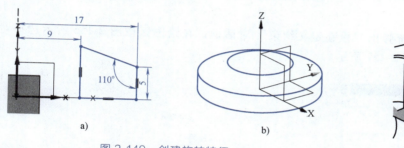

图 2-149 创建旋转特征

a）旋转草图 b）旋转结果

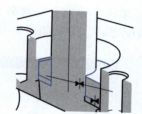

图 2-150 填料组件装配结果

8）参考步骤 5）对填料压盖进行建模。方法：

① 将组件填料压盖设为工作部件。

② 在填料压盖中创建特征"拉伸（1）"。拉伸截面选择阀体顶面的边，拉伸开始值为 1mm，结束值为 9mm，拉伸方向为"自动判断矢量"，结果如图 2-151 所示。

温馨提示：选择拉伸截面前，在"上边框条"→"选择范围"列表选"整个装配"，"曲线规则"列表选"面的边"。

③ 选择"同步建模"工具栏→"更多库"中"半径尺寸"激活"半径尺寸"对话框，在绘图区选择螺纹孔圆柱面，在"半径"后编辑条中输入 4.5，将螺钉过孔直径尺寸调整为 9mm，结果如图 2-152 所示。

④ 创建特征"拉伸（3）"，草图平面选择填料压盖平面，绘制如图 2-153 所示草图，拉伸方向为 -ZC，开始值为 0，结束值为"直至选定"，在绘图区选择填料的顶面，布尔方式为"合并"，拉伸结果如图 2-154 所示。

⑤ 将单向阀_asm 改为工作部件，填料压盖的引用集改为 Model，将填料压盖显示出来。

9）调用标准件"Bolt，GB-T5781-2000"。方法：

① 在资源板上展开重用库，名称列表中选择"GB Standard Parts"→"Bolt"→"Hex Head"。

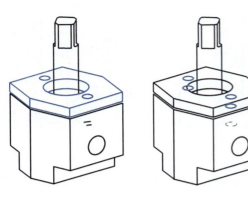 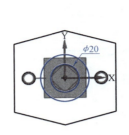 

图 2-151　"拉伸（1）"　　图 2-152　编辑孔直径　　图 2-153　拉伸草图　　图 2-154　拉伸结果

② 在"成员选择"列表中选择"Bolt，GB-T5781-2000"。

③ 在"Bolt，GB-T5781-2000"上按住左键拖动到绘图区，设置"添加可重用组件"对话框，如图 2-155 所示。

④ 单击"确定"系统弹出"重新定义约束"对话框，在绘图区按图 2-156 所示选择对象，装配螺钉，结果如图 2-157 所示。

图 2-155　"添加可重用组件"对话框

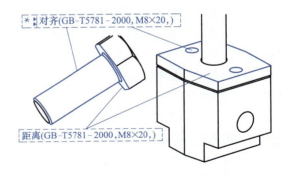

图 2-156　定义装配约束条件

温馨提示：定义装配约束条件时，优先定义"对齐"约束，"轴向几何体"选项列表选择"自动判断中心/轴"选项。如果装配螺钉完成后不能显示，可尝试修改螺钉的引用集。

⑤ 相同方法调用第二个螺钉并装配，如图 2-158 所示。

10）保存文件。

温馨提示：为保证以后打开带有标准件的产品能正常加载标准件，可以在保存装配体前，选择功能区"文件"菜单项"装配加载选项"，系统弹出"装配加载选项"对话框，"加载"选项列表中选择"按照保存的"。

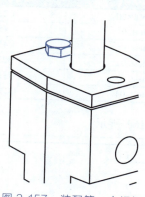

图 2-157 装配第一个螺钉

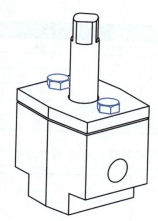

图 2-158 装配第二个螺钉

请扫二维码 E2-28 观看步骤 6）至 10）操作视频。

11）新建单向阀_asm 装配体的工程图文件"单向阀_asm_dwg.prt"，模板选择"A4-装配 无视图"。

E2-28

12）使用基本视图工具在工程图纸上添加俯视图和主视图，如图 2-159 所示。

13）使用"剖视图"工具将主视图改为全剖视图，结果如图 2-160 所示。

14）使用"视图中的剖切"工具按钮 ▓ 编辑主视图中各组件的剖切状态，双击组件剖面线编辑剖面线的角度和距离，结果如图 2-161 所示。

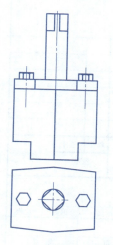

图 2-159 添加两个视图

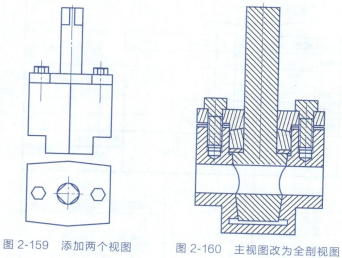

图 2-160 主视图改为全剖视图

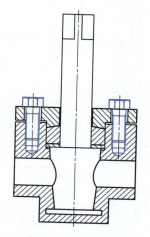

图 2-161 编辑剖切状态

15）使用"新建图纸页"工具新建一张"A4 装配 无视图"图纸，使用剪贴板工具第一张图纸上的主视图复制到新建图纸上。

16）在装配导航器上，选中组件，使用右键菜单项"属性"为每个组件添加零件名称、零件代号和材料属性，见表 2-7。

表 2-7　组件材料及属性明细

组　　件	DB_PART_NAME	DB_PART_NO	材料
GB-T5781-2000,M8×20.prt	螺栓	M8×20	Q235
阀体.prt	阀体	test.01	45
阀杆.prt	阀杆	test.05	45
垫圈.prt	垫圈	test.02	Q235
填料.prt	填料	test.03	石棉
填料压盖.prt	填料压盖	test.04	Q235A

17）生成明细栏和球标并进行调整，要求结果如图 2-162 所示。

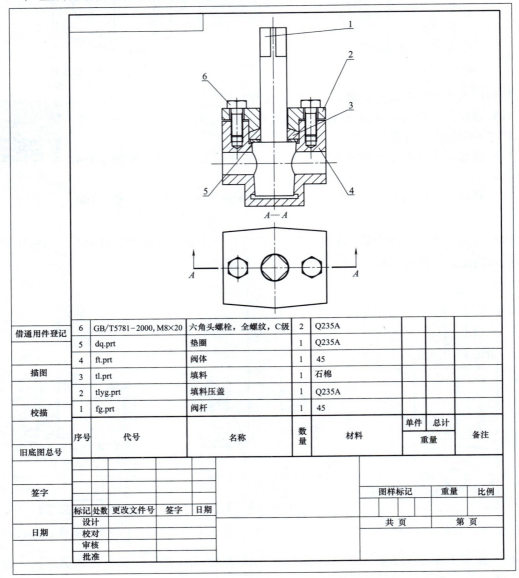

图 2-162　阀体工程图

18）保存文件。

请扫二维码 E2-29 观看步骤 13）至 18）操作视频。

2.5.3 课后拓展训练

1. 讨论与提高

查找资料或进行组内讨论，学习 "WAVE 几何链接" 对话框 "类型" 选择 "不同" 的情况下，"设置" 选项下出现的不同复选框的含义。

2. 夹具设计

夹具底座模型尺寸如图 2-163 所示。根据设计要求，夹具压紧板和夹具底座产生配合，已知条件如下：

1）夹具压紧板必须在已知毛坯（尺寸见图 2-164）基础上进行切削加工得到。

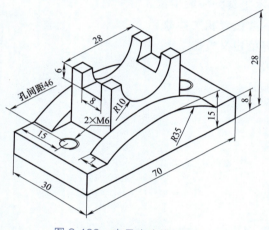

图 2-163 夹具底座模型尺寸

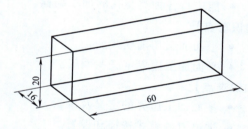

图 2-164 毛坯尺寸

2）要求夹具压紧板和夹具底座之间夹稳一个 $\phi20$mm 的轴，在上紧 M6 螺栓前夹具压紧板和夹具底座之间不能有沿轴中心线方向的晃动。

3）夹具底座和夹具压紧板通过两个 M6 螺栓（尺寸见图 2-165）组合成一个装配体，共有 4 个零件构成。

请完成夹具底座、夹具压紧板、螺钉三维建模，完成装配，并生成装配体工程图。

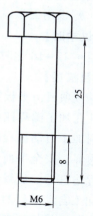

图 2-165 螺栓尺寸

项目3 平面加工编程

PROJECT 3

学习导航

【教学目标】

- 熟悉使用 UG NX 生成数控加工程序的基本工具、一般步骤。
- 能根据加工需要合理选择平面加工方法，并设置相关参数。
- 在创建加工操作的过程中能灵活选择边界的定义方法。
- 会进行多面加工，能进行刀具轨迹的转换。
- 能运用刀具轨迹加工仿真进行刀具轨迹验证。
- 能进行各种类型孔的加工编程。

【知识重点】

- 平面加工切削模式。
- 平面加工边界定义及编辑。

【知识难点】

- 平面加工边界的定义及编辑。
- 进退刀的模式选择和设置。

【教学方法】

- 以用促学、线上线下结合、任务驱动，实施全过程考核。

【建议学时】

- 12~18 学时。

【项目描述】

　　该项目由平板零件加工编程、平面凸轮零件加工编程、十字槽零件加工编程、L 形平板零件孔加工编程四个任务组成。通过平面加工项目的学习，掌握运用 UG NX 进行三轴数控铣削加工自动编程的基本方法和步骤，熟悉平面加工的常用加工方法和特点，能合理定义加工边界、安全平面、加工坐标系、加工几何和常用加工参数，能熟练使用工序导航器、加工过程仿真器、后置处理器等工具，达到能够合理运用 UG NX 进行零件的平面、孔特征的粗、精加工自动编程的目的。随着项目学习的深入，读者能够建立分析模型加工工艺的思路，掌握产品数控加工自动编程的方法步骤，体会工艺分析过程与加工结果的内在关联，工艺方案设计能力和创新思维得到有效锻炼。本项目以制造业产品零件的典型特征重构、简化为项目任务载体，将企业实际生产工艺要求与课程学习要求融会贯通，增强大学生立志投身于先进制造业学习、将个人的成才梦有机融入实现中华民族伟大复兴的中国梦的思想认识，并增强读者对中国特色社会主义共同理想的思想认同和理论自觉。

【知识图谱】

项目 3 知识图谱如图 3-1 所示。

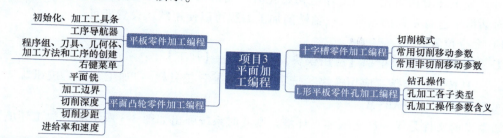

图 3-1　项目 3 知识图谱

任务 3.1　平板零件加工编程

【知识点】

- 工序导航器。
- 加工几何的创建和编辑工具。
- 刀具的创建和编辑工具。
- 操作的创建工具。

【技能目标】

- 熟练使用工序导航器进行操作的仿真、编辑、后置处理、视图切换等。
- 能使用加工几何创建和编辑工具合理定义加工几何。
- 能使用刀具的创建和编辑工具合理选用并定义切削刀具。

【任务描述】

平板加工任务是自动编程的入门任务，通过介绍 UG NX 软件 CAM 应用模块的入门基础知识，让读者熟悉应用 UG NX 进行自动编程的流程，学会 CAM 环境的初始化过程，掌握加工环境的设置，工序导航器的使用方法。通过任务实施，读者可对 UG NX 数控编程具有初步了解，为后续章节的学习打下基础，建立学习自动编程的兴趣。

如图 3-2 所示平板零件，材料为 2A12，其外形尺寸为 100mm×100mm×20mm，型腔中部尺寸为 80mm×80mm×6mm，圆角半径为 R15mm，要求加工零件的顶平面和型腔。

请扫二维码模型文件 3-1 下载模型文件。

图 3-2　平板零件

3.1.1　课前知识学习

1. 初始化、加工工具条介绍

当用户首次进入 UG NX 加工环境时，系统会自动弹出"加工环境"对话框进行初始化，让用户选择加工模板。选择不同的加工模板，系统提供的

模型文件 3-1

加工方法不尽相同。

（1）加工环境初始化　加工环境初始化时，用户可以根据不同的工作需要在"加工环境"对话框中进行不同的选择。三轴铣削加工编程可以使用默认设置即可。

1）命令位置。

① 菜单项：选择菜单项【应用模块】→【加工】→【加工】。

② 工具按钮：选择"应用模块"选项卡→"加工"工具栏→"加工"工具按钮。

③ 快捷键：Ctrl+Alt+M。

如果当前文件是第一次进入加工环境，则此时系统弹出如图3-3所示的"加工环境"对话框。

2）CAM 会话配置。选择不同的 CAM 会话配置，"CAM 会话配置"列表中将列出相应可用的 CAM 设置。一个部件只能存在一种 CAM 会话配置，在自动编程界面中切换到另一种 CAM 会话配置时，可以从主菜单选择【工具】→【工序导航器】→【删除组装】，删除当前配置下所生成的所有加工对象，系统重新弹出"加工环境"对话框进行重新初始化设置。通常情况下选择"cam_general"选项。

3）要创建的 CAM 设置。"要创建的 CAM 设置"选项用来客户化操作界面。不同的 CAM 设置，允许生成的加工对象如操作类型不尽相同。系统允许从一个 CAM 设置切换到另一个 CAM 设置，但不会删除原先所生成的加工对象。

当初始化完成后，就进入到了 CAM 加工主界面，如图3-4所示。

图 3-3　"加工环境"对话框

（2）加工界面　加工界面和三维建模界面有很多相同的组成部分，这里只介绍工序导航器和加工常用的工具栏。

1）工序导航器。当进入 UG NX 的加工环境后，资源条里会出现工序导航器。工序导航器在自动编程过程中使用非常频繁，很多的操作都可以通过工序导航器完成。

工序导航器可以在程序顺序视图、机床视图、几何视图和加工方法视图四个视图之间切换。在不同的视图中可以清楚地显示操作与不同父级之间的树状逻辑结构。这些逻辑关系可以体现树状结构各节点之间的参数继承关系。

2）工具栏。CAM 环境的默认工具栏如图3-5所示。常用的有"刀片""操作""工序""显示""动画""工件""GC 工具箱""分析"等。

①"刀片"工具栏。用于创建各类加工对象，包括"创建程序（ ）""创建刀具（ ）""创建几何体（ ）""创建方法（ ）"和"创建工序（ ）"等工具。

②"操作"工具栏。包括刀具轨迹编辑、剪贴板操作及对象转换等工具，如编辑对象（ ）、剪贴板操作（ 剪切、 复制、 粘贴）、变换对象（ ）等。

③"工序"工具栏。"工序"工具栏有"生成刀轨（ ）""确认刀轨（ ）""机床仿

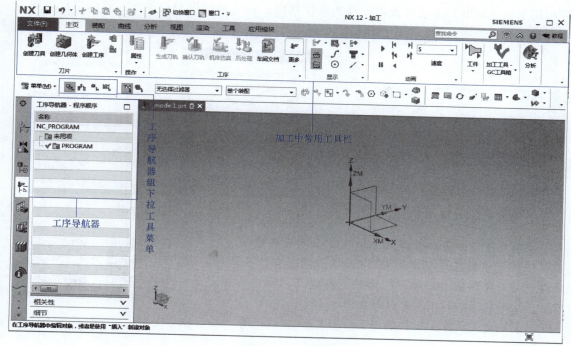

图 3-4　加工主界面

图 3-5　加工常用工具栏

真（🖾）"后处理（🖾）""车间文档（🖾）""列出刀轨（🖾）""同步（🖾）""进给率（🖾）""批处理（🖾）"等工具按钮。

④"工件"工具栏。用于对加工工件的显示进行设置，在该工具栏中提供了多种显示模式，通过该工具栏可以方便切换工件的显示状态。

2. 工序导航器

通过工序导航器能够管理当前部件的所有操作及其参数，能够指定在操作间共享的参数组，也可以对操作或组进行复制、剪切、粘贴和删除等操作。

进入加工环境后，工序导航器出现在加工界面的"资源条"里。单击"资源条"的 🖾 图标，可以打开并操作工序导航器，如图 3-6 所示，它有程序顺序、加工方法、几何、机床四种视图形式，以树状结构显示操作之间的从属关系。最顶层的节点称为"父节点"，"父节点"下的节点称为"子节点"，"子节点"可以继承"父节点"的参数。

工序导航器的具体用法请扫二维码 E3-1 观看视频。

3. 程序组、刀具、几何体、加工方法和工序的创建

使用"刀片"工具栏中的工具按钮可以快速创建程序组、刀具、几何体、加工方法组和操作。

（1）创建程序组　程序组是用来管理加工操作的有效工具。所创建的程

E3-1

序组用于确定输出 CLS 文件或后处理的操作顺序。做复杂的模型编程时，建议用户创建大量的程序组来管理操作。创建程序组的步骤如图 3-7 所示。

图 3-6　工序导航器

图 3-7　创建程序组

了解程序组创建过程请扫二维码 E3-2 观看视频。

（2）创建刀具　在 UG NX 中刀具的创建方法有两种：用户自定义刀具和从刀具库调用刀具。自定义刀具过程如图 3-8 所示，从刀具库中调用刀具过程如图 3-9 所示。

了解创建刀具操作过程请扫二维码 E3-3 观看视频。

E3-2　　　　　E3-3

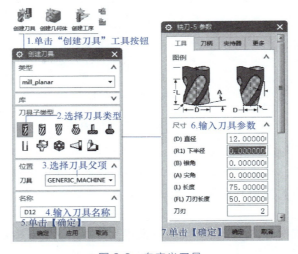

图 3-8　自定义刀具

（3）创建几何体　创建几何体用于定义加工工件、加工坐标系和安全平面等信息，确定加工范围。

单击"刀片"工具栏"创建几何体"工具按钮 ，系统弹出"创建几何体"对话框，如图 3-10 所示。选择不同的类型设置，则几何体子类型会有所不同。

了解几何体的创建过程请扫二维码 E3-4 观看视频。

（4）创建加工方法　加工方法允许用户设置部件余量、公差、进给速度和主轴速度、刀具轨迹显示等参数，这些参数可以向下传递给组或加工操作。

E3-4

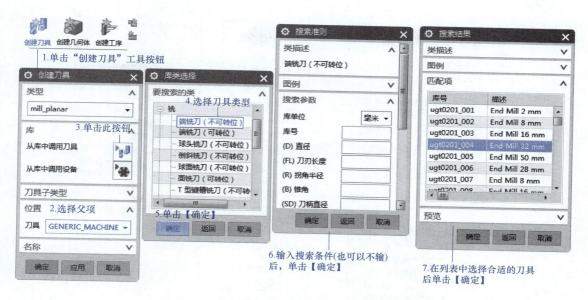

图 3-9　从刀具库中调用刀具过程

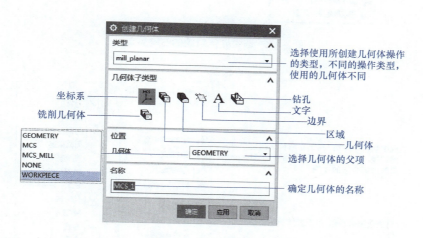

图 3-10　"创建几何体"对话框

不同的 CAM 设置，加工方法组及所包含的参数有所不同。一般情况下，用户可以直接利用默认的加工方法组进行操作，如遇特殊加工工艺要求，用户可以单击"刀片"工具栏"创建方法"工具按钮创建新的加工方法来组织操作。

4. 右键菜单

加工模块中常用的加工功能既可以借助工具按钮调用，也可以使用下拉菜单及工序导航器中鼠标右键快捷菜单进行操作，其中有些功能仅能使用鼠标右键菜单进行操作。

在工序导航器中，在不同位置单击鼠标右键弹出的快捷菜单不完全相同。图 3-11 所示为选中操作对象时的右键菜单（选中不同的对象，右键菜单会稍微有所不同）。图 3-12 所示为没选中对象时的右键菜单。

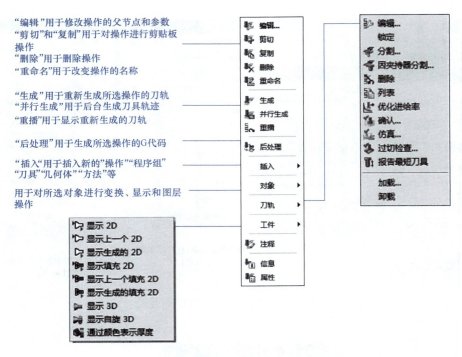

"编辑"用于修改操作的父节点和参数
"剪切"和"复制"用于对操作进行剪贴板操作
"删除"用于删除操作
"重命名"用于改变操作的名称

"生成"用于重新生成所选操作的刀轨
"并行生成"用于后台生成刀具轨迹
"重播"用于显示重新生成的刀轨

"后处理"用于生成所选操作的G代码

"插入"用于插入新的"操作""程序组"
"刀具""几何体""方法"等

用于对所选对象进行变换、显示和图层操作

图 3-11　选中操作对象的右键菜单

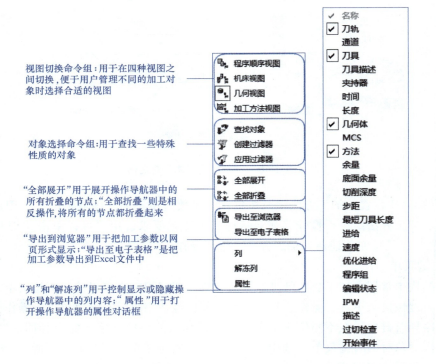

视图切换命令组:用于在四种视图之间切换,便于用户管理不同的加工对象时选择合适的视图

对象选择命令组:用于查找一些特殊性质的对象

"全部展开"用于展开操作导航器中的所有折叠的节点;"全部折叠"则是相反操作,将所有的节点都折叠起来

"导出到浏览器"用于把加工参数以网页形式显示;"导出至电子表格"是把加工参数导出到Excel文件中

"列"和"解冻列"用于控制显示或隐藏操作导航器中的列内容;"属性"用于打开操作导航器的属性对话框

图 3-12　没选中对象的右键菜单

3.1.2 课中任务实施

1. 课前预习效果检查

（1）单选题

1）程序顺序视图中，程序是按照_____排列顺序的。

A. 程序执行的顺序 　　　　　　　B. 程序组中程序执行的顺序

C. 程序生成的顺序 　　　　　　　D. 粗加工、半精加工、精加工的顺序

2）机床视图程序排列的规则是_____。

A. 按照程序的刀具父项排列 　　　B. 按照程序的方法组父项排列

C. 按照程序的几何父项排列 　　　D. 可以随意排列

3）检查几何是为了加工安全，通过定义检查几何体进一步_____。

A. 限制加工范围 　　　　　　　　B. 限制加工高度

C. 增加加工的范围 　　　　　　　D. 限制加工的形式

4）加工时如果刀具切到部件几何内，就形成了_____。

A. 欠切　　　　B. 过切　　　　　C. 顺铣　　　　　　D. 逆铣

（2）多选题

1）工序导航器可以根据需要在_____之间切换。

A. 程序顺序视图　　B. 机床视图　　　C. 加工方法视图　　　D. 几何视图

2）加工方法允许设置部件的_____参数。

A. 部件余量　　　　B. 公差　　　　　C. 进给和速度　　　D. 刀具轨迹显示

3）"工件"对话框可以设定_____。

A. 部件几何　　　　B. 毛坯几何　　　C. 边界几何　　　　D. 检查几何

4）可以使用_____激活"创建刀具"命令。

A. 创建刀具图标 　　　　　　　　B. 工序导航器根目录上右键菜单

C. 工序导航器空白处右键菜单 　　D. 绘图区右键菜单

5）自动编程整个过程可以分为_____几个阶段。

A. 环境设置　　　　B. 创建操作　　　C. 操作编辑　　　　D. 仿真及后置处理

（3）判断题

1）在 UG NX 中可以使用快捷键 Ctrl+Alt+M 切换至加工模块。（　　）

2）在设定毛坯几何体时对于方形毛坯可以通过"包容块"设置，同时可以单独编辑每个面的偏置距离。（　　）

3）在工序导航器中，空白位置单击鼠标右键弹出的快捷菜单选择"属性"可以定制四种视图显示不同的列选项，方便及时查看相关信息。（　　）

4）在创建刀具时可以自行选择刀具类型编辑相关参数创建，也可以调用软件库中现有刀具。（　　）

5）如果在"WORKPIECE"中创建了相关几何体参数，其隶属下的子节点的工序将继承这些参数信息。（　　）

2. 零件工艺分析

（1）零件工艺分析的方法　　数控加工编程前，需要对被加工零件进行工艺分析，分析

的主要内容包含：

1）零件的材料和极限尺寸。明确了零件的材料可以确定加工采用的刀具材料、切削参数。零件的极限尺寸可以初步确定机床的规格等。

2）零件的加工部位。确定零件的加工部位后，加工零件的机床、工艺、夹具、量具就可以得到确定。

3）零件加工的最小曲率半径。分析各加工面的曲率半径用于确定加工时采用的操作形式、精加工所能使用的最大刀具直径、走刀模式、进退刀等参数。

4）装夹方案。零件加工的工艺流程、加工批量、毛坯形状及尺寸等因素都会在一定程度上影响装夹方案，而不同的装夹方案会在一定程度上影响加工工艺和加工效率。

5）最大加工深度。加工深度直接影响加工时刀具伸出的最小长度、切削的加工参数及工艺方法。

（2）平板加工工艺分析　经过分析，该平板零件材料为 2A12，容易加工且结构简单，主要有以下特点：

1）极限尺寸为 100mm×100mm×20mm。形状规则，可以直接用平口钳装夹进行加工。

2）加工部位为零件顶面和型腔。

3）零件的精度较低。

4）零件型腔处的最小凹圆角半径为 15mm。

5）型腔底面距离零件顶面 6mm，即该零件最大加工深度为 6mm。

3. 平板零件工艺编排方案

（1）工艺编排的要求　零件数控加工时工艺顺序虽然不是唯一的，但都必须以保证零件加工精度要求为基础，满足经济和高效为原则，所以一般采用先基准后其他、先粗后精、先上后下、先易后难的原则编排工艺。

工艺编排需要确定零件各加工部位的加工顺序，每一个部位加工需要的工艺流程，以及每一步加工的机床、装夹、刀具、走刀模式、切削参数、结果测量等要素。

（2）平板零件工艺编排方案——参考

1）精加工顶面。

2）型腔粗加工。

（3）平板零件工艺编排方案——学生　根据工艺编排原则和要求，参考工艺编排方案，编制平板零件的加工工艺，并制作工艺表格，提交到老师指定的位置。平板零件工艺表见表 3-1。

表 3-1　平板零件工艺表

序号	工序名称	工序内容	刀具	$n/(r/min)$	$f/(mm/min)$	余量/mm	刀长/mm
1							
2							
3							

4. 任务实施步骤

（1）任务实施步骤——参考　这里采用先加工零件顶面、再加工腔体两个操作完成整个加工。顶面加工使用 ϕ30mm 飞刀，腔加工使用 ϕ12mm 刀具，加工时以工件两个侧面进行装夹定位，整个任务的实施过程参考如下。

1）打开文件 planar_1.prt，进行加工初始化。方法：

① 使用"应用模块"选项卡→"加工"工具按钮 激活"加工环境"对话框，按图 3-13 所示进行设置。

② 单击"确定"按钮完成加工初始化。

2）加工设置。方法：

① 打开"工序导航器"。

② 创建程序组。选择"上边框条"→"程序顺序"视图工具按钮 ，将"工序导航器"转入"程序顺序"视图，如图 3-14 所示。选择"刀片"工具栏→"创建程序"工具按钮 ，在系统弹出的"创建程序"对话框中输入名称"MY_PROGRAM"，完成创建程序组"MY_PROGRAM"，结果如图 3-15 所示。

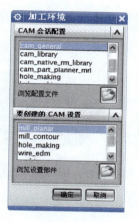

图 3-13 "加工环境"对话框

图 3-14 "程序顺序"视图

图 3-15 创建结果

③ 创建刀具。选择"上边框条"→"机床视图"工具按钮 ，将"工序导航器"转入"机床"视图，如图 3-16 所示。运用课前知识学习中的方法从系统刀具库中调用刀具 UGT0201_018（ϕ30mm 可转位铣刀）。使用手动定义的方法创建刀具 D12（直径 ϕ12mm，4 刃，刃长 25mm，刀长 50mm），结果如图 3-17 所示。

④ 创建加工方法。选择"上边框条"→"加工方法视图"工具按钮 ，将"工序导航器"转入"加工方法"视图，如图 3-18 所示。运用课前知识学习中的方法创建加工方法"MY_MILL_METHOD"，要求"铣削方法"对话框参数设置如图 3-19 所示。

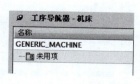

图 3-16 "机床"视图

图 3-17 创建刀具后的"机床"视图

图 3-18 "加工方法"视图

⑤ 删除系统默认的加工方法，在"工序导航器-加工方法"视图中，选中MILL_ROUGH后，使用右键菜单项"删除"删掉MILL_ROUGH加工方法。按照相同方法删除MILL_SEMI_FINISH、MILL_FINISH和DRILL_METHOD，结果如图3-20所示。

⑥ 选择"上边框条"→"几何视图"工具按钮 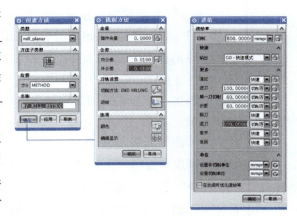，将"工序导航器"转入"几何"视图。运用课前知识学习中的方法设定工件坐标系（要求坐标原点在零件顶面中心上方3mm，安全平面距离XY基准平面15mm），结果如图3-21所示，并将存在的几何体定义为

图3-19　"铣削方法"对话框

部件几何体。然后使用"包容块"的方式定义毛坯，使得ZM+余量为3mm，如图3-22所示。

图3-20　创建方法后的
　　　"加工方法"视图

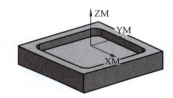

图3-21　工件坐标系定义

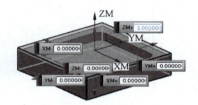

图3-22　毛坯定义

3）使用"面铣"创建顶面加工操作。方法：

① 选择"创建工序"工具按钮 ，系统弹出"创建工序"对话框，做如图3-23所示选择。

② 单击"确定"按钮，进入"面铣"对话框，如图3-24所示。

图3-23　"创建工序"对话框

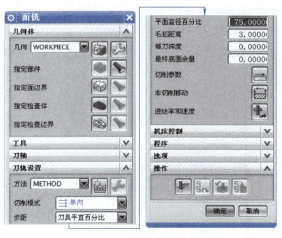

图3-24　"面铣"对话框

③ 定义面边界。在"面铣"对话框中单击"指定面边界"按钮 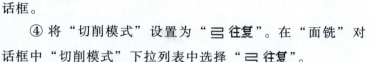，系统弹出"毛坯边界"对话框，选择方法使用 面，在绘图区选择如图 3-25 所示顶面，定义"面边界"结果如图 3-25 所示，单击"确定"返回"面铣"对话框。

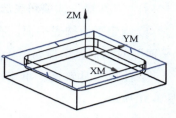

图 3-25　定义的面边界

④ 将"切削模式"设置为" 往复"。在"面铣"对话框中"切削模式"下拉列表中选择" 往复"。

⑤ 生成刀具轨迹。在"面铣"对话框中单击"操作"选项组下"生成"按钮，生成刀具轨迹，结果如图 3-26 所示。

⑥ 单击"操作"选项组下"确认"按钮，系统弹出"刀具可视化"对话框，选择"3D 动态"选项卡，单击"播放"按钮 ▶ 进行加工的仿真，结果如图 3-27 所示。

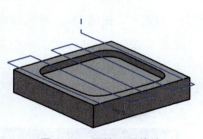

图 3-26　面铣刀具轨迹

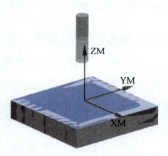

图 3-27　面铣仿真结果

⑦ 单击"确定"按钮退出仿真状态，单击"确定"完成"使用边界面铣削加工"操作的创建。

4）使用"平面铣"创建腔体加工的操作。方法：

① 单击"创建工序"工具按钮，系统弹出"创建工序"对话框，操作父项设置如图 3-28 所示。

② 单击【确定】按钮，系统弹出"平面铣"对话框。

③ 定义部件边界。在"平面铣"对话框中选择"指定部件边界"按钮，系统弹出"部件边界"对话框，选择如图 3-29 所示腔体底面。

图 3-28　操作父项

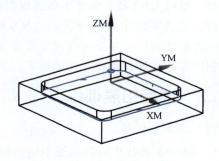

图 3-29　部件边界

④"刀具侧"选项列表选择"内侧",单击"确定"按钮返回"平面铣"对话框。

⑤ 指定平面铣底平面。在"平面铣"对话框中选择"指定底面"按钮 ，系统弹出"平面"对话框,选择如图 3-30 所示腔体底面,单击"确定"按钮返回"平面铣"对话框。

⑥ 生成刀具轨迹。单击"操作"选项组下"生成"按钮 生成刀具轨迹,结果如图 3-31 所示。

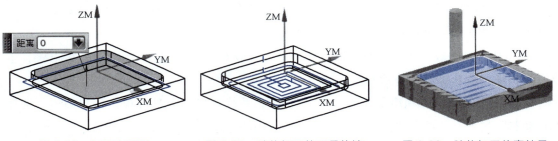

图 3-30 加工底平面 　　图 3-31 腔体加工的刀具轨迹 　　图 3-32 腔体加工仿真结果

⑦ 腔体铣削操作加工仿真。单击"操作"选项组下"确认"按钮 ，系统弹出"刀具可视化"对话框,选择"3D 动态"选项卡,单击"播放"按钮 进行加工的仿真,仿真结果如图 3-32 所示。

⑧ 单击"确定"按钮退出仿真,单击"确定"完成"平面铣"操作的创建。

5) 后置处理。方法:

① 在"工序导航器"中选择"FACE_MILLING"操作。

② 单击鼠标右键,选择右键菜单选项【 后处理】(也可以直接选择"操作"工具栏中"后处理"工具按钮),系统弹出"后处理"对话框。

③ 在后处理下拉列表中选择"mill_3_axis"后处理器后,单击"确定"按钮,系统在弹出的"信息"对话框中显示被选中的操作经过后处理得到的 G 代码,如图 3-33 所示。

图 3-33 后处理得到的 G 代码

6) 保存文件。

扫二维码 E3-5 观看任务实施过程操作视频。

(2) 任务实施步骤——学员 参考操作步骤 4) 内腔平面铣操作中深度方向一次切削到位,如果现在需要沿深度方向多层切削,请查找资料,调整平面铣操作的参数,实现这样的要求,生成刀具轨迹,并提交截图。

3.1.3 课后拓展训练

E3-5

(1) 探究与提高

1) UG NX 操作中刀具轨迹不同的线段颜色有红色、白色、黄色、浅蓝色,各种颜色表达什么含义?

2）在 UG NX 中，从进入加工环境到生成需要的 G 代码需要哪些操作步骤？

3）工序导航器有几种状态？你能分别说出哪些作用？

4）创建毛坯的方法有哪些？

5）试着将顶面加工中切削模式改为其他方式，并生成刀具轨迹，分析它们的特点。

6）试着用"底面和壁""手工面铣""平面铣"等方法生成顶面的铣削刀具轨迹。

（2）选择合适的方法加工　如图 3-34 所示零件的顶面和腔体，要求建立自己的程序组、加工方法组、加工几何体，创建自己加工所需要的刀具，并进行简单的仿真，最后输出 G 代码。请扫二维码模型文件 3-2 下载模型文件。

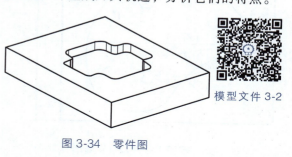

模型文件 3-2

图 3-34　零件图

任务 3.2　平面凸轮零件加工编程

【知识点】

- 常见平面加工方法。
- 边界。
- 切削深度范围和切削深度。
- 加工仿真。
- 切削速度及进给。

【技能目标】

- 可以根据工艺要求合理选择平面加工的方法。
- 熟练使用面、曲线/点等方法定义边界。
- 能根据需要正确判断并定义刀具与边界之间的关系。
- 能合理选用切削深度。
- 能熟练使用仿真功能判断刀具轨迹的合理性。
- 能合理设置切削速度和进给率。

【任务描述】

平面凸轮加工为二维轮廓的平面加工，通过对平面凸轮加工任务过程的实施，读者可熟悉平面加工的各种方法，掌握边界的种类和定义方法，掌握切削深度的定义及加工仿真的使用方法。

如图 3-35 所示凸轮形状，材料为 2A12，毛坯为 260mm×200mm×25mm 的方料。要求加工成凸起凸轮，凸台高度为 8mm。加工过程要求使用两个操作，即零件顶面的加工、凸轮成形轮廓的加工。完成后零件的形状如图 3-36 所示。

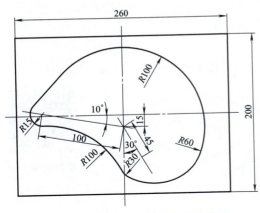

图 3-35 被加工零件二维轮廓图

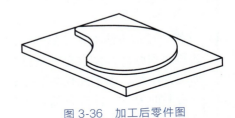

图 3-36 加工后零件图

请扫二维码模型文件 3-3 下载模型文件。

模型文件 3-3

3.2.1 课前知识学习

1. 平面铣概述

平面铣泛指一切有关平面的粗加工和精加工的铣削功能，它可以生成平行于指定底平面的多层刀具轨迹，切除工件上的余量。平面铣属于 2.5 轴加工方式，加工过程中首先完成水平方向 X 和 Y 两轴联动，然后再沿 Z 轴下刀至下一切削层，循环往复，直至结束。通过设置不同的切削方法，平面铣可以完成型腔和轮廓形状的加工。

（1）平面铣的特点

1）刀具轴垂直于加工坐标系的 XY 平面，即在切削过程中机床两轴联动。

2）采用边界定义刀具切削运动的区域。

3）调整方便，能很好地控制刀具在边界上的位置。

4）既可以用于粗加工，也可用于精加工。

基于以上特点，平面铣常用于直壁或底面为平面的零件加工，如型腔的底面、型芯的顶面、水平分型面、基准面和外形轮廓等。

（2）常见平面铣操作　在创建平面铣操作中，首先进入 UG NX 的加工模块，设置完成平面铣的加工环境后，在"创建操作"对话框中，有很多平面铣子类型模板，见表 3-2。

表 3-2　平面铣子类型及说明

子类型	英语名称	中文含义	说　明
	FLOOR_WALL	底壁铣	用于对棱柱部件上的平面进行基础面铣。需要选择底面和（或）侧壁几何体，移除的材料由切削区域的底面和毛坯厚度来确定
	FLOOR_WALL_IPW	带 IPW 的底壁加工	使用 IPW 切削底面和壁。需要选择底面和（或）壁几何体，要移除的材料由所选择几何体和 IPW 确定。用于通过 IPW 跟踪未切削材料时铣削 2.5 轴棱柱部件
	FACE_MILLING	使用边界面铣	在用平面边界定义的区域内使用固定刀轴切削。选择面、曲线或点来定义与刀轴垂直的平面边界，常用于线框模型
	FACE_MILLING_MANUAL	手工面铣	切削垂直于固定刀轴的平面，允许向每个包含手工切削模式的切削区域指派不同的切削模式。选择部件上的面定义切削区域，还可以定义壁几何

（续）

子类型	英语名称	中文含义	说　明
	PLANAR_MILL	平面铣	移除垂直于固定刀轴的平面切削层材料。需要定义平行于底面的部件边界、毛坯边界和底平面。常用于粗加工带竖直壁的棱柱部件上的大量材料
	PLANAR_PROFILE	平面轮廓铣	使用"轮廓"切削模式来生成单刀具轨迹和沿部件边界轮廓的多层平面刀具轨迹。需要定义平行于底面的部件边界、底平面。用于加工平面壁或边
	CLEANUP_CORNERS	清理拐角	使用2D处理中的工件来移除之前工序所遗留的材料。需要定义部件和毛坯边界、2D IPW、底平面。用于移除在之前工序中使用较大直径刀具后遗留在拐角的材料
	FINISH_WALLS	精加工壁	使用"轮廓"切削模式来精加工壁,同时为底面留下加工余量。需要定义平行于底面的部件边界、底面。用于精加工直壁,同时需要留出底面余量的场合
	FINISH_FLOOR	精加工底面	使用"跟随部件"切削模式来精加工底面,并为壁留出加工余量。需要定义平行于底面的部件边界、底面和毛坯边界。用于精加工底面
	GROOVE_MILLING	槽铣削	使用T型刀铣削单个线性槽。需要指定部件和毛坯几何体。通过选择单个平面指定槽几何体,切削区域可由处理中的工件确定。用于T形槽的精加工和粗加工
	HOLE_MILLING	铣孔	使用螺旋式来加工盲孔、通孔或凸台。需要选择孔几何或使用已识别的孔特征
	PLANAR_TEXT	平面雕刻文字	雕刻平面上的文字。选择文字定义刀具轨迹。需要选择文字、底面,定义文本深度

2. 加工边界

（1）边界的类型

1）在"平面铣"操作中,边界有"部件边界"""毛坯边界"""检查边界""修剪边界"和"底平面"等多种类型,它们的作用说明如下。

① 部件边界。部件边界用于限定加工完成后的零件轮廓,控制刀具的运动范围,可以选择面、点、曲线和永久边界进行定义。选择点时,以选择的顺序将点用直线连接起来形成封闭或开放的边界;选择面时,以面的轮廓形成一个封闭的边界;使用曲线定义边界时,可以选择草图曲线、实体、片体、空间曲线等形成封闭或开放的边界。开放边界加工时,刀具在边界的左侧则"刀具侧"选项设为"左",否则设为"右";封闭边界加工时,刀具在边界内切削,"刀具侧"选项设为"内侧",否则设为"外侧"。

② 毛坯边界。毛坯边界用于描述将要被加工的材料范围,只能是封闭的边界。它不表示最终零件,它限定加工时的最大极限范围。

温馨提示:毛坯边界不是必须定义的。如果在封闭的部件边界内侧加工,则可以不定义毛坯边界;如果在部件边界外侧加工,则必须定义毛坯边界。

③ 检查边界。检查边界用于描述刀具不能碰撞的区域,如夹具和压板等位置。检查边界的定义和毛坯边界的定义方法一样,检查边界必须是封闭的。可以通过指定检查边界的余量来定义刀具离开检查边界的距离。

④ 修剪边界。修剪边界用于进一步控制刀具的运动范围,可以使用定义零件边界一

样的方法定义修剪边界。修剪边界可以对刀具轨迹进一步约束，通过指定修剪材料侧为"内部"还是"外部"（对于封闭边界），或指定为"左侧"还是"右侧"（对于开放边界），确定要从操作中排除的切削区域。

⑤ 底平面 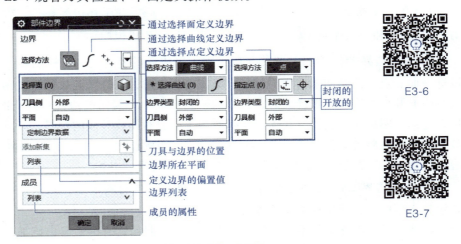。在平面铣操作中，底平面用于指定平面铣加工的最低高度。每一个操作中只能有一个底平面，在下一次操作中，又要重新定义底平面。

温馨提示：在平面铣操作中，底平面必须定义，如果没有定义底平面，就无法生成刀具轨迹。

2）根据边界作用的范围，边界可以分为永久边界和临时边界。

① 永久边界。永久边界一旦被创建，则可以被重复使用。永久边界可以在边界管理器中直接创建，也可以将临时边界转化为永久边界。

② 临时边界。临时边界通过有效的几何体选择对话框进行创建。临时边界只会临时显示在屏幕上，当屏幕刷新后就会消失。当需要使用临时边界时，临时边界又会重新显示出来。

温馨提示：在边界上显示有半边箭头，箭头所在边为材料侧。边界上显示的小圆圈表示边界的起点；箭头表示边界的方向，铣轮廓的刀具轨迹将沿边界的方向运动。完整的箭头表示刀具中心落在边界上，刀具位置为"对中"；半个箭头表示刀具和边界相切，刀具位置为"相切"。

（2）边界的创建方法　不管是哪种类型的边界，定义的方法和步骤基本相同，只是定义的入口不同而已，下面以永久边界的定义过程为例说明边界的定义。

单击"创建几何体"工具按钮 ，系统弹出"创建几何体"对话框，在对话框中选择"铣削边界"工具按钮 ，单击"确定"按钮，系统弹出"铣削边界"对话框，单击按钮 ，系统弹出"部件边界"对话框，如图3-37所示。

请扫二维码E3-6观看使用"面""曲线"和"点"方式来定义边界的操作视频。

请扫二维码E3-7观看刀具位置、平面定义操作视频。

图3-37　"部件边界"对话框

（3）边界的编辑　如果创建的边界不满足要求，系统允许用户对边界进行编辑定义。当在操作对话框定义了边界几何后，再次单击相应的"几何体边界"按钮，系统弹出"部件边界"对话框，此时对话框的内容和新定义边界时的"部件边界"对话框会略有不同，但可以参考边界定义过程进行边界编辑。

3. 切削深度

在"平面铣"对话框中单击"切削层"按钮 ▤，系统弹出"切削层"对话框，对话框各选项的含义、用法如图 3-38 所示。

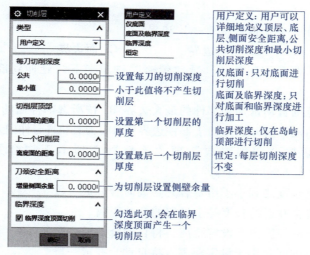

图 3-38 "切削层"对话框

4. 切削步距

切削步距用于控制同一切削层上相邻刀具轨迹之间的距离，即刀路间距。控制方式有恒定的、刀具直径-百分比、残余高度和多重变量 4 种选项，含义分别如下：

（1）恒定的 按照同一切削层相邻刀具轨迹之间的距离为恒定值，当指定的刀路间距不能均分切削区域时，系统将自动减少刀路间距以保持恒定步距，如在宽度为 3.5mm 的切削区域内切削，用户指定的刀路间距为 0.75mm，因为 0.75 被 3.5 等分时不是整数，所以系统将刀路间距减少为 0.7mm，使得能够保持恒定刀路间距。

（2）刀具直径-百分比 以刀具直径乘以百分比的积作为刀路间距。如果指定的刀路间距不能平均分割所在区域，系统将减少刀路间距以保持恒定刀路间距。

（3）残余高度 系统根据指定的残料高度计算刀路间距，使实际加工得到的面与理论面之间剩余材料的高度不大于指定的残余高度。

（4）多重变量 可以为往复、单向和单向轮廓切削模式指定多个刀路间距。

5. 进给率和速度

单击"进给率和速度"工具按钮 🛠，系统弹出"进给率和速度"对话框，对话框各选项的含义、用法如图 3-39 所示。

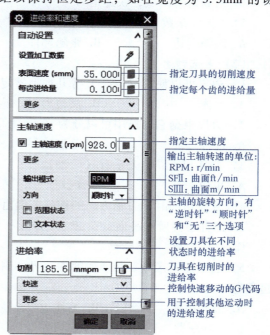

图 3-39 "进给率和速度"对话框

3.2.2　课中任务实施

1. 课前预习效果检查

（1）单选题

1）创建面铣操作，必须指定（　　　）边界。

A. 部件边界　　　　　　B. 毛坯边界　　　　　　C. 面边界　　　　　　D. 修剪边界

2）"面铣"对话框"切削参数"项"策略"选项卡下"延伸到部件边界"的含义是（　　　）。

A. 切削的平面范围自动延伸到部件的最大边界　　B. 按所选部件面的边界作为加工范围

C. 刀具轨迹自动延伸到刀具内切于部件边界　　　D. 刀具轨迹延伸到刀具外切于部件边界

3）"面铣"对话框"切削参数"项"策略"选项卡下"合并距离"的含义是（　　　）。

A. 两端刀具轨迹长度之和小于给定合并距离时合并成一段

B. 两段刀具轨迹合并后的长度等于设定的合并距离

C. 两段刀具轨迹的间隙大于设定距离，将自动合并成一段

D. 两段刀具轨迹的间隙小于设定距离，将自动合并成一段

4）"面铣"对话框"切削参数"项"连接"选项卡下运动类型"跟随"的含义是（　　　）。

A. 遇到跨空区域，继续在切削方向以进给速度移动

B. 遇到跨空区域，继续在切削方向以快速移动速度移动

C. 遇到跨空区域时，退刀，并以快速方式移过跨空区域，然后下刀，以工进继续切削

D. 遇到跨空区域，快速退刀

5）"切削参数"项"策略"选项卡下"刀路方向"是（　　　）切削模式的特有选项。

A. 跟随周边　　　　　　B. 跟随部件　　　　　　C. 单向　　　　　　D. 往复

（2）多选题

1）边界可以使用（　　　）等几何要素定义。

A. 实体　　　　　　B. 面边界　　　　　　C. 曲线　　　　　　D. 点

2）边界根据它的作用可以分为（　　　）。

A. 部件边界　　　　　　B. 毛坯边界　　　　　　C. 检查边界　　　　　　D. 修剪边界

3）刀具和边界的关系有（　　　）。

A. 相切　　　　　　B. 内切　　　　　　C. 外切　　　　　　D. 对中

4）平面切削时，刀轴方向的切削范围由（　　　）决定。

A. 部件边界所在平面　　　　　　　　　B. 毛坯边界所在平面

C. 修剪边界　　　　　　　　　　　　　D. 底平面

5）当平面铣区域在封闭的部件边界外侧时，垂直于刀轴方向的切削范围由（　　　）一起决定。

A. 部件边界　　　　　　B. 毛坯边界　　　　　　C. 修剪边界　　　　　　D. 检查边界

（3）判断题

1）平面铣常用于直壁、底面为平面的零件加工，如型腔的底面、型芯的顶面、水平分

型面、基准面和外形轮廓。（　　）

2）毛坯边界不是必须定义的，如果定义的零件几何可以形成封闭区域，则可以不定义毛坯边界。（　　）

3）检查边界用于描述刀具不能碰撞的区域，如夹具和压板等位置。检查边界不能定义边界余量。（　　）

4）步距中"残余高度"只对球刀有效，使用机夹可转位刀具步距百分比的刀具计算方法是刀具直径减去两个 R 角值再乘百分比。（　　）

5）在设置进给率和速度参数时，可以采用直接指定主轴转速和进给率，也可以采用表面速度和每齿进给量方式。（　　）

2. 平面凸轮零件图样分析

经过分析，凸轮零件材料为 2A12，容易加工且结构简单，主要有以下特点：

1）极限尺寸为 260mm×200mm×22mm。

2）加工部位为零件的顶面和成形面两处。

3）零件的精度较低。

4）成形面的最小凹圆角 R8mm，最大深度 8mm。

3. 平面凸轮工艺编排

（1）平面凸轮工艺编排——参考

1）因为零件仅顶部和成形面加工，故毛坯定义时只需要在顶面留加工余量，这里选择毛坯尺寸为 260mm×200mm×25mm。

2）顶面加工（使用边界面铣操作加工）。

3）成形面加工（根据要求不同选择不同的加工方法）。

（2）平面凸轮工艺编排——学生　参考前述凸轮工艺分析和零件工艺编排提示，联系专业知识，完善工艺方案的相关信息，可参考表 3-3。

表 3-3　凸轮加工工艺方案

姓名		班级		学号	
零件名称		材料		夹具	
最小凹圆角半径 /mm		最大切削深度 /mm		机床	
序号	工序名称	刀具	刀具伸出长度/mm	主轴转速/（r/min）	进给率/（mm/min）	操作名称
1						
2						
3						
4						
5						

4. 任务实施步骤

（1）任务实施步骤——参考

1）打开文件 3-2. prt。

2）使用拉伸工具创建加工时的毛坯。以如图 3-40 所示的矩形为拉伸截面，沿 +ZC 方向拉伸，高度 25mm，结果如图 3-41 所示。

图 3-40　加工零件

3）进入加工界面，进行加工初始化。方法：

① 激活"加工环境"对话框后，"CAM 会话配置"选择"cam_general"

② "创建的 CAM 设置"选择"mill_planar"，进入加工环境。

4）定义加工几何。方法：

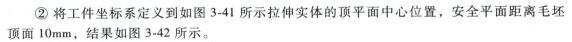

图 3-41　拉伸实体

① 将工序导航器转为"几何视图"。

② 将工件坐标系定义到如图 3-41 所示拉伸实体的顶平面中心位置，安全平面距离毛坯顶面 10mm，结果如图 3-42 所示。

③ 将拉伸得到的实体定义为毛坯几何体。

温馨提示：

➢ 如果不需要进行仿真加工，这里可以不定义毛坯。

➢ 这里不需要定义部件几何。

5）使用"创建刀具"工具按钮 🔧 创建 φ12mm 立铣刀，刀具名称 D12，参数设置如图 3-43 所示。

6）创建"面加工（FACE_MILLING）"操作。方法：

① 使用"创建工序"工具按钮 🔧，调用"创建工序"对话框，工序子类型选择"面铣"按钮 🔧。

② "面加工"父项设置如图 3-44 所示。

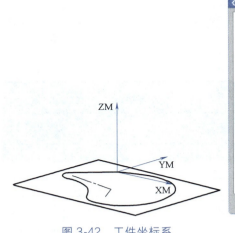

图 3-42　工件坐标系

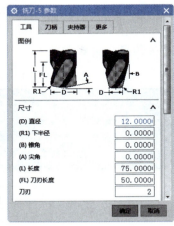

图 3-43　D12 刀具参数

图 3-44　"面加工"父项

7）定义"面加工"边界。方法：

① 完成"面加工"父项选择和操作名称输入后，单击"确定"按钮，系统弹出"面铣"对话框。

② 使用"指定面边界"按钮 ⬡，调用"毛坯边界"对话框，对话框中"选择方法"选项选择"曲线"。

③ 在绘图区选择如图 3-45 所示四条直线。

④ 选择"毛坯边界"对话框"边界"选项组中"平面"选项后的"指定"选项，对话框出现"指定平面"选项，定义边界所在平面距离 XY 平面 22mm。

8）设定刀轴方向。方法：

① 在"面铣"对话框中展开"刀轴"选项组。

② 在"轴"后的选项列表中选择"+ZM 轴"。

9）指定切削模式、步距和切削深度。方法："面铣"对话框中"刀轨设置"选项组下各选项设置如图 3-46 所示。

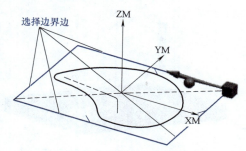

图 3-45　定义边界边

图 3-46　切削模式、步距和切削深度设置

温馨提示：可以调整毛坯距离、每刀切削深度及毛坯边界和 XY 平面的距离，观察切削层和这三者之间的关系。

10）指定进刀方式和退刀方式。方法：

① 单击"面铣"对话框中"非切削参数"按钮 ⊞，系统弹出"非切削移动"对话框。

② 在"进刀"选项卡"封闭区域"选项组"进刀类型"列表中选择"与开放区域相同"。

③ "开放区域"选项组"进刀类型"列表中选择"线性-沿矢量"，对话框出现"指定矢量"选项，在矢量列表中选择"–ZC"。

温馨提示：

➤ 调整"进刀"选项卡"开放区域"下"长度"和"高度"值，总结"安全高度""长度"和"高度"三个参数之间的关系。

➤ 调整不同的进刀方式，观察各种进刀方式的刀具轨迹特点。

④ 打开"退刀"选项卡，"退刀类型"选项列表中选择"与进刀相同"后，完成"非切削运动"的设置，单击"确定"返回"面铣"对话框。

11）指定主轴转速和进给速度。方法：

① 单击"面铣"对话框中"进给率和速度"工具 ，系统弹出"进给率和速度"对话框。

② 设定"主轴速度（rpm）"为"2000"。

③ 设定"切削"为"800mmpm"后，单击"切削"选项后的计算按钮 ，系统自动计算刀具表面速度和每齿进给量。单击"确定"返回"面铣"对话框。

12）生成刀具轨迹。方法：单击"操作"选项组下"生成"按钮 ，生成"面铣"刀具轨迹，如图 3-47 所示。

13）仿真加工过程。仿真结果如图 3-48 所示。

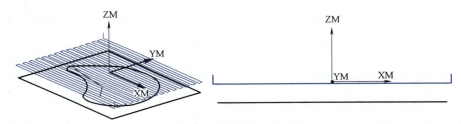

图 3-47　"面铣"刀具轨迹

14）创建"平面铣（PLANAR_MILL）"工序。方法：

① 使用"创建工序"工具按钮，调用"创建工序"对话框，工序子类型选择"平面铣"按钮。

② 其他父项选择和上一步"面铣（FACE_MILLING）"相同，参考图 3-44。

15）指定部件边界。方法：

① 在"平面铣"对话框中单击"创建部件边界"按钮，系统弹出"边界几何体"对话框。

② "模式"选择"曲线"，系统弹出"部件边界"对话框。

③ "边界类型"选择"封闭的"，"材料侧"和"刀具位置"使用默认选项，"平面"选择"用户定义"，系统弹出"平面"对话框。

④ 定义边界平面距离系统坐标系 XY 平面 22mm，单击"确定"按钮，系统返回"部件边界"对话框。

⑤ 选择如图 3-49 所示相切曲线，创建出部件边界。

⑥ 单击"确定"按钮返回"平面铣"对话框。

16）指定毛坯边界。方法：

① 在"平面铣"对话框中单击"创建毛坯边界"按钮，系统弹出"边界几何体"对话框。

② 创建过程参考"创建部件边界"，要求毛坯边界的材料侧为内部，边界所处平面距离系统坐标系 XY 平面 22mm，选择长方形的四条边定义为边界，结果如图 3-50 所示。

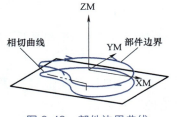

图 3-49　部件边界曲线

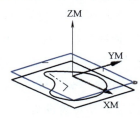

图 3-50　毛坯边界

17）指定底面。方法：

① 在"平面铣"对话框中单击"指定底面"按钮，系统弹出"平面"对话框。

② 指定底平面距离系统坐标系 XY 平面 14mm，单击"确定"按钮返回"平面铣"对话框。

18）指定刀轴为"+ZM"轴，切削模式为"跟随部件"，步距为 60% 刀具直径，设定过程参考步骤 8）。

19）设定切削层。方法：

① 在"平面铣"对话框中单击"切削层"按钮▤，系统弹出"切削层"对话框。

② 设定"每刀切削深度"。"类型"选项选为"恒定"，"每刀切削深度"选项组"公共"选项设为 3mm，单击"确定"按钮返回"平面铣"对话框。

20）设定非切削移动参数。非切削移动参数设置见表 3-4。

表 3-4 平面铣非切削移动参数

序号	参数名称	参数值
1	进刀类型（开放区域）	线性
2	长度	50%
3	旋转角度	0°
4	斜坡角度	0°
5	高度	1mm

21）设定进给率和速度。设定过程参考"平面铣"操作。设定转速为"2000rmp"，进给率为"800 mmpm"。

22）生成刀具轨迹。方法：在"平面铣"对话框中单击"操作"选项组下"生成"按钮，▐➤生成"平面铣"刀具轨迹，如图 3-51 所示。

23）仿真加工过程。方法：

① 在"平面铣"对话框中单击"操作"选项组下"确认"按钮▐，系统弹出"刀轨可视化"对话框。

② 使用"重播"方式进行加工仿真，"刀具"选项列表选"刀具"，"刀轨"选项列表选"全部"，单击"播放"按钮▶显示刀具运动过程。

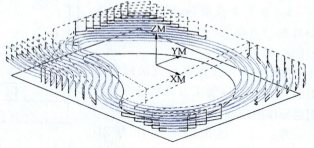

图 3-51 "平面铣"刀具轨迹

③ 使用"3D 动态"方式进行加工仿真，选中"碰撞设置"选项，单击"播放"按钮▶进行 3D 动态加工仿真。

24）后置处理。方法：

① 在"工序导航器""PLANAR_MILL"操作上，调用右键菜单项【后处理】，激活"后处理"对话框。

② 在"后处理"列表中选择【MILL_3_AXIS】。

③ 在"文件名"文本框中输入"G：\3-2-planar_mill"。

④ 在"文件扩展名"后输入"NC"。

⑤ 单击"确定",系统弹出"信息"窗口，如图 3-52 所示。

请扫二维码 E3-8 观看操作视频。

25）保存文件。

（2）任务实施步骤——学生 "任务实施步骤——参考"中加工顶面和凸轮轮廓是分两个操作进行的，请大家试着使用一个操作同时完成顶面和凸轮轮廓加工，并将操作创建过程详细记录下来。

E3-8

图 3-52　平面铣 G 代码

3.2.3　课后拓展训练

1. 探究与提高

1）在创建平面铣时，调整"部件边界"平面和"毛坯边界"平面、"底面"的位置，观察生成刀具轨迹的变化。

2）调整"部件边界"的材料侧，观察生成刀具轨迹的变化。

3）思考面铣是如何进行加工的以及它与平面铣的区别何在？

4）当出现"没有在岛的周围定义要切削的材料"及"不能在任何层上切削材料"报警提示时应该怎样检查操作？

5）独立查找资料，学习 UG NX CAM 的仿真功能。

2. 练习

使用平面加工的各种方法创建如图 3-53 所示零件加工刀具轨迹。要求创建操作的过程中不使用三维模型。

注：以主视图的轮廓作为 2D 边界。

请扫二维码模型文件 3-4 下载模型文件。

模型文件 3-4

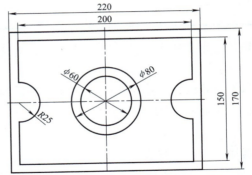

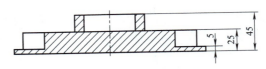

图 3-53　练习图

任务 3.3　十字槽零件加工编程

【知识点】
- 常用切削移动参数。
- 常用非切削移动参数。
- 切削模式。

【技能目标】

- 能合理设置切削移动参数。
- 能合理设置非切削移动参数。
- 能合理选择切削模式。
- 掌握多面加工的处理方法。

【任务描述】

十字槽零件加工是基于三维模型的平面加工任务。通过对十字槽零件加工任务过程的实施，读者可熟悉切削模式选择、切削移动参数和非切削移动参数的设置，熟悉多面加工的特点和设置要求，能够在 UG NX 中进行零件多面加工的设置。

如图 3-54 所示十字槽零件，材料为 2A12，要求加工零件的正反面结构，加工时要求粗、精加工分开进行。

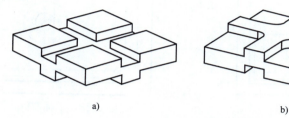

a) b)

图 3-54 十字槽零件
a）正面 b）反面

请扫二维码模型文件 3-5 下载模型文件。

模型文件 3-5

3.3.1 课前知识学习

1. 切削模式

切削模式决定刀具轨迹的样式、加工的质量和效率。平面铣共有 8 种切削方式，具体含义如下。

（1）"跟随部件" 通过部件几何体所有边界形成相等数量的偏置，创建切削图样，这些边界包含 "部件" 几何体定义的边缘环、岛或型腔。这种切削模式可以保证刀具沿着整个 "部件" 几何体进行切削，无需设置 "岛清理" 刀具轨迹，刀具轨迹方向只能系统确定，如图 3-55 所示。

（2）"跟随周边" "跟随周边" 创建由切削区域轮廓形成的一组近似同心刀具轨迹的切削图样。从 "部件" 或 "毛坯" 几何体定义的边缘环生成偏置，刀具轨迹方向有 "由内向外" 和 "由外向内" 两种形式，如图 3-56 所示。

（3）"轮廓" 创建一条或指定数量的刀具轨迹，对部件壁面进行精加工。"轮廓" 切削模式可以加工开放区域及闭合区域，对于具有封闭形状的可加工区域，轮廓刀具轨迹构建规则与 "跟随部件" 切削图样相同，如图 3-57 所示。

（4）"标准驱动"（仅平面铣） 这是一种轮廓切削方式，允许刀具准确地沿着指定边界移动，不需要 "轮廓" 切削模式中的自动边界裁剪功能，使用切削参数中 "自相交" 选项确定是否允许刀具轨迹自相交，但如果允许刀具轨迹自相交就不能进行碰撞检查，要进行碰撞检查就不能允许刀具轨迹自相交，如图 3-58 所示。

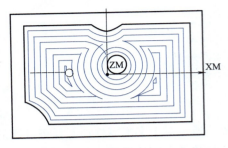

图 3-55　"跟随部件"切削

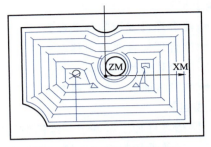

图 3-56　"跟随周边"切削

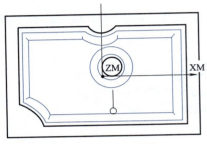

图 3-57　"轮廓"切削

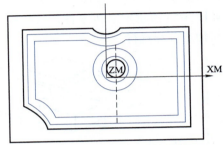

图 3-58　"标准驱动"切削

（5）"摆线"　刀具以圆形回环模式进行移动，而圆心沿刀具轨迹方向移动。通常在需要避免刀具过量切削材料时使用。使用"摆线"切削模式时，刀具步距不能大于 65%刀具直径，如图 3-59 所示。

（6）"单向"　"单向"切削模式创建沿一个方向切削的直线平行刀具轨迹。"单向"切削始终保持一致的"顺铣"或"逆铣"切削，一般情况下，连续刀具轨迹间不执行轮廓铣削，如图 3-60 所示。

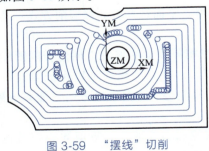

图 3-59　"摆线"切削

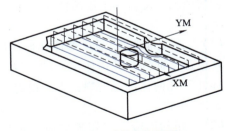

图 3-60　"单向"切削

（7）"往复"　"往复"切削模式可以创建平行直线刀具轨迹，彼此相邻刀具轨迹切削方向相反，步进时保持连续的进刀状态，使得切削移动效率最大化，如图 3-61 所示。

（8）"单向轮廓"　"单向轮廓"切削产生单向平行线性刀具轨迹，刀具回程采用快速横越运动，在两段连续刀具轨迹之间产生跨越刀具轨迹（步距），如图 3-62 所示。

2. 常用切削移动参数

在"平面铣"对话框"刀轨设置"选项组中单击"切削参数"按钮，系统弹出"切削参数"对话框。这个对话框包括"策略""余量""拐角""连接""空间范围"和"更多"等选项卡。

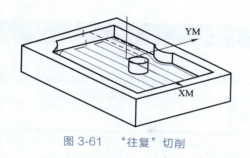

图 3-61　"往复"切削

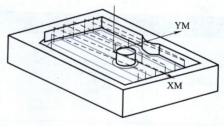

图 3-62　"单向轮廓"切削

（1）"策略"选项卡　用于定义最常用或主要的参数。包括"切削""精加工刀路""合并"和"毛坯距离"4 个选项组。

1）"切削"选项组。"切削"选项组有"切削方向""切削顺序""切削角"（仅"单向""往复"切削模式时有该选项）、"刀路方向"（仅"跟随周边"和"摆线"切削模式时有该选项）、"壁"（仅"轮廓""单向""往复"切削模式时有该选项）、"自相交"（仅"标准驱动"切削模式有此选项）等选项，各自的内容和含义分别见表 3-5、表 3-6 和表 3-7。

表 3-5　"切削方向"选项示意及含义

选项内容	图　例	说　明
顺铣切削		顺铣切削是沿刀轴方向看,刀具的旋转方向与相对进给运动的方向一致
逆铣切削		逆铣切削是沿刀轴方向看,刀具的旋转方向与相对进给运动的方向相反
跟随边界		跟随边界是刀具沿着边界的方向进行切削
边界反向		边界相反是刀具沿着边界的反方向进行切削

表 3-6　"切削顺序"选项示意及含义

选项内容	图　例	说　明
层优先		表示每次切削完成工件上的同一高度的切削层之后再进入下一层

（续）

选项内容	图　例	说　明
深度优先		指每次切削完一个区域后再加工另一个区域,可以减少抬刀现象,因此在加工不同深度时,最好采用深度优先

表 3-7　"切削角"选项含义

选项名称	图　例	含　义	选项名称	图　例	含　义
自动		系统自动判断切削角,一般和 X 轴方向相同	最长边		以最长边的方向为切削方向
指定		给定和 X 轴的夹角值	矢量		以选择的矢量为切削方向

2）"精加工刀路"选项组。"精加工刀路"指刀具按照设定的切削模式形成内部刀具轨迹后沿边界生成的最后一条刀具轨迹,这条刀具轨迹可以起到对边界精加工的作用。系统只在"底平面"的切削层上生成精加工刀具轨迹,"精加工刀路"由"刀路数"和"精加工步距"两个参数确定。

3）"合并"选项组。"合并"选项组仅有"合并距离"选项,合并距离是指两段刀具轨迹之间的最小距离,当小于这个设定距离时,系统会自动将两段刀具轨迹合并成一条,如图 3-63 所示。

4）"毛坯距离"选项组。这是平面铣特有的参数,系统从部件几何体向外偏置设定的"毛坯距离"形成加工范围,如图 3-64 所示。

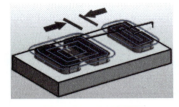

图 3-63　合并距离

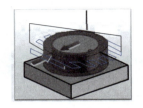

图 3-64　毛坯距离

（2）"余量"选项卡　用于定义粗、精加工的余量参数,包括"部件余量""最终底面余量""毛坯余量""检查余量""修剪余量"和"内/外公差"选项。各选项的含义和用法见表 3-8。

（3）"拐角"选项卡　用于控制刀具轨迹拐角位置的处理方式。有"拐角处的刀轨形状""圆弧上进给调整"和"拐角处进给减速"3 个选项组。

表 3-8 "余量"选项

选项名称	图 例	说 明
部件余量	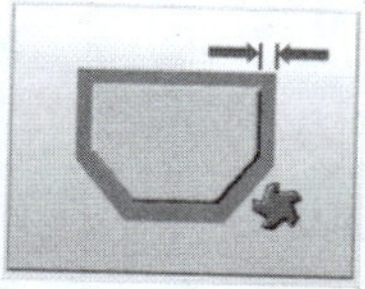	系统在计算当前操作的刀具轨迹时,从部件边界偏移一个部件余量的距离后生成刀具轨迹。一般来说粗加工时留的余量大,精加工部件余量为零
最终底面余量	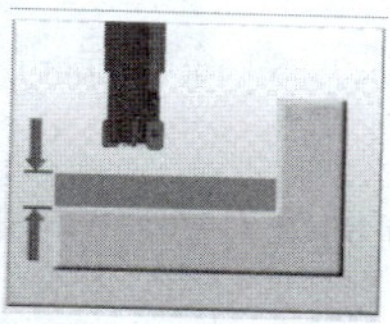	在本操作加工完成后在加工区域底部留下一个"最终底面余量"值,作为后续加工的材料
毛坯余量	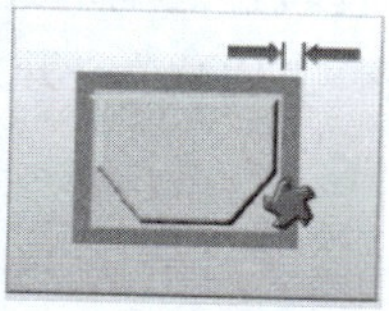	指定刀具偏离已定义毛坯几何体的距离。毛坯余量应用于具有相切条件的毛坯边界或毛坯几何体
检查余量	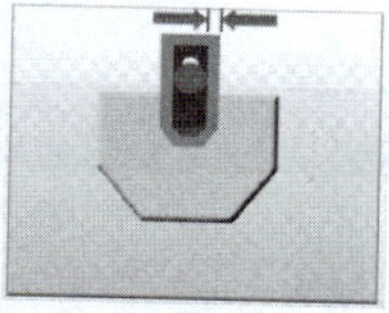	在检查边界向外的偏置量,添加这个值可以防止加工时刀具和检查体碰撞
修剪余量	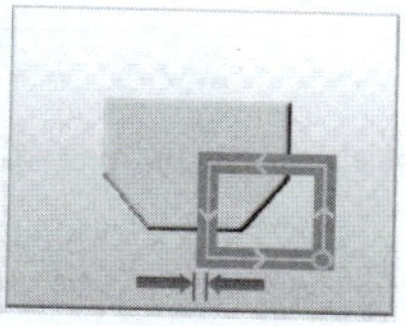	系统在修剪边界向切削侧的偏置量,添加这个值可以防止刀具在修剪边界上过切
内公差	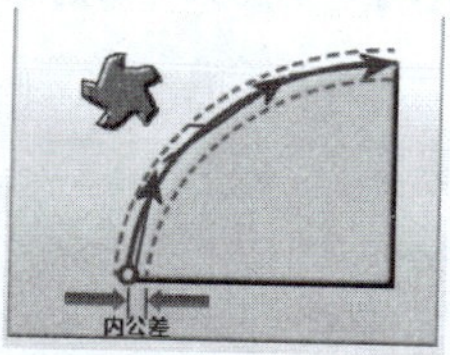	加工时允许刀具偏离理论零件的范围,公差值越小,刀具轨迹计算越慢,切削越精确,加工表面精度越高
外公差	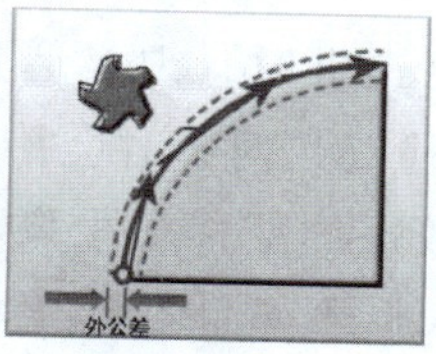	

1）"拐角处的刀轨形状"选项组。有"绕对象滚动""延伸并修剪"和"延伸"3个选项，含义见表3-9。

表3-9 "拐角处的刀轨形状"

选项名称	绕对象滚动	延伸并修剪	延 伸
图例			

2）"圆弧上进给调整"选项组。控制刀具在走圆弧形轨迹时是否减速，选项有："无"和"在所有圆弧上"两个选项。

3）"拐角处进给减速"选项组。设置刀具运动方向发生变化时的减速距离，选项有："无""当前刀具"和"上一刀具"3个选项。

（4）"连接"选项卡　连接选项卡用于控制多个刀具轨迹之间的连接方式。选择不同的切削模式，该选项卡下的内容不尽相同。有"切削顺序""优化""开放刀路""跨空区域"等选项组。

1）"切削顺序"选项组。"切削顺序"选项组中"区域排序"有"标准""优化""跟随起点"和"跟随预钻孔"4个选项，见表3-10。

表3-10 "区域排序"

选项	图 例	说 明
标准		系统按照默认的方式走刀，这种刀具轨迹效率比较低
优化		系统按照最短路径走刀，效率较高，但不能够人为控制
跟随起点		用户可以用区域起刀点来控制走刀顺序，但可控制点的数量较少
跟随预钻孔		用户可以定义更多的控制点来控制刀具走刀顺序，可控性最好，但更麻烦

2）"优化"选项组。选中"跟随检查几何体"复选框时，刀具遇到检查几何体时会沿着检查几何体走刀，如果没有选中该选项，刀具遇到检查几何体时会抬刀。

选中"短距离移动上的进给"，系统会在遇到比较短的空移动距离时，以进给速度进行切削，对话框多出给定短距离的"最大移刀值"输入框。如果不选中该选项，系统会在短距离处抬刀。

温馨提示：当切削模式选择"跟随部件"和"摆线"时出现此选项组；当切削模式选择"摆线"时出现"短距离移动上的进给"选项；当切削模式选择"跟随部件"时出现

"跟随检查几何体"选项。

3)"开放刀路"选项组。对于开放刀具轨迹的连接方式,有"保持切削方向"和"变换切削方向"两个选项,见表3-11。

表3-11　"开放刀路"选项

选项名称	保持切削方向	变换切削方向
图例		

温馨提示:"开放刀路"选项组仅在"跟随部件"切削模式下出现。

4)"跨空区域"选项组。控制在"跨空区域"的走刀模式,有"跟随""切削"和"移刀"3个选项,含义见表3-12。

表3-12　"跨空区域"选项

选项名称	跟　随	切　削	移　刀
图例			

温馨提示:"跨空区域"选项只在"单向""往复"和"单向轮廓"3种切削模式下出现。

(5)"空间范围"选项卡　"空间范围"选项卡主要用于半精加工或精加工,去除前面工序留下的壁部拐角残料。仅有"过程工件"一个选项,该选项有"无""使用2D-IPW"和"使用参考刀具"3个选项,含义见表3-13。

表3-13　"空间范围"选项

选项名称	无	使用2D-IPW	使用参考刀具
图例			

(6)"更多"选项卡　用于补充说明其他参数,包括"最小间隙""原有""下限平面""安全距离"等选项组。

3. 常用非切削移动参数

非切削移动参数用于指定刀具进退刀、切削区域转移、刀具避让、快速移动等方面的参数。"非切削移动"对话框包括"进刀""退刀""起点/钻点""转移/快速"和"避让"等选项卡。

（1）"进刀"选项卡　"进刀"选项卡用于控制加工时在开放区域、封闭区域、初始封闭区域的进刀方式。封闭区域的进刀形式有"螺旋""沿形状斜线""插削""与开放区域相同"和"无"五种；开放区域的进刀形式有"线性""线性-相对于切削""圆弧""点""线性-沿矢量""角度-角度-平面""矢量-平面""与封闭区域相同"和"无"9种，分别说明如下。

1）"线性"。控制刀具沿直线方向进刀，直线的方向和长度可以根据需要通过设定长度、旋转角度、斜坡角、高度和最小安全距离等进行确定。每个参数的含义见表3-14。

表3-14　"线性"和"线性-相对于切削"

选项名称	线性进刀	长度	旋转角度	斜坡角
图例				
选项名称	高　度	最小安全距离	修剪至最小安全距离	线性-相对于切削
图例				

2）"线性-相对于切削"。沿切线方向切入，控制参数和线性进刀相同，参考表3-14。

3）"圆弧"。圆弧方向切入工件，控制参数有"半径""圆弧角度""高度""最小安全距离"和"从圆弧中心开始"等。其中"高度""最小安全距离""修剪至最小安全距离""忽略修剪侧毛坯"的含义和线性进刀方式相同，其他参数的含义见表3-15。

表3-15　"圆弧"进刀

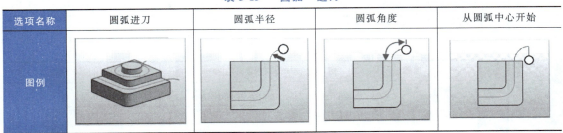

选项名称	圆弧进刀	圆弧半径	圆弧角度	从圆弧中心开始
图例				

4）"螺旋"。沿螺旋线方式切入工件，可以控制"螺旋直径""斜坡角""高度""高度起点""最小安全距离"和"最小斜坡距离"等参数，各参数的含义见表3-16。

5）"沿形状斜线"。进刀时刀具沿着边界的形状下刀，可以控制"斜坡角""高度""高度起点""最大宽度""最小安全距离""最小斜坡长度"等参数。"斜坡角""高度""高度起点""最小安全距离""最小斜坡长度"等参数的含义和螺旋进刀的对应参数含义相同。特有参数见表3-17。

表 3-16　"螺旋"进刀

选项名称	螺旋进刀	螺旋线直径	斜坡角	最小安全距离
图例	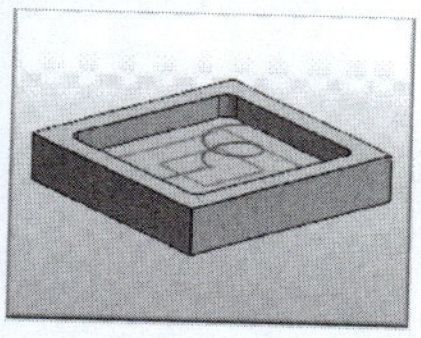	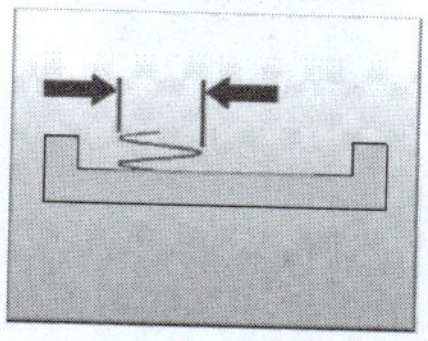	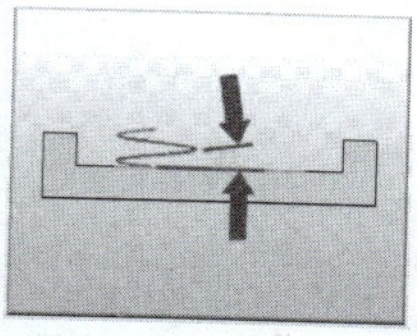	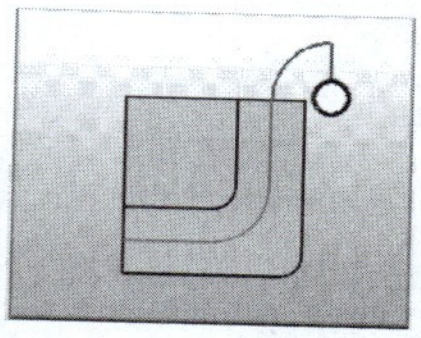
选项名称	高度起点-前一层	高度起点-当前层	高度起点-平面	最小斜坡距离
图例	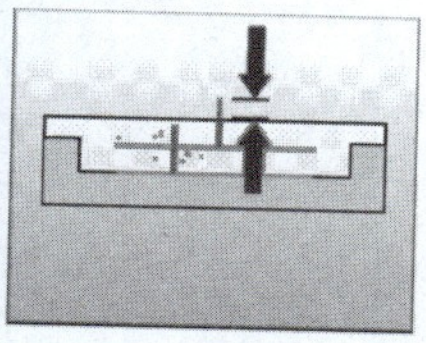	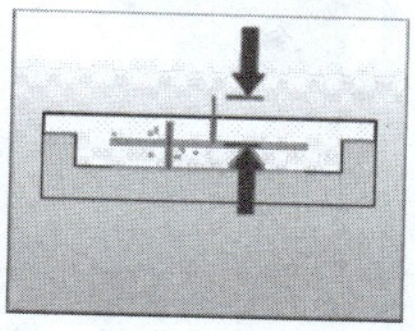	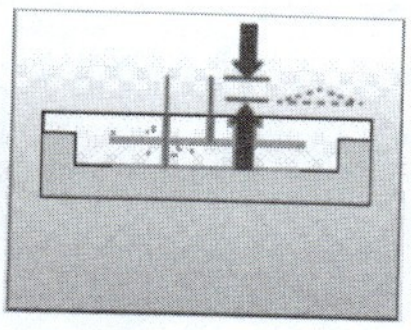	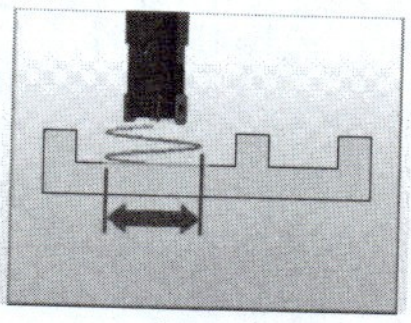

6）"点"。从给定点开始切入工件，可以指定多个切入点，控制参数有"半径""高度"和"有效距离"，如果半径为零则沿直线切入。"半径"和"高度"参数的含义和"圆弧"方式切入含义相同。特有参数见表3-17。

表 3-17　"沿形状斜线"进刀和"点"进刀

选型名称	沿形状斜线进刀	最大宽度（沿形状斜线进刀）	点进刀	有效距离—点进刀
图例	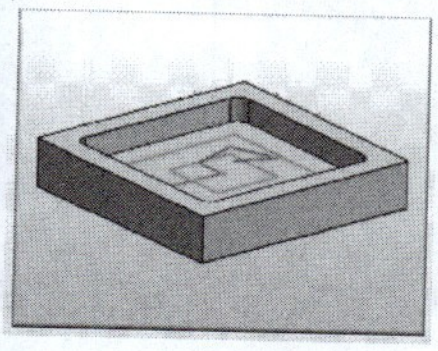	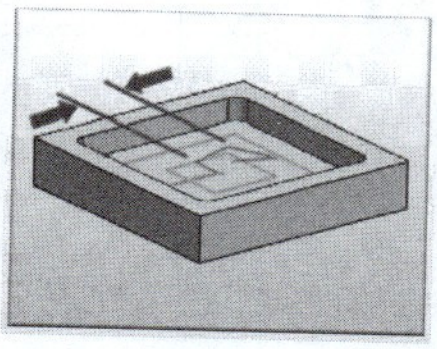	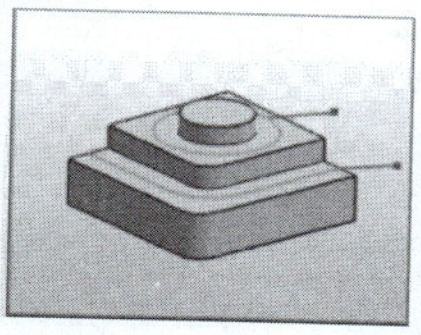	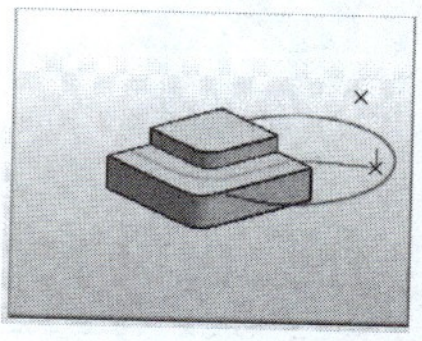

7）"线性-沿矢量"。沿着给定的矢量方向切入工件，控制参数有"矢量""长度"和"高度"，"长度"和"高度"的含义和其他进刀方式相同，矢量是给定切入的方向。

8）"角度-角度-平面"。通过给定旋转角、斜坡角及平面来确定进刀点和方向，"旋转角"和"斜坡角"的含义和"线性"进刀相同。

9）"矢量-平面"。通过给定矢量确定进刀的方向，由平面和矢量结合确定进刀点。

10）"插削"。刀具直接沿 Z 轴方向进刀，非常少用（除非确保有预钻孔）。

（2）"退刀"选项卡　退刀方式和进刀方式的参数基本相同。

（3）"起点/钻点"选项卡　"起点/钻点"选项卡控制刀具轨迹的重叠距离、区域起点、预钻点选项，如图3-65所示。

（4）"避让"选项卡　可以根据需要有选择地指定刀具"出发点""起点""返回点"和"回零点"的位置及刀轴方向，各点位置如图3-66所示。

（5）"转移/快速"选项卡　"转移/快速"选项卡设置刀具退刀到什么位置和切削区域间刀具转移方式，以及加工开始和加工结束时刀具应该到达的位置。控制选项有"安全设置""区域之间""区域内""最初和最终"4个选项组。

从切削区域的最长边界的中点处开始切削

从切削区域的最平坦的凸角处开始切削

毛坯最外边界到刀具轴的距离

图 3-65   "起点/钻点"选项卡

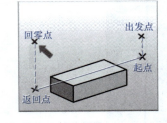

图 3-66   刀具轨迹控制点位置

1）"安全设置"选项组。安全设置有"使用继承的""自动平面""平面""点""包容圆柱""圆柱""球""包容块"和"无"9个选项。各选项的含义见表3-18。

表 3-18   "安全设置"选项

选项名称	使用继承的	自动平面	平面	点
图例	MCS			
选项名称	包容圆柱	圆　柱	球	包容块
图例				

"无"选项表示不做安全设置，这种情况下容易撞刀，通常不允许选择。

2）"区域之间"选项组。"区域之间"选项组"转移类型"选项列表有"安全距离-刀轴""安全距离-最短距离""安全距离-切割平面""前一平面""直接""Z向最低安全距离"和"毛坯平面"7个选项，它们的含义见表3-19。

3）"区域内"选项组。"区域内"选项组有"转移方式"和"转移类型"两个选项，"转移类型"和"区域之间"选项组的"转移类型"完全相同。"转移方式"表示相邻两条刀具轨迹之间的连接方式，有"进刀和抬刀""抬刀和插削"和"无"三个选项：

① 进刀和抬刀：以"进刀"和"退刀"方式连接相邻两条刀具轨迹。

② 抬刀和插削：以给定的"抬刀/插削高度"进行切入和切出。

③ 无：连接刀具轨迹时不附加切入切出刀具轨迹。

表3-19 "区域之间"选项

选项名称	安全距离-刀轴	安全距离-最短距离	安全距离-切割平面	前一平面
图例				

选项名称	直接	Z向最低安全距离	毛坯平面
图例			

4)"最初和最终"选项组。用于控制第一条和最后一条刀具轨迹的切入和切出方式。选项含义和"转移类型"中的相同选项含义相同。

（6）"更多"选项卡 用于设置"碰撞检查"和"刀具补偿"。

3.3.2 课中任务实施

1. 课前预习效果检查

（1）单选题

1）切削层类型"仅底层"的含义是（   ）。

A. 以用户定义切削层深度计算切削层

B. 仅在底平面上生成刀具轨迹

C. 在临界深度处生成刀具轨迹

D. 不确定

2）用户可以自由指定刀具轨迹的方向的切削角选项是（   ）。

A. 自动　　　　　　B. 最长边　　　　　　C. 指定　　　　　　D. 矢量

3）下列选项（   ）是平面铣的特有选项。

A. 切削深度　　　　B. 毛坯距离　　　　C. 从内到外　　　D. 拐角

4）下列参数中，不属于非切削移动参数的是（   ）。

A. 进刀　　　　　　B. 退刀　　　　　　C. 光顺　　　　　D. 余量

5）多面加工的零件加工坐标系应该设置（   ）。

A. 一个　　　　　　　　　　　　B. 三轴数控机床一个加工面设置一个

C. 一个面设置一个　　　　　　　D. 多轴数控机床一个加工面设置一个

（2）多选题

1）以下（   ）选项是切削方向的形式。

A. 逆铣　　　　　　B. 层优先　　　　　C. 跟随边界　　　D. 顺铣

2）下边（   ）可以控制切削角。

A. 自动　　　　　　B. 指定　　　　　　C. 矢量　　　　　D. 最长边

3）切削参数中"拐角"选项卡用于控制刀具轨迹在拐角位置处的处理方式，凸角选项有（　　　）等选项。

A. 绕对象滚动　　　　B. 延伸并修剪　　　　C. 延伸　　　　　D. 无

4）平面铣"余量"选项卡可以控制（　　　）。

A. 部件余量　　　　B. 底面余量　　　　C. 毛坯余量

D. 检查余量　　　　E. 修剪余量

5）切削层的控制形式有（　　　）。

A. 恒定　　　　　　B. 用户定义　　　　C. 仅底面

D. 底面及临界深度　E. 临界深度

（3）判断题

1）在平面铣中"标准驱动"模式允许刀具轨迹自相交，但要在非切削移动参数中将"碰撞检查"关闭。（　　　）

2）"跟随部件"模式通过从整个指定的"部件几何体"中形成相等数量的偏置，创建切削图样，这种切削模式安全，能保证完全覆盖加工区域，但抬刀较多需优化刀具轨迹。（　　　）

3）"跟随周边"模式能跟随切削区域的轮廓生成一系列近似同心刀具轨迹的切削图样。这种切削模式刀具轨迹美观，但常存在漏加工情况，需配合选中"岛清根"参数使用。（　　　）

4）"检查边界"可以设置余量，"检查体"不可以设置余量，可以在切削参数中设置检查余量。（　　　）

5）在加工中当工件装夹位置比机床中夹具最高位置低时，要考虑采用"避让"选项卡中指定刀具"出发点""起点""返回点"和"回零点"来确保加工安全。（　　　）

2. 十字槽零件图样分析

经过分析，十字槽零件主要有以下特点：

1）极限尺寸为 100mm×100mm×24mm。

2）零件要求对顶面和正面十字槽、底面和反面四个凹腔进行加工，需要两次装夹、两个加工坐标系。

3）要求将十字槽和底部四个凹腔的粗、精加工分开。

4）凹腔的最小凹圆角为 R10mm，最大深度为 8mm。

3. 十字槽零件加工工艺编排

（1）十字槽零件加工工艺编排——参考　毛坯选择为块料，尺寸为 100mm×100mm×26mm，数控加工前，四个侧面加工到位。数控加工工艺方案可按正反两面进行，具体如下：

1）正面加工。

① 加工顶面，一次到位。

② 粗加工槽，侧壁留 0.2mm 余量、底面留 0.5mm 余量。

③ 精加工槽底和槽侧。

2）反面加工。

① 加工底面，一次到位。

② 粗加工凹腔，侧壁留 0.2mm 余量、底面留 0.5mm 余量。

③ 精加工凹腔。

（2）十字槽零件加工工艺编排——学生　通过熟悉十字槽零件任务描述、工艺分析、参考工艺过程，结合专业知识，完善该零件的工艺方案，填写工艺方案卡。工艺方案卡见表3-20。

表3-20　十字槽零件加工工艺方案卡

姓名		班级		学号	
零件名称		材料		夹具	
最小凹圆角半径 /mm		最大切削深度 /mm		机床	
序号	工序名称	刀具	刀具伸出长度 /mm	主轴转速 /(r/min)	进给率 /(mm/min)	操作名称
1						
2						
3						
4						
5						

4. 任务实施步骤

（1）任务实施步骤——参考

1）打开文件3-3. prt。

2）进入加工界面，进行初始化。方法：

① 激活"加工环境"对话框后，"CAM会话配置"选择"cam_general"。

② "创建的CAM设置"选择"mill_planar"，进入加工环境。

3）定义加工几何。方法：

① 在"工序导航器-程序顺序"视图中"NC_PROGRAM"下建立"ZM_NC"和"FM_NC"两个程序组，如图3-67所示。

② 在"工序导航器-加工方法"视图中删除"MILL_SEMI_FINISH"和"DRILL_METHOD"，结果如图3-68所示。

③ 在"工序导航器-几何"视图中将WORKPIECE调整为MCS_MILL的父特征，将"MCS_MILL"改名为"ZM_MILL"，并在WORKPIECE下建立加工坐标系FM_MCS，完成后"工序导航器-几何"视图如图3-69所示。

④ "WORKPIECE"的部件几何选择加工完成后的零件，毛坯使用"包容块"，+ZM和-ZM的余量均设为1mm，如图3-70所示。

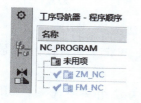

图3-67　"程序顺序"视图

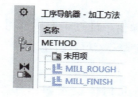

图3-68　"加工方法"视图

图3-69　"几何"视图

229

⑤ "ZM_MCS" 距离零件顶面 1mm，安全平面距离零件顶面 11mm，结果如图 3-71 所示。

⑥ 创建 "FM_MCS"。"FM_MCS" 距离零件底面 1mm，安全平面距离零件底面 11mm；FM_MCS 和 ZM_MCS 的 XM 轴方向相同，YM 轴方向相反。定义结果如图 3-72 所示。

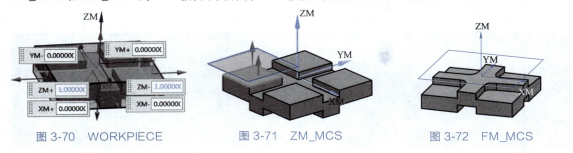

图 3-70　WORKPIECE　　　图 3-71　ZM_MCS　　　图 3-72　FM_MCS

4）创建 ϕ12mm 刀具，刀具名称为 D12，刃长 25mm，刀长 50mm。

5）使用 ϕ12mm 刀具创建 "面加工" 操作进行顶面加工。方法：

① 选择 "创建工序" 工具按钮 激活 "创建工序" 对话框，单击面铣按钮 创建 "面铣" 操作。

② 父项设置如图 3-73 所示，毛坯边界如图 3-74 所示，参数设置见表 3-21。创建操作完成后刀具轨迹如图 3-75 所示。

表 3-21　顶面加工参数设置

序号	参数名称	参 数 值	序号	参 数 名 称	参 数 值
1	加工方法	面加工（face_milling）	7	最终底面余量	0mm
2	切削模式	往复	8	开放区域进刀和退刀	线性
3	步距	60%刀具直径	9	进刀和退刀高度	3mm
4	毛坯距离	1mm	10	主轴转速	2000r/min
5	每刀切削深度	0mm（一次加工到位）	11	进给率	1000mm/min
6	刀轴	+ZM			

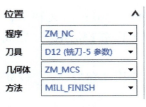

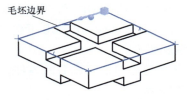

图 3-73　父项设置　　　　　图 3-74　毛坯边界　　　　　图 3-75　刀具轨迹

6）使用 D12 刀具创建平面铣操作，进行正面横槽粗加工。方法：

① 单击 "创建工序" 工具按钮 激活 "创建工序" 对话框，单击平面铣按钮 创建平面铣操作。

② 操作的父项：程序、刀具、几何体设置如图 3-73 所示，方法组父项选择 "MILL_ROUGH"。

③ 在"平面铣"对话框中单击"指定部件边界"按钮 ，系统弹出"部件边界"对话框。"选择方法"列表设为"点"，按如图 3-76 所示顺序，选择 A、B、C、D 四点，边界类型为"封闭"，刀具侧为"内侧"，平面设为"自动"，刀具与边界的位置在成员列表设置如图 3-77 所示。

④ 因为这里的毛坯边界和加工几何的毛坯轮廓一致，故可以不指定，底平面选择槽底面。

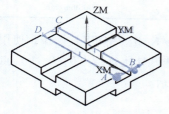

图 3-76　边界曲线

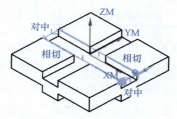

图 3-77　部件边界

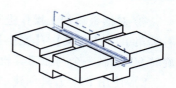

图 3-78　平面铣刀具轨迹

⑤ 切削参数设置见表 3-22，生成刀具轨迹如图 3-78 所示。

表 3-22　平面粗加工切削参数

序号	参数名称	参数值	序号	参数名称	参数值
1	加工方法	平面加工（planar_mill）	8	开放区域进刀和退刀	线性
2	切削模式	往复	9	封闭区域进刀类型	和开放区域相同
3	步距	60%刀具直径	10	长度（进刀）	6mm
4	每刀切削深度	2.5mm	11	进刀（进刀）	3mm
5	刀轴	+ZM	12	主轴转速	2000r/min
6	部件余量	0.2mm	13	进给率	1000mm/min
7	最终底面余量	0.5mm	14	第一刀切削	60%（切削）

⑥ 在工序导航器中，选中 planar_mill 操作，使用右键菜单项【对象】→【变换】，采用"绕点旋转"方式，将平面铣刀具轨迹绕（0，0，0）点旋转90°复制一个与原刀具轨迹成90°的刀具轨迹，结果如图 3-79 所示。

7）使用 D12 刀具创建"平面轮廓铣"操作，进行槽侧精加工。方法：

① 单击"创建工序"工具按钮 激活"创建工序"对话框，单击平面轮廓铣按钮 创建"平面轮廓铣"操作。

② 此操作的父项设置和面铣操作相同，使用"点"方式定义部件边界，边界类型选为"开放"，刀具侧为"左侧"，刀具与边界的位置在成员列表中的设置如图 3-80 所示，底平面选择槽底平面，切削参数设置见表 3-23。创建完成后刀具轨迹如图 3-81 所示。

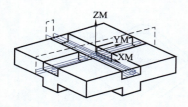

图 3-79　旋转复制槽粗加工刀具轨迹

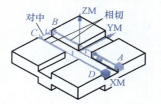

图 3-80　部件边界

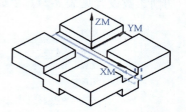

图 3-81　刀具轨迹

表 3-23　切削参数（一）

序号	参数名称	参数值	序号	参数名称	参数值
1	加工方法	平面轮廓铣（PLANAR_PROFILE）	6	底面余量	0.5mm
2	切削模式	往复	7	开放区域进刀和退刀	线性
3	切削深度	0mm（可根据需要改变）	8	进刀和退刀高度	10mm
4	刀轴	+ZM	9	主轴转速	3000r/min
5	侧壁余量	0mm（内公差和外公差为0.003mm）	10	进给率	1000mm/min

③ 对槽壁精加工操作进行变换。在工序导航器中，选中 PLANAR_PROFILE 操作，使用右键菜单项【对象】→【变换】，采用"绕点旋转"方式将平面铣刀具轨迹绕（0，0，0）点旋转90°复制一个与原刀具轨迹成90°的刀具轨迹，如图 3-82 所示。

8）使用 D12 刀具创建"面铣"操作，加工底面。方法：

① 在工序导航器中选中 FACE_MILLING，单击鼠标右键，在系统弹出的右键菜单中选择【复制】。

② 在工序导航器中选择 FM_NC，单击鼠标右键，在系统弹出的右键菜单中选择【内部粘贴】。

③ 在工序导航器_几何视图中在"FACE_MILLING_COPY"上按住鼠标左键，将"FACE_MILLING_COPY"拖至 FM_MCS 下。

④ 双击"FACE_MILLING_COPY"，进入"面铣"对话框，单击"指定面边界"后按钮钮，在系统弹出的"毛坯边界"对话框中，"平面"选项列表选"指定"，将十字槽零件底面设为毛坯边界所在平面，单击"确定"返回"面铣"对话框，生成刀具轨迹如图 3-83 所示。

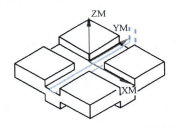

图 3-82　转换生成精加工刀具轨迹

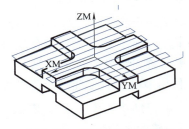

图 3-83　底面加工刀具轨迹

9）使用刀具 D12 创建"底壁铣"操作，进行右下角凹腔粗加工。方法：

① 创建"底壁铣"操作，父项设置如图 3-84 所示，指定切削区域底面如图 3-85 所示，切削参数设置见表 3-24。生成刀具轨迹如图 3-86 所示。

图 3-84　父项设置

图 3-85　切削区域底面

表 3-24 切削参数（二）

序号	参数名称	参数值	序号	参数名称	参数值
1	加工方法	底壁铣（floor_wall）	7	壁余量	0.2mm
2	自动壁	选中	8	底面余量	0.5mm
3	切削模式	跟随部件	9	开放区域进刀和退刀	线性
4	底面毛坯厚度	8mm	10	进刀和退刀高度	4mm
5	步距	75%刀具直径	11	主轴转速和进给率	2000r/min 和 800mm/min
6	每刀切削深度	3.7mm	12	第一刀进给	60%进给率

② 对底壁铣操作进行旋转复制变换。在工序导航器中选中 floor_wall 操作，单击鼠标右键，在弹出的右键菜单中【对象】→【变换】，系统弹出"变换"对话框。类型选择"绕点旋转"，枢轴点为坐标原点，角度为 270°，选中实例选项，角度分割为 3，实例数为 3，单击"确定"产生其他三个凹腔的粗加工刀具轨迹，结果如图 3-87 所示。

10）使用 D12 刀具创建底壁铣操作，进行凹腔精加工。

① 创建"底壁铣"操作，操作父项选择如图 3-88 所示，指定切削区底面如上页图 3-85 所示，选中"自动壁"选项，切削参数设置见表 3-25。生成的刀具轨迹如图 3-89 所示。

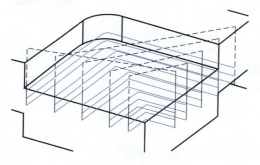

图 3-86 凹腔刀具轨迹

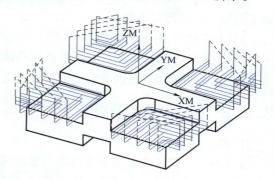

图 3-87 转换后的刀具轨迹

表 3-25 切削参数（三）

序号	参数名称	参数值	序号	参数名称	参数值
1	加工方法	底壁加工（floor_wall）	8	开放刀具轨迹	切换切削方向
2	切削区域空间范围	底面	9	切削区域空间范围	底面
3	切削模式	跟随部件	10	部件余量	0mm
4	步距	75%刀具直径	11	底面余量	0mm
5	底面毛坯厚度	0.5mm	12	进刀类型（开放区域）	线性
6	每刀切削深度	3mm	13	进刀高度（开放区域）	4mm
7	壁毛坯厚度	1mm	14	主轴转速和进给率	3000r/min 和 1000mm/min

② 参考凹腔粗加工刀具轨迹转换方法对凹腔精加工刀具轨迹进行转换，结果如图 3-90 所示。

图 3-88　底壁铣操作父项

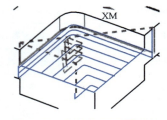

图 3-89　壁精加工刀具轨迹

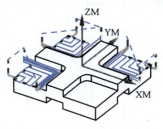

图 3-90　转换后的刀具轨迹

11）仿真加工过程。

进行加工仿真，检查是否有过切、欠切、碰撞发生，如果有这些现象发生，请进行原因分析，并做相应调整。

12）后置处理。

进行后置处理，生成 G 代码程序，要求 ZM_NC 输出一个程序，FM_NC 输出一个程序。

13）保存文件。

请扫二维码 E3-9 观看操作视频。

（2）任务实施步骤——学生　按照下列要求，重新进行十字槽零件正面加工编程，并进行仿真加工。

1）加工时刀具使用 φ10mm 刀具。

2）创建定平面刀具轨迹时，毛坯边界使用顶面上四个平面进行定义。

3）请使用草图或曲线方式为十字槽加工创建边界曲线。

E3-9

3.3.3　课后拓展训练

1. 探究提高

1）当一个零件需要多个方向进行数控编程时，应该注意什么问题？

2）为避免或减少实际加工中"接刀痕迹"，在编程中应该注意什么？应怎样操作呢？

2. 练习

使用平面加工的各种方法创建如图 3-91 所示零件加工刀具轨迹。

提示：生成刀具轨迹时可不考虑图中的孔加工。

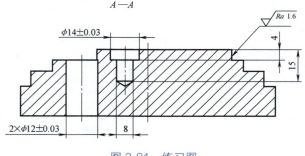

图 3-91　练习图

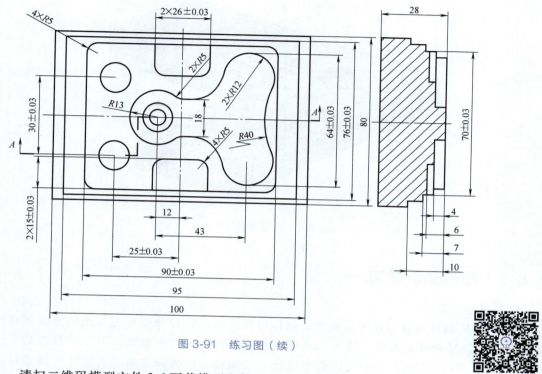

图 3-91　练习图（续）

请扫二维码模型文件 3-6 下载模型文件。

模型文件 3-6

任务 3.4　L 形平板零件孔加工编程

【知识点】
- 孔加工操作。
- 孔加工参数。

【技能目标】
- 能合理选择孔加工方法。
- 能合理定义孔切削参数。

【任务描述】

在产品和模具加工中经常会遇到各种形式的通孔、沉头孔，盲孔、螺纹孔等。通过对 L 形平板孔加工任务过程的实施，使得读者熟悉孔的各种加工方法、孔加工参数的设置，能够使用 NX 12.0 中 hole-making 模块进行零件的孔加工。

如图 3-92 所示 L 形平板零件，材料为铝合金 6061T6，要求加工零件上的孔。

请扫二维码模型文件 3-7 下载模型文件。

模型文件 3-7

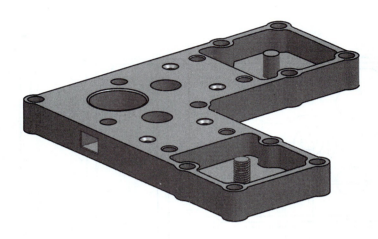

图 3-92　L形平板零件

3.4.1　课前知识学习

1. 钻孔操作概述

使用 CAM 软件进行钻孔程序编制，在孔的数量多、位置分布较为复杂的情况下有明显的优势。CAM 软件能方便、快速、准确地生成所有孔的加工轨迹，手工编程很难实现这样的目标。UG NX 钻孔加工可以创建钻孔、攻螺纹、镗孔、背面埋头钻孔和铣螺纹等操作的刀具轨迹，这些操作，经过后处理可以生成 G71～G89 等多种不同钻孔固定循环指令。

在 NX 12.0 中，创建工序时通过选择"创建工序"对话框"类型"选项列表"hole-making"选项调出孔的"工序子类型"工具列表进行孔加工编程。老版本"drill"选项默认状态下被隐藏。

"hole-making"创建孔加工刀具轨迹的优势在于能基于特征或 IPW 自动识别加工区域和加工深度，能自动根据孔轴识别刀轴方向（多轴），能自动检查特征间碰撞干涉并带自动提醒功能。"drill"多用于平面孔加工。

2. 孔加工各子类型介绍

在"创建工序"对话框的"类型"下拉列表中选择"hole-making"，如图 3-93 所示，"操作子类型"就会显示各种孔操作子类型，单击相应孔加工子类型按钮，系统弹出"钻孔"对话框，如图 3-94 所示。在"钻孔"对话框"循环类型"选项组"循环"列表中包含了 UG NX 中常用的孔加工循环类型，见表 3-26。

3. 孔加工操作参数含义

（1）指定特征几何体　所有孔加工操作都需要定义孔加工特征几何体，通过特征几何体，UG NX 可以自动识别钻孔点位置与表面、底面及孔径等相关信息。

在"钻孔-[DRILLING]"对话框中，单击"指定特征几何体"图标，系统弹出"特征几何体"对话框，如图 3-95 所示，利用此对话框可以定义孔加工操作中几何特征的公共参数、切削参数、特征位置形状参数、加工顺序参数等。

图 3-93 "创建工序"对话框

图 3-94 "钻孔"对话框

表 3-26 常用的孔加工循环类型

子类型	中文含义	说　明
	定心钻	用于对选定的孔几何体手动定心钻孔
	钻孔	用于对选定的孔几何体手动钻孔
	钻深孔	用于手动钻深孔,啄钻
	钻埋头孔	用于钻孔顶埋头特征
	背面埋头钻孔	用于背面埋头钻孔或倒角
	攻螺纹	对选定的孔几何体手动攻螺纹
	孔铣	使用平面螺旋和/或螺旋切削模式来加工盲孔和通孔
	凸台铣	用于平面螺旋和/或螺旋切削模式来加工圆柱台
	孔倒斜铣	用于倒角刀使用圆弧模式对孔倒斜角
	螺纹铣	用于加工孔内螺纹

用于指定孔加工过程中的毛坯

用于指定同组孔的深度、孔底余量、刀具
切深计算参考点等公共参数，选择不同的
几何要素，这里显示的内容会有所不同

用于设定指定孔的位置、深度、
类型、轴向等参数

E3-10

图 3-95　"特征几何体"对话框

请扫二维码 E3-10 观看视频学习"特征几何体"对话框的详细用法。

（2）刀具轨迹设置　钻孔"刀轨设置"选项组可以控制孔加工的循环形式、切削参数、非切削参数、速度与进给、碰撞检查及后处理的代码形式。

1）孔加工循环类型。在 NX 12.0 中，孔加工有着多种循环类型，这些循环类型既可以通过选择不同孔加工子类型进行确定，也可以在"钻孔"对话框中通过"刀轨设置"选项组"循环"选型进行设置。循环类型与后处理生成 G 代码循环指令对应关系见表 3-27。

表 3-27　孔加工循环类型与 G 代码对应关系

序号	选项	输出循环指令	序号	选项	输出循环指令
1	钻	G81&G82	8	钻,攻螺纹,深	无对应循环指令
2	钻,文本	无对应循环指令	9	钻,攻螺纹,断屑	无对应循环指令
3	钻,埋头孔	G81&G82	10	钻,镗	G85
4	钻,深孔	G83	11	钻,镗,拖动	G86
5	钻,深孔,断屑	G73	12	钻,镗,不拖动	G76
6	钻,攻螺纹	G84	13	钻,镗,背镗	G87
7	钻,攻螺纹,浅	无对应循环指令	14	钻,镗,手工	G88

2）循环参数设置。"循环参数"对话框的内容与循环类型和运动输出类型有关。图 3-96 所示为钻孔循环中"机床加工周期"运动输出类型"循环参数"对话框。

3）切削参数。"切削参数"选项在不同操作循环中，参数略有不同，常用参数含义如图 3-97 所示。

E3-11

请扫描二维码 E3-11 观看视频学习"切削参数"的用法。

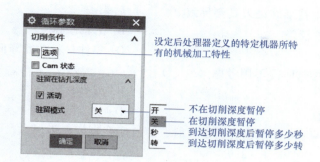

图 3-96　"循环参数"对话框

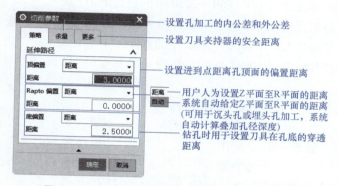

图 3-97　"钻孔"对话框中"切削参数"的含义

4）非切削移动。"非切削移动"选项的常用参数选项与含义如图 3-98 所示。

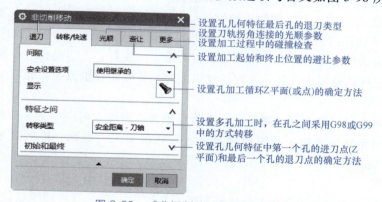

图 3-98　"非切削移动"参数的含义

请扫二维码 E3-12 观看"非切削移动"参数用法的视频。

E3-12

3.4.2　课中任务实施

1. 课前预习效果检查

（1）单选题

1）下列不影响钻屑形状的因素是（　　　）。

A. 被加工材料　　　　B. 钻削刀具材料　　　　C. 材料的形状　　　　D. 钻削参数

2）在钻削过程中钻削缠绕刀具会导致（　　）后果。

A. 加工表面质量较差　　　　　　　　　　B. 主轴减速

C. 无法钻孔　　　　　　　　　　　　　　D. 零件材料性能降低

3）在设置钻削参数时需不用考虑（　　）因素。

A. 切削材料　　　　　　　　　　　　　　B. 刀具材料

C. 刀具几何参数　　　　　　　　　　　　D. 加工的顺序

4）加工螺纹代号 M6 的米制普通螺纹时，螺纹底孔直径应为（　　）mm。

A. 2.5　　　　　　B. 2.9　　　　　　C. 3.3　　　　　　D. 5.0

5）被加工孔精度等级为 H7 的含义为（　　）。

A. 被加工孔精度等级达 GB/T 1800—2020 中的规定的 H7 级

B. 与被加工孔的配合精度等级达 GB/T 1800—2020 中的规定的 H7 级

C. 加工轴精度等级达 GB/T 1800—2020 中的规定的 H7 级

D. 被加工孔精度等级高于 GB/T 1800—2020 中的规定的 H7 级

（2）多选题

1）孔加工主要是（　　）几种加工方法。

A. 钻孔　　　　　　B. 扩孔　　　　　　C. 铰孔　　　　　　D. 锪孔

2）按钻柄类型，钻头一般分为（　　）。

A. 直柄钻头　　　　B. 锥柄钻头　　　　C. 麻花钻头　　　　D. 成形钻头

3）铰刀是精度较高的多刃刀具，具有（　　）的特点。

A. 切削余量小　　　B. 导向性好　　　　C. 加工精度高　　　D. 加工稳定

4）锪钻按孔口的形状一般分为（　　）三种。

A. 锥形锪钻　　　　B. 圆柱形锪钻　　　C. 端面锪钻　　　　D. 平面锪钻

5）以下关于钻孔的表述正确的是（　　）。

A. 锥柄钻头的优点是转速低，扭力大，定心准，力矩好，不容易偏心和断裂

B. 丝锥垂直度满足要求且旋入 4 圈螺纹以上时只需转动丝锥扳手，无需对其施加压力，防止损坏螺纹牙型

C. 选择丝锥时，只需考虑丝锥尺寸，无需考虑丝锥螺纹方向

D. 钻削时由于钻头是在半封闭的状态下进行切削加工，因此，排屑困难，摩擦严重，易产生切削"积瘤"

（3）判断题

1）刀具材料种类中硬质合金刀具比高速钢刀具硬度更高，但是韧性相较于高速钢刀具更差。（　　）

2）钻孔前一般都要先钻中心孔，保证钻孔时不会钻偏。钻小孔或深孔时需要常退出排屑，防止钻头断掉。钻头越小，主轴转速应适当增加，钻头越大，转速越低。（　　）

3）FANUC 系统攻螺纹时分为刚性攻螺纹和柔性攻螺纹，两者的区别是柔性攻螺纹不容易断丝锥，但须匹配专用刀柄且不能二次攻螺纹，刚性攻螺纹使用普通钻夹头刀柄即可，可以二次攻螺纹。（　　）

4）采用螺纹铣削方式加工螺纹，不受螺纹结构（内/外螺纹）和旋向（左旋/右旋）的影响，同一螺距的螺纹铣刀可加工不同直径的螺纹。（　　）

5）螺纹铣削方式零件报废率较低，普通丝锥在攻螺纹时折断后通常很难取出从而导致零件报废。（　　　）

2. L形平板零件加工图样分析

经过分析，零件中孔特征有以下 6 种，它们的几何特征如图 3-99 所示，规格和尺寸如下：

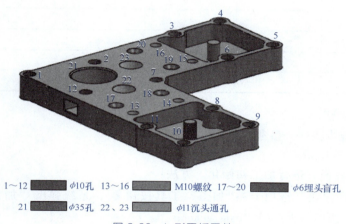

| 1~12 | | ϕ10孔 | 13~16 | | M10螺纹 | 17~20 | | ϕ6埋头盲孔 |
| 21 | | ϕ35孔 | 22、23 | | ϕ11沉头通孔 |

图 3-99　L形平板零件

1）12 个 ϕ10mm 深 20mm 通孔。

2）4 个埋头盲孔，埋头直径 12mm，埋头角度 90°，孔直径 6mm，孔深 10mm。

3）2 个沉头通孔，沉头直径 18mm，沉头深度 11mm，孔直径 11mm，孔深 11mm。

4）4 个 M10 螺纹孔，螺纹深度 15mm。

5）1 个 ϕ35mm 通孔

3. L形平板零件加工工艺编排

（1）L形平板零件加工工艺编排——参考

1）使用 ϕ10mm 定心钻头为所有孔特征钻中心点，深度 2.5mm。

2）使用 ϕ10mm 钻头创建加工 12 个 ϕ10mm 通孔。

3）使用 ϕ8.5mm 钻头加工 4 个 M10 螺纹孔底孔。

4）使用 M10 丝锥加工 4 个 M10 螺纹孔。

5）使用 ϕ6mm 钻头加工 4 个 ϕ6mm 埋头盲孔。

6）使用 ϕ18mm 倒角刀加工孔埋头。

7）使用 ϕ11mm 钻头钻 2 个沉头通孔的中心孔。

8）使用 ϕ10mm 平底立铣刀铣沉头孔沉头。

9）使用 ϕ16mm 钻头预钻 ϕ35mm 通孔中心孔。

10）使用 ϕ10mm 平底立铣刀铣 ϕ35mm 通孔。

11）使用 ϕ18mm 倒角刀加工 ϕ30mm 通孔倒角。

12）镗削 ϕ35mm 通孔。

（2）L形平板零件加工工艺编排方案——学生　根据 L 形平板零件加工工艺，结合自己的专业知识，填写如表 3-28 所示工艺表。

表 3-28 L 形平板零件加工工艺表

姓　名		班　级		学　号	
零件名称		材　料		夹　具	
序号	工序名称	刀具	刀具伸出长度/mm	主轴转速/(r/min)	进给率/(mm/min)	操作名称
1						
2						
3						
4						
5						

4. 任务实施步骤

（1）任务实施步骤——参考

1）打开文件 3-4. prt。

2）进入加工界面，进行加工初始化。方法：

① 选择"应用模块"选项卡→"加工"工具按钮，系统弹出"加工环境"对话框。"CAM 会话配置"选项列表选择"cam_general"。

②"要创建的 CAM 设置"选择列表选"hole-making"，单击"确定"按钮进入加工界面。

3）创建刀具。刀具参数见表 3-29。

表 3-29 刀具参数表

序　号	刀具名称	刀具直径/mm	刀刃长度/mm	刀具长度/mm	类　型
1	XD-D10	10	50	75	平底立铣刀
2	DXZ-D10	10	5	100	定心钻头
3	ZT-D10	10	35	80	麻花钻头
4	DJ-D18	18	3（刀尖直径）	60	埋头钻
5	SZ-M10×1.5	10	25	100	丝锥
6	JT-D35	35	—	100	精镗刀
7	ZT-D8.5	8.5	35	80	麻花钻头
8	ZT-D6	6	35	80	麻花钻头
9	ZT-D16	16	35	80	麻花钻头
10	ZT-D11	11	35	80	麻花钻头

4）定义坐标系和加工几何。方法：

① 将加工坐标系定义到工作坐标系位置，安全平面距离工件上表面 10mm。

② 毛坯几何使用部件轮廓，部件几何体选择被加工零件。

5）使用 DXZ-D10 刀具创建定心钻孔操作，为所有孔加工中心孔。方法：

① 单击"创建工序"工具按钮，系统弹出"创建工序"对话框，工序子类型选择定心钻按钮，操作父项选择如图 3-100 所示。

② 单击对话框中"指定特征几何体"按钮，系统弹出"特征几何体"对话框。按照图 3-101 所示顺序选择孔特征几何，"中心孔"选项组"深度"选项设为 2.5mm。

温馨提示：选择孔特征几何时，如果出现孔的方向不符合要求，可选择"特征几何体"对话框中"反向"按钮进行调整。

图 3-100 定心钻操作父项

③"切削参数"对话框，顶偏置"距离"设为 3mm。

④ 主轴转速设为 1500rpm，进给率设为 300mm/min，生成刀具轨迹如图 3-102 所示。

图 3-101 选孔顺序

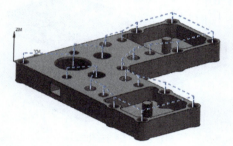

图 3-102 刀具轨迹

6）使用 ZT-D10 创建钻孔操作，加工 12 个 ϕ10mm 孔。方法：

① 单击"创建工序"工具按钮，系统弹出"创建工序"对话框，工序子类型选择钻孔按钮，操作父项选择如图 3-103 所示。

② 特征几何体按照如图 3-104 所示顺序选择。

③ 切削参数中，顶偏置距离设为 3mm，底偏置距离设为 2.5mm。

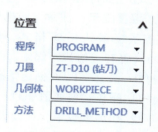

图 3-103 操作父项

④ 主轴转速设为 2000r/min，进给率设为 400mm/min，生成刀具轨迹如图 3-105 所示。

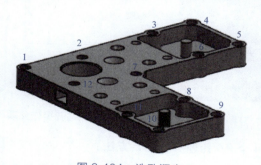

图 3-104 选孔顺序

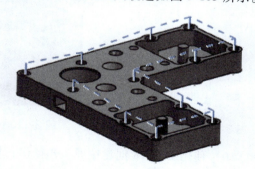

图 3-105 刀具轨迹

7）使用 ZT-D8.5 创建钻孔操作，加工 4 个 M10 螺纹孔底孔，方法：

① 操作父项选择如图 3-106 所示，特征几何体按照如图 3-107 所示顺序选择。

② 切削参数中，顶偏置距离设为 3mm，底偏置距离设为 2.5mm。

③ 主轴转速设为 2500rpm，进给率设为 400mm/min，生成刀具轨迹如图 3-108 所示。

8）使用 SZ-M10×1.5 创建攻螺纹操作，加工 4 个 M10 螺纹，方法：

① 单击"创建工序"工具按钮 ，系统弹出"创建工序"对话框，工序子类型选择攻丝按钮 ，操作父项选择如图 3-109 所示。

图 3-106　操作父项

② 特征几何体选择顺序与步骤 7）相同。

图 3-107　选孔顺序

图 3-108　刀具轨迹

③ 主轴转速设为 850rpm，进给率设为 1275mm/min，生成刀具轨迹如图 3-110 所示。

温馨提示：注意不同机床 F 值格式不同，FANUC 数控系统默认 G94 格式，MITSUBISHI 数控系统默认 G95 格式，检查确认机床参数设定。G94（每分进给）$F=$ 螺距×转速；G95（每转进给）$F=$ 螺距。

9）使用 ZT-D6 创建钻孔操作，加工 4 个 φ6 埋头盲孔。方法：

① 操作父项如图 3-111 所示，特征几何体选择顺序如图 3-112 所示。

② 切削参数中，顶偏置距离设为 3mm，底偏置距离设为 0mm。

③ 主轴转速设为 5000rpm，进给率设为 800mm/min，生成刀具轨迹如图 3-113 所示。

图 3-109　攻螺纹操作父项

图 3-110　攻螺纹刀具轨迹

图 3-111　埋头钻孔操作父项

10）使用 DJ-D18 创建钻埋头孔操作，加工 4 个 φ6 孔埋头特征，方法：

① 单击"创建工序"工具按钮 ，系统弹出"创建工序"对话框，工序子类型选择钻埋头孔按钮 ，操作父项选择如图 3-114 所示，特征几何体选择顺序同步骤 9）。

② 切削参数中，顶偏置距离设为 3mm，底偏置距离设为 0mm。

③ 循环参数中驻留模式选"转"，驻留设为 2.0。

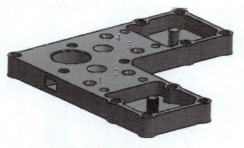

图 3-112 选孔顺序

图 3-113 埋头钻孔刀具轨迹

④ 主轴转速设为 2500rpm，进给率设为 800mm/min，创建完成的刀具轨迹如图 3-115 所示。

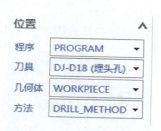

图 3-114 钻沉头孔操作父项

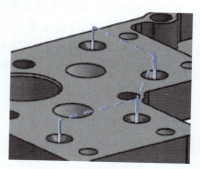

图 3-115 钻沉头孔刀具轨迹

11）使用 ZT-D11 刀具创建钻孔操作，加工 2 个沉头孔底孔，方法：

① 创建钻孔操作，操作父项选择如图 3-116 所示，特征几何体选择如图 3-117 所示。

② 切削参数中，顶偏置距离设为 3mm，底偏置距离设为 2.5mm。

③ 主轴转速设为 2500rpm，进给率设为 600mm/min，创建完成的刀具轨迹如图 3-117 所示。

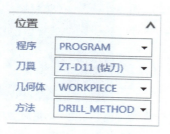

图 3-116 钻孔操作父项

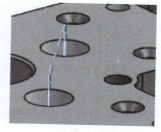

图 3-117 特征几何体刀具轨迹

12）使用 XD-D10 创建孔铣操作，加工沉头孔，方法：

① 单击"创建工序"工具按钮 ，系统弹出"创建工序"对话框，工序子类型选择孔铣按钮 ，操作父项选择如图 3-118 所示，特征几何体选择顺序同步骤 11），孔底和部件侧面余量设为 0。

② 切削模式选择"螺旋"，切削参数中"最小螺旋直径"设为 5mm。

③ 主轴转速设为 3000rpm，进给率设为 800mm/min，完成的刀具轨迹如图 3-119 所示。

图 3-118　孔铣操作父项

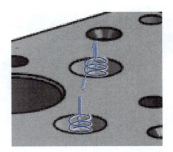

图 3-119　孔铣操作刀具轨迹

13）使用 ZT-D16 刀具创建钻孔操作，加工 ϕ35mm 通孔的底孔。方法：

① 创建钻孔操作，操作的父项如图 3-120 所示，特征几何体选择 ϕ35mm 孔。

② 切削参数中，顶偏置距离设为 3mm，底偏置距离设为 2.5mm。

③ 主轴转速设为 3200rpm，进给率设为 900mm/min，完成的刀具轨迹如图 3-121 所示。

图 3-120　钻孔操作父项

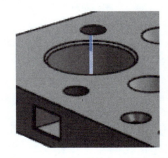

图 3-121　钻孔操作刀具轨迹

14）使用 XD-D10 创建孔铣操作，进行 ϕ35mm 通孔半精加工，方法：

① 参考步骤 12）创建孔铣操作，操作父项与步骤 12）相同，特征几何体选择顺序同步骤 13），孔底余量设为 0，部件侧面余量设为 0.5mm。

② 切削模式选择"螺旋"，切削参数中"最小螺旋直径"设为 10mm。

③ 主轴转速设为 3000rpm，进给率设为 800mm/min，完成的刀具轨迹如图 3-122 所示。

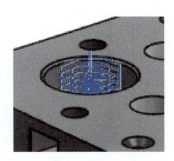

图 3-122　半精加工刀具轨迹

15）使用 JT-D35 刀具创建钻孔操作，进行 ϕ35mm 通孔精镗加工，方法：

① 创建钻孔操作，操作父项如图 3-123 所示，特征几何体选择 ϕ35mm 孔，循环方式选择"钻、镗、不拖动"。

② 切削参数中，顶偏置距离设为 3mm，底偏置距离设为 2.5mm。

③ 主轴转速设为 3200rpm，进给率设为 500mm/min，完成的刀具轨迹如图 3-124 所示。

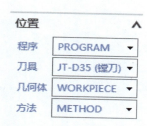

图 3-123　精加工操作父项

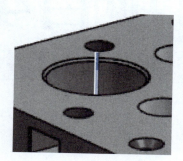

图 3-124　精加工刀具轨迹

　　温馨提示：在装精镗刀时，一定要先使用 M19 将机床主轴定向，刀尖朝横向偏移相反方向，横向偏移 Q 值不宜过大，防止定向错误，不至于损害机床或精镗刀。

　　16）保存文件。请扫二维码 E3-13 观看操作视频。

　　（2）任务实施操作步骤——学生

　　1）为 ϕ35mm 通孔添加倒斜角刀具轨迹。

　　2）通过自学，了解使用 UG 孔加工功能进行圆柱凸台、外螺纹等结构刀具轨迹的生成方法。

E3-13

3.4.3　课后拓展训练

1. 探究提高

　　1）盲孔攻螺纹时是否需要留余量？为什么？

　　2）尝试在 NX12.0 版本调出"Drill"模块。

2. 练习

　　试着使用所学习的孔加工方法对如图 3-125 所示孔进行加工。

　　请扫二维码模型文件 3-8 下载模型文件。

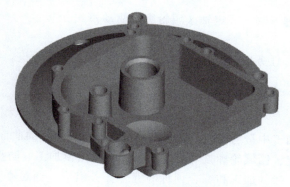

图 3-125　练习图

模型文件 3-8

项目4 曲面加工编程

PROJECT 4

学习导航

【教学目标】

- 熟悉数控加工自动编程的相关国家标准、行业标准。
- 能准确把握图样要求、综合专业知识，使用 UG NX 12.0 进行零件三轴数控铣床编程。
- 能根据需要合理设置型腔铣参数，生成产品粗加工、半精加工刀具轨迹。
- 能合理使用深度轮廓铣、拐角粗加工、拐角精加工进行产品陡峭面精加工。
- 能合理选用和设置固定轴区域轮廓铣的各种驱动模式，进行零件精加工。
- 能依据图样要求，对被加工零件进行加工工艺分析、编制工艺方案。
- 能根据加工需要，对被加工零件模型进行前期处理。

【知识重点】

- 型腔铣、拐角粗加工工具。
- 深度轮廓铣工具。
- 固定轴轮廓铣、固定轴区域轮廓铣工具。
- 固定轴区域轮廓铣驱动模式。

【知识难点】

- 模型加工前处理方法、固定轴区域轮廓铣驱动模式。

【教学方法】

- 线上线下结合、任务驱动，自主学习探索，实施全过程考核。

【建议学时】

- 20~24 学时。

【项目描述】

曲面加工是数控加工中最为常用的加工。在 UG NX 中常用的曲面加工方法主要有型腔铣、深度轮廓铣、固定轴区域轮廓铣等。本项目由拉深凸模加工、防护盖零件加工、塑料模嵌件加工、航空模型连接件加工和综合训练等五个任务组成。通过本项目的学习，掌握 UG NX 数控铣削自动编程中型腔铣、深度轮廓铣、固定轴区域轮廓铣的操作参数、走刀模式和驱动模式的特点及设置方法，能运用这些操作方法进行零件加工。学习掌握使用 UG NX 进行自动编程的基本思路、技巧和常用工具，熟悉自动编程中常用的国标，培养学生自动编程能力、使用数字化加工软件和专业知识的综合应用能力以及勇于实践和创新的激情。

【知识图谱】

项目 4 知识图谱如图 4-1 所示。

图 4-1　项目 4 知识图谱

任务 4.1　拉深凸模零件加工编程

【知识点】

- NC 加工助理。
- 型腔铣的概念、参数设置和用法特点。
- 拐角粗加工概念和参数。
- 深度轮廓铣概念和参数。

【技能目标】

- 能使用 NC 加工助理进行模型结构分析。
- 能正确使用型腔铣操作进行零件粗加工和二次粗加工。
- 能使用拐角粗加工操作进行拐角去残料加工。
- 基本能使用深度轮廓铣操作进行零件精加工。

【任务描述】

钣金模具成形零件是三轴数控加工的典型任务，其中拉深凸模、凹模加工最为常见。本学习任务中的拉深凸模具有钣金模具成形零件上的典型结构。通过完成拉深凸模零件加工编程任务，学习模具成形零件粗加工、半精加工、精加工的常用方法及工艺流程，掌握使用工件、刀具材料库使加工参数设置自动化，提高编程效率和加工精度的方法。养成标准化、模块化的工作习惯，具有不断积累工作数据，完善工作流程高素质技术技能人才内在素养。

如图 4-2 所示拉深凸模零件，材料为 45 钢，其外形尺寸为 130mm×130mm×41.5mm，毛坯为 130mm×130mm×46.5mm 的方料，要求生成粗加工、半精加工和精加工刀具轨迹。

请扫描二维码模型文件 4-1 下载模型文件。

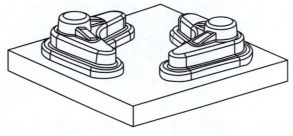

图 4-2　拉深凸模零件图样

模型文件 4-1

4.1.1 课前知识学习

1. NC 助理

NC 助理可以在加工环境下对模型的平面或圆角面进行层、拐角、圆角、拔模四种形式的简单分析。

（1）命令位置

工具按钮：加工环境下"主页"选项卡→"分析"工具栏→"NC 助理"工具按钮 📖 。

菜单项：【分析】→【NC 助理】。

NC 助理命令激活后，系统弹出"NC 助理"对话框，如图 4-3 所示。

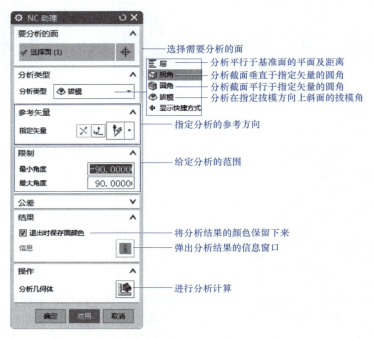

图 4-3　"NC 助理"对话框

（2）NC 助理的用法　扫二维码 E4-1，观看如图 4-4 所示模型使用 NC 助理进行圆角、拐角、分层和拔模的分析方法。

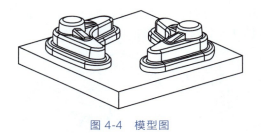

图 4-4　模型图

E4-1

2. 型腔铣

型腔铣操作是 UG NX 对零件粗加工常用的刀具轨迹生成方法，它根据被加工区域的形状，将切除区域沿 Z 轴分成多个切削层，逐层生成刀具轨迹。虽然型腔铣和平面铣的刀具轨迹都属于二维半，在切削模式、开始点控制、进退刀控制、拐角控制、避让几何、修剪边界、检查几何体等选项的含义及用法和平面铣基本相同，但在定义切削区域、切削层的方法上有一定的区别。

（1）型腔铣操作激活方法　选择"创建工序"工具按钮 🖼️，系统弹出"创建工序"对话框，在类型选择列表中选择"mill_contour"选项，工序子类型列表出现"型腔铣"按钮 🖼️。

（2）型腔铣操作子类型　型腔铣的子类型有型腔铣、插削、拐角粗加工、剩余铣、深度轮廓铣、深度加工拐角六种方式，如图4-5所示。其中型腔铣、插削是用于开粗加工，其他选项都是用于半精加工和精加工。各子类型的用法见表4-1。

图4-5　型腔铣子类型

表 4-1　型腔铣子类型

名称	说明
🖼️ CAVITY_MILL	通用的型腔铣操作,通过移除垂直于固定刀轴切削层材料,对轮廓形状进行粗加工
🖼️ PLUNGE_ROUGH	用于深腔模的插削加工
🖼️ CORNER_ROUGH	通过型腔铣对前道工序刀具处理不到的拐角遗留材料进行粗加工
🖼️ REST_MILL	用型腔铣移除前道工序遗留的材料
🖼️ ZLEVEL_PROFILE	使用垂直于刀轴的切削层对指定壁进行轮廓加工,并可以切削各层之间缝隙中遗留的材料
🖼️ ZLEVEL_CORNER	使用轮廓切削模式精加工指定层中前一个工序刀具无法触及的拐角

（3）型腔铣加工几何体类型　型腔铣加工所涉及的加工几何体包括部件、毛坯、检查几何、修剪几何和加工区域，定义方法和项目3中方法一致。

（4）型腔铣参数介绍　在"创建工序"对话框中选择"型腔铣"按钮 🖼️，系统弹出"型腔铣"对话框，如图4-6所示。

1）切削层。型腔铣操作将整个切削范围沿刀轴方向按照一定方法分割成若干个层，这些层用大三角形和小三角形进行示意，这些三角形称作切削平面，系统会在每一个切削平面上生成一层刀具轨迹，所以有一个三角形就有一个切削层。

在型腔铣中切削层由切削范围和切削深度进行定义。如图4-7所示，每两个相邻大三角形形成一个切削范围，小三角形表示切削深度，用户可以在一个型腔铣定义多个切削范围，每个切削范围只能指定一个切削深度。一般情况下部件表面区域如果比较平坦，则设置较小的切削层深度，如果比较陡峭，则设置较大的切削层深度。

单击在"型腔铣"对话框中单击"切削层"按钮 🖼️，系统弹出"切削层"对话框，如图4-8所示。

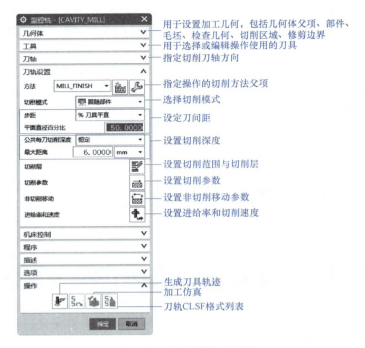

图 4-6 "型腔铣"对话框

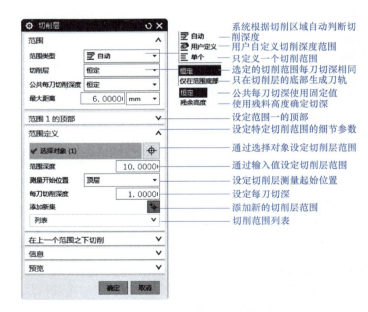

图 4-7 切削范围与切削层

图 4-8 型腔铣"切削层"对话框

请扫二维码 E4-2 观看视频,了解切削范围和切削层深度的详细用法。

2)切削参数。单击"切削参数"选项后按钮 ,系统弹出"切削参数"对话框,如图 4-9 所示。通"切削参数"对话框,可以设置"策略""余量""拐角""连接""空间范围""更多"等多个选项。

E4-2

可扫二维码 E4-3 观看视频，了解切削参数各选项卡的用法。

3）非切削移动。单击"非切削移动"选项后按钮，系统弹出"非切削移动"对话框，如图 4-10 所示。

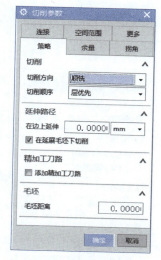

图 4-9　"切削参数"对话框

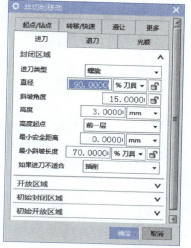

E4-3

图 4-10　"非切削移动"对话框

可扫二维码 E4-4 观看视频介绍，了解非切削移动参数各选项的用法。

E4-4

3. 拐角粗加工

在机械加工过程中为了提高加工效率，零件粗加工时通常使用较大直径的刀具进行切削，但这样会在零件的凹角处留下较多材料，为切除这些残余材料就需要进行二次加工，这也就是通常所说的拐角粗加工或残料加工。

拐角粗加工是型腔铣的子选项，所以也可以使用型腔铣经过适当的参数设置达到拐角粗加工的效果，但直接选择拐角粗加工子类型会使设置过程变得更加简单。

（1）拐角粗加工操作激活方法　选择"创建工序"工具按钮，系统弹出"创建工序"对话框，在类型选择列表中选择"mill_contour"选项，工序子类型列表出现"拐角粗加工"工具按钮。激活命令后，系统弹出"拐角粗加工"对话框，如图 4-11 所示。

温馨提示：拐角或残料加工通常使用较小尺寸的刀具切除粗加工时留在凹角处的余量，从而使工件获得较为均匀的加工余量，以利于后续的加工。因此为了更准确地控制刀具轨迹的生成范围，需要使用"参考刀具"选项。

拐角粗加工主要的特色选项是"切削参数"对话框中"空间范围"选项卡中的一些选项。

（2）切削参数——空间范围　在使用型腔铣或者拐角粗加工进行残料加工时，可以使用切削参数中的空间范围选项卡中相关选项控制生成刀具轨迹的范围。

在型腔铣或拐角粗加工对话框中选择"切削参数"选项后的按钮，系统弹出"切削参数"对话框，选择"空间范围"选项卡就可以设置相关选项，如图 4-12 所示。

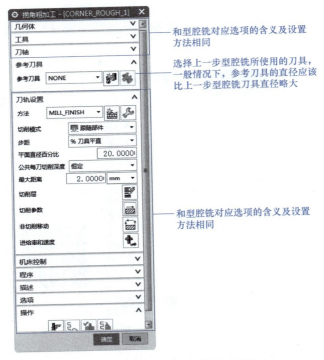

和型腔铣对应选项的含义及设置方法相同

选择上一步型腔铣所使用的刀具，一般情况下，参考刀具的直径应该比上一步型腔铣刀具直径略大

和型腔铣对应选项的含义及设置方法相同

图 4-11　"拐角粗加工"对话框

图 4-12　"切削参数"对话框
"空间范围"选项卡

可扫二维码 E4-5 观看视频，了解空间范围选项卡各选项的用法。

E4-5

4. 深度轮廓铣

深度轮廓铣操作是零件上陡峭曲面的高效精加工方法，它按 2D 半方式生成刀具轨迹。

（1）深度轮廓铣操作激活方法　选择"创建工序"工具按钮 ，系统弹出"创建工序"对话框，在类型选择列表中选择"mill_contour"选项，工序子类型列表出现"深度轮廓铣"工具按钮 。激活命令后，系统弹出"深度轮廓铣"对话框，如图 4-13 所示。

（2）深度轮廓铣切削参数特色参数　深度轮廓铣除了"陡峭空间范围""合并距离""最小切削长度""公共每刀切削深度"之外，还有切削参数中的"连接"选项卡，"连接"选项卡的含义如图 4-14 所示。其余选项含义和用法可参考型腔铣操作。这些特色选项的详细用法请参考任务 4.2 课前知识学习。

4.1.2　课中任务实施

1. 课前预习效果检查

（1）单选题

1）型腔铣是 UG NX 数控铣削（　　　）时通用的加工方法。

A. 精加工　　　　　　B. 粗加工　　　　　　C. 半精加工　　　　　　D. 孔加工

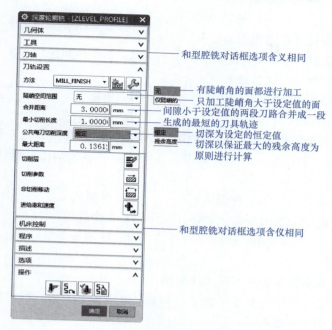

图 4-13　"深度轮廓铣"对话框

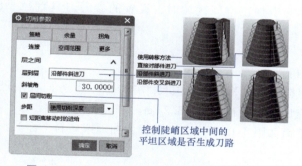

图 4-14　"切削参数"对话框"连接"选项卡

2）型腔铣操作所用到的几何体定义方法和平面加工中几何体定义的方法（　　　）。

A. 相同　　　　　　　　B. 不同　　　　　　　C. 相似　　　　　　D. 完全不同

3）型腔铣沿刀轴方向切削的范围由（　　　）和切削区域综合决定。

A. 切削参数　　　　　　B. 切削深度　　　　　C. 刀具长度　　　　D. 切削范围

4）型腔铣切削参数策略选项卡中，（　　　）是指加工时，为了避开刀具直接切入工件，使刀具轨迹延长一段距离。

A. 余量　　　　　　　　B. 延伸路径　　　　　C. 毛坯距离　　　　D. 部件边界

5）（　　　）选项控制小的封闭区间是否进行切削。

A. 碰撞检查　　　　　　B. 参考刀具　　　　　C. 小面积避让　　　D. 毛坯修剪方式

（2）多选题

1）NC 助理可以在加工环境下对平面或圆角面进行（　　　）等多种形式的简单分析。

A. 层　　　　　　　　　B. 切削区域　　　　　C. 拐角

D. 圆角　　　　　　　　　　E. 拔模

2）型腔铣定义深度切削范围的方法有（　　　）。

A. 用户定义切削层　　　B. 自动　　　　　　C. 单个切削层　　　D. 恒定

3）型腔铣切削深度的定义方法有（　　　）。

A. 仅在范围底部　　　　　　　　　　B. 恒定

C. 公共每刀切削深度　　　　　　　　D. 残余高度

4）修剪方式选项指定用零件外形边缘作为毛坯几何体的边界来定义毛坯区域，该选项要和更多选项卡中的"容错加工"结合使用，当不选中"容错加工"选项时，修剪方式包含（　　　）等选项。

A. 无　　　　　　　B. 内部边　　　　　C. 外部边　　　　D. 轮廓线

5）过程工件主要用于二次开粗，主要有（　　　）多个选项。

A. 使用 3D　　　　　B. 无　　　　　C. 使用基于层　　　D. 参考刀具

（3）判断题

1）重叠距离只有指定了参考刀具才能使用。（　　　）

2）只有在切削层选项中选择了"恒定"以后，才有公共每刀切削深度选项。（　　　）

3）型腔铣只能用于开粗加工。（　　　）

4）零件工艺分析时，需要分析零件的极限尺寸。（　　　）

5）使用参考刀具确定加工空间区域时，设置的参考刀具直径要比实际参考刀具直径小。（　　　）

2. 工艺方案确定

（1）零件工艺分析

1）分析零件的极限尺寸：X 方向极限尺寸 130mm，Y 方向极限尺寸 130mm，Z 方向极限尺寸 41.5mm，所有凹圆角半径均为 $R3.2mm$。

2）零件中的水平面如图 4-15 所示，其他面为曲面或倾斜平面。

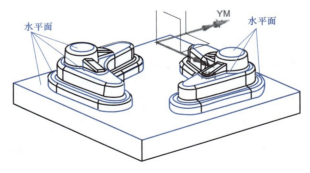

图 4-15　零件曲面分析

（2）零件工艺编排方案——参考

1）使用型腔铣进行整体粗加工。

2）使用型腔铣进行去残料加工。

3）使用拐角粗加工清理小拐角。

4）深度轮廓铣精加工侧面。

5）使用平面铣精加工底面。

6）对部件的其余部分进行精加工。

（3）零件工艺编排方案——学生 使用自己熟悉的方法，进行模型分析，验证（1）中的参考数据，根据（2）的工艺提示，参考表4-2，完善工艺方案的相关信息。

表4-2 拉深凸模工艺方案

姓　名		班　级		学　号		
零件名称		材　料		夹　具		
最小凹圆角/mm		最大切削深度/mm		机　床		
序号	工序名称	刀具	刀具伸出长度/mm	主轴转速/(r/min)	进给率/(mm/min)	操作名称
1						
2						
3						
4						
5						

3. 任务实施步骤

（1）任务实施步骤——参考

1）新建文件。方法：

在"新建文件"对话框中选择"Manufacturing（加工）"选项卡，"关系"选"引用现有部件"，"单位"选"毫米"，"模板"选"Die Mold（Express）"，文件名使用：4-1_0，文件位置选G：\，要引用的部件为"4-1.prt"。

温馨提示：新建文件完成后，系统自动创建可以容纳30个刀具的刀架、包含部件作为其组件的装配、加工方法和名为1234的程序组。

2）进行环境设置。方法：

① 定义几何体。要求加工坐标系原点的绝对坐标为"0，0，43.5"，加工安全平面距离部件最高面15mm，部件几何体为4-1.prt，毛坯几何选用包容块，并在+ZM方向留2mm余量。

② 创建刀具Mill20R3，刀具参数设置见表4-3，刀具材料为TMC0_00021。

表4-3 Mill20R3参数

Mill20R3	刀具类型|子类型	位置	直径	下半径	夹持器
	DieMold_Exp|MILL	POCKET_01	ϕ20mm	3mm	HLD001_00006

③ 指定通用加工参数。打开"加工首选项"对话框"操作中自动设置"选项。

温馨提示：使用"加工首选项"，系统能根据刀具材料、部件材料和刀具直径自动确定主轴转速、进给率和切削深度。

命令位置：菜单项【首选项】→【加工】，系统弹出"加工首选项"对话框→"操作"选项卡。

3）使用型腔铣 操作创建部件粗加工工序。方法：

激活型腔铣操作后，操作父项按如图 4-16 所示设置，切削参数设置见表 4-4，其他参数均采用系统默认值，生成的刀具轨迹如图 4-17 所示，仿真结果如图 4-18 所示。

表 4-4   型腔铣参数表

序号	参数名称	参数值	序号	参数名称	参数值
1	加工方法	型腔铣	4	刀轴	+ZM
2	切削模式	跟随部件	5	步距	50%刀具直径
3	切削深度	3mm			

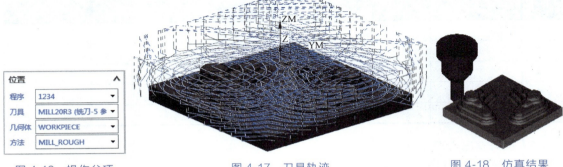

图 4-16   操作父项

图 4-17   刀具轨迹

图 4-18   仿真结果

4）创建刀具 UGT0201_087。方法：

① 从铣床库中调用不可转位端铣刀 UGT0201_087，放在 POCKET_02 刀槽内。

② 编辑刀具参数，为刀具添加材料 TMCO_00021（高速加工钛涂层）。

5）使用型腔铣 操作创建一个剩余铣工序。生成的刀具轨迹如图 4-19 所示，仿真结果如图 4-20 所示。方法：

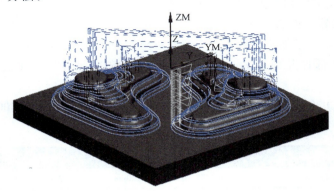

图 4-19   rest_mill 刀具轨迹

① 操作使用刀具 UGT0201_087，其他父项步骤 3）相同，名称输入 rest_mill，切削参数的"空间范围"选项卡中"处理中的工件"选择"使用基于层的"，其他参数使用默认值。

② 在"进给率和速度"对话框中选择"自动设置"选项组下"设置加工数据"后工具按钮 ，使用系统根据刀具材料自动设置的参数值。

6）使用拐角粗加工 ⚒ 操作创建一个清除拐角余量的工序。方法：

① 从刀具库中调用不可转位球刀 UGT0203_059 放在 POCKET_03 中，并赋予材料 TMC0_00021。

② 创建拐角粗加工 ⚒ 操作。操作的父项除了刀具外，其余选项和步骤5）一致。

图 4-20　rest_mill 仿真结果

➤ 在"拐角粗加工"对话框"参考刀具"的选项组 "参考刀具"选项的下拉列表中选择【UGT0201_087】。

➤ 切削速度和进给采用系统自动计算的参数，其余参数使用默认值。

➤ 生成刀具轨迹如图 4-21 所示，仿真加工结果如图 4-22 所示。

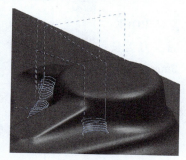

图 4-21　拐角粗加工刀具轨迹

图 4-22　拐角粗加工仿真结果

7）使用底壁铣操作 ⚒ 进行底面精加工。方法：

① 在刀槽 POCKET_04 上创建刀具 mill15r0，刀具直径 15mm，夹持器选择 HLD001_00006，刀具材料为 TMC0_00021。

② 创建底面精加工工序，父项选择如图 4-23 所示。

③ 指定的切削区底面如图 4-24 所示，壁几何体如图 4-25 所示。

④ 切削参数见表 4-5，其他参数使用系统自动计算的值。生成的刀具轨迹如图 4-26 所示，仿真结果如图 4-27 所示。

程序	1234	▾
刀具	MILL15R0	▾
几何体	WORKPIECE	▾
方法	MILL_FINISH	▾

图 4-23　操作父项

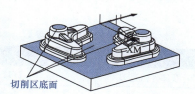

切削区底面

图 4-24　切削区底面

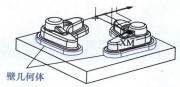

壁几何体

图 4-25　壁几何体

表 4-5　底面精加工参数

序号	参数名称	参数值	序号	参数名称	参数值
1	加工方法	底壁加工	5	每刀切削深度	0mm
2	切削模式	跟随周边	6	刀具轨迹方向	向内
3	步距	30%刀具直径	7	岛清根	选中
4	底面毛坯厚度	3mm	8	壁余量	1mm

图 4-26　底面精加工刀具轨迹

图 4-27　面加工仿真结果

8) 创建其他面精加工工序。要求:

① 创建精加工刀具。刀具类型为球刀 , 刀具位置是 POCK-ET_05, 刀具名称 BALL_MILL, 球直径 6mm, 长度 30mm, 刀刃长度 20mm, 夹持器选择 HLD001_00005, (OS) 偏置为 5.0mm, 刀具材料 TMC0_00021。

图 4-28　父项设置

② 用深度轮廓加工 操作创建精加工工序, 父项设置如图 4-28 所示, 切削区域如图 4-29 所示, 主轴转速和进给率使用系统计算值, 生成刀具轨迹如图 4-30 所示。

图 4-29　切削区域

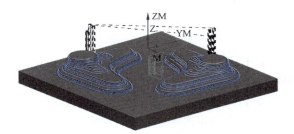

图 4-30　刀具轨迹

③ 更改如表 4-6 所示加工参数, 其他参数不变。重新生成刀具轨迹如图 4-31 所示, 加工仿真结果如图 4-32 所示。

表 4-6　深度轮廓铣切削参数

序号	参数名称	参数值	序号	参数名称	参数值
1	层到层	沿部件斜进刀	4	区域之间|转移类型	前一平面
2	在层之间切削	选中	5	区域内|转移类型	前一平面
3	连接|步距	使用切削深度			

9) 保存文件。

请扫二维码 E4-6 观看步骤 1) 至 9) 操作视频。

(2) 任务实施操作完善——学生　要求:

1) 参考实施步骤第 1), 步型腔铣操作生成的刀具轨迹空切和退刀较多, 切削的效率比较低, 考虑如何优化刀具轨迹, 减少退刀和空走刀, 请使用优

E4-6

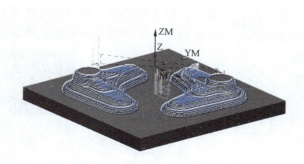

图 4-31　修改参数后刀具轨迹

图 4-32　最终加工仿真结果

化后的切削参数生成刀具轨迹，并进行仿真。

2）参考实施步骤第 2）步，剩余铣用默认方式生成的刀具轨迹，为保证和前一步刀具轨迹有效衔接，避免欠切，请尝试进行相关参数尝试，生成刀具轨迹，并进行仿真。

3）将以上自己得到的结果整理成电子文档。

4.1.3　课后拓展训练

编写如图 4-33 所示零件的加工工艺，并进行加工刀具轨迹设计。加工的要求可以根据实际情况进行设定。

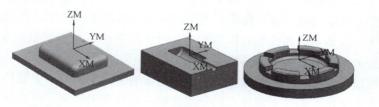

图 4-33　练习任务图

模型文件 4-2

请扫描二维码模型文件 4-2 下载模型文件。

任务 4.2　防护盖零件加工编程

【知识点】

- 深度轮廓铣的概念和操作参数。
- 模型处理的基本方法和原则。

【技能目标】

- 会合理进行模型加工前的分析和处理。
- 掌握使用型腔铣进行二次开粗的方法。
- 掌握使用深度轮廓铣进行半精加工和精加工的方法。

【任务描述】

防护盖零件是一个典型的多面加工的零件，而且多面的结构互相关联，选择不同的加工顺序，不仅影响加工的效率，而且会导致对模型进行不同的处理方案。通过防护盖零件编程任务的学习，掌握多面加工零件在编程过程的处理原则和方法，学习深度轮廓铣操作参数的含义及用法。培养在编程过程合理分析任务特点，灵活处理复杂问题，与企业生产流程、生产标准相一致的能力，达到学以致用的目标。

模型文件 4-3

如图 4-34 所示防护盖零件，材料为 6061，其外形尺寸为 99.58mm×51.65mm×43.25mm，毛坯为 100mm×52mm×44mm 的

图 4-34　防护盖零件

方料，要求进行零件粗加工、半精加工和精加工编程。

请扫描二维码模型文件 4-3 下载模型文件。

4.2.1　课前知识学习

1. 深度轮廓铣

深度轮廓铣是一种特殊的型腔铣操作，属于固定轴铣范畴。它使用多个切削层来加工零件表面轮廓。在深度轮廓铣操作中，除了可指定部件几何体外，还可以指定切削区域限制切削范围；如果没有指定切削区域几何体，则系统对整个部件进行切削。在创建深度轮廓铣刀具轨迹时，系统会自动追踪部件几何体和检查几何体的陡峭区域，识别要加工的切削区域，并在所有切削层上生成不过切的刀具轨迹。

深度轮廓铣操作一般用于陡峭区域精加工、半精加工。它的一个关键特征就是可以指定陡峭角度，通过陡峭角度把整个部件几何分成陡峭区域和平坦区域，可以只加工零件上的陡峭区域，平坦区域则一般使用固定轴区域轮廓铣进行加工。

（1）陡峭角　陡峭角就是刀具轴和接触点的法线方向之间的夹角，陡峭区域是指部件的陡峭角大于指定"陡峭角"的区域。将"陡峭角"切换为"开"时，只在陡峭角大于或等于指定"陡峭角"的部件区域进行切削，将"陡峭角"切换为"关"时，系统会对部件所有切削区域进行加工。如图 4-35 所示。

设置陡峭角需要在"深度轮廓铣"对话框"刀轨设置"选项组下，将"陡峭空间范

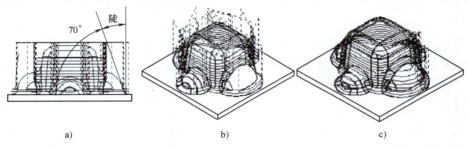

|　a)　|　b)　|　c)　|

图 4-35　陡峭角

a）70°陡峭角　b）陡峭角"开"　c）陡峭角"关"

围"选项设为"仅陡峭"。此时，系统会在"深度轮廓铣"对话框中显示"角度"选项，进行陡峭角的设置。

（2）层到层 "层到层"选项在"切削参数"对话框"连接"选项卡下，可以控制深度轮廓铣在所有切削层无须抬刀至安全平面，使切削过程更加高效。"层到层"选项有"使用转换方法""直接对部件""沿部件斜进刀"和"沿部件交叉斜进刀"四个选项。

1）"使用转换方法"。刀具在切削层之间转移使用在"进刀/退刀"选项卡中所指定的方式。

2）"直接对部件"。刀具在切削完一个切削层后，直接在零件表面直线运动切削到下一层，消除了不必要的内部退刀。大大减少刀具非切削运动的时间，可以有效提高加工效率。

3）"沿部件斜进刀"。刀具在切削完一个切削层后，在零件表面上以斜线切削到下一层。这种方式刀具具有更稳定的切削深度和残料高度。

4）"沿部件交叉进刀"。和"沿部件斜进刀"相似，它们的区别如图4-36所示。

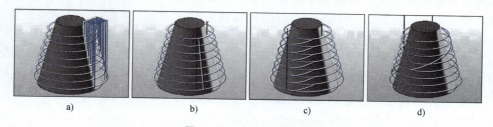

图4-36 "层与层"选项
a）"使用转换方法" b）"直接对部件" c）"沿部件斜进刀" d）"沿部件交叉进刀"

（3）在层之间切削 如果在深度轮廓铣的相邻两层刀具轨迹间存在较大平坦区域时，控制是否在该区域插入刀具轨迹时使用"在层之间切削"选项，含义如图4-37所示。系统会在部件的陡峭区域使用深度轮廓铣生成刀具轨迹，在非陡峭区域使用区域轮廓铣生成刀具轨迹。该选项位于"切削参数"对话框"连接"选项卡。

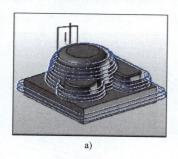 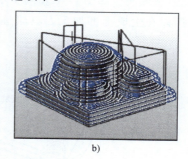

图4-37 "在层之间切削"选项
a）未选中"在层之间切削"选项 b）选中"在层之间切削"选项

如果选中这个选项对话框会多出"步距"选项，控制在平坦区域相邻刀具轨迹之间的距离，控制方法有"使用切削深度""恒定""残余高度""刀具直径百分比"四个选项，具体含义如图4-38所示。

（4）临界深度顶面切削 "切削层"对话框"范围类型"选择"单个"，对话框中出现"临界深度顶面切削"选项。临界深度顶面切削影响深度轮廓铣的间隙区域，图4-39所示为临界深度顶面切削将单个间隙区域分成了两个区域。

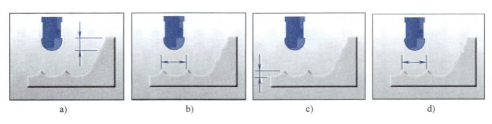

图 4-38　"步距"选项

a)"使用切削深度"　b)"恒定"　c)"残余高度"　d)"刀具直径百分比"

2. 模型处理

在自动编程中，技术人员一般拿到的模型是最终加工完成后的数字模型，如果直接在该模型的基础上进行编程，那么使用生成的刀具轨迹加工，所得到的中间结果会和实际企业加工的结果有较大出入。因此，为了得到满意的刀具轨迹和加工结果，编程人员必须对模型进行适当的处理。

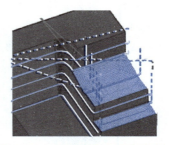

图 4-39　"临界深度顶面切削"

（1）模型处理的原则

1）模型处理必须满足加工的精度要求。

2）模型处理必须使得创建的刀具轨迹满足加工工艺的需要。

3）模型处理的结果必须能够生成光顺、高效的刀具轨迹。

4）使用处理过的模型生成的刀具轨迹加工零件，最终的结果必须和零件最初模型结构完全一致。

（2）模型处理的方法　原则上讲，如果可以满足模型处理要求，可以使用 UG NX 软件中的任何一种方法和工具，但一般情况下是在原始模型基础上，使用各种工具填补上操作需要规避的区域或者专门建立和规避区域形状相同的实体和片体。

1）填补规避区域法。如图 4-40 左图所示的区域 1 是在零件上部各面加工完成后加工沉孔时产生的，所以在生成上部加工刀具轨迹时，需要进行模型处理。合理的模型如图 4-40 右图所示。

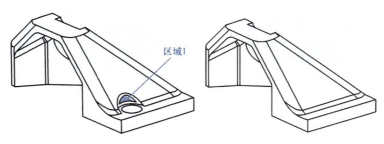

区域1

图 4-40　填补规避区域法

2）另建模型法。如图 4-41 所示区域，如果首先加工的是零件的上端各面，则此时区域内的面是不存在的，所以生成刀具轨迹之前需要进行模型处理。可以使用另外生成实体模型的方法进行填补，结果如图 4-42 所示。具体创建过程可扫二维码 E4-7 观看视频。

（3）模型处理的流程　自动编程使用的模型处理过程千变万化，但基本流程是一致的，基本上都是根据加工工艺的需要进行处理，一般按照以下的步骤进行。

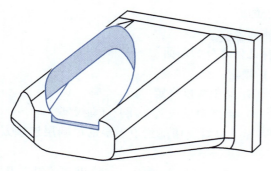

图 4-41 需填补区域

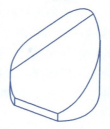

图 4-42 另建模型结果

E4-7

1）设计工艺流程，确定需要处理的面。零件加工的工艺流程不同，要求处理的结果可能不尽相同，所以处理模型时要考虑零件可能使用的加工方法、加工设备等。当零件需要使用多个设备进行加工编程时，一般一个设备使用一个部件几何。为其中某一个设备编程时，则以编程方便、加工高效、便于保证加工精度，又能方便后续设备编程为原则，确定需要处理的面。如图 4-43 所示塑料模嵌件，冷水道孔、顶杆孔需要在专门的钻床上加工，所以铣削加工时可以把这些孔删掉，加快刀具轨迹的计算速度。四个侧面为了保证加工时不出现欠切现象，把四个面向外偏移 1mm，还有铣床加工不到需要电火花加工，线切割加工的部位需要进行一定的处理和简化。

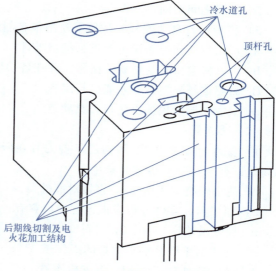

图 4-43 删除不需要的面

2）对原模型进行备份。处理模型时，一定要保证加工的结果符合产品要求，而产品的原始模型就是结果的衡量依据，所以处理模型时，必须在模型的备份上进行，而原始模型不能变动。

3）构想处理完成后要达到的目标。同一个模型，不同的编程技术人员进行编程，处理的方法和结果各不相同，但只要能保证加工的结果符合要求，并且加工高效、处理方便即可。所以在处理前一定要有一个预设的结果，才能更快地确定处理方法。

4）使用熟悉的工具处理模型。加工模型的处理方法多样，但由于编程时获得的模型是非参数化的，所以使用同步建模工具最为常见。

4.2.2 课中任务实施

1. 课前预习效果检查

（1）单选题

1）下边有关深度轮廓铣切削区域的说法不对的是（　　）。

A. 如果不定义切削区域，则对整个部件几何计算刀具轨迹

B. 定义深度轮廓铣区域时可以使用片体上的面

C. 定义深度轮廓铣加工区域可以使用实体的表面

D. 定义深度轮廓铣加工区域可以选择部件几何之外的曲面

2）深度轮廓铣的轴向切削范围由（　　　）确定。

A. 所定义的切削区域确定　　　　　　B. 切削深度决定

C. 切削区域和切削深度一起决定　　　D. 系统自动设置，用户不能更改

3）深度轮廓铣操作中，控制刀具在零件表面上以斜线切削到下一层的层到层连接方式是（　　　）。

A. 沿部件交叉进刀　　B. 使用转换方法　　C. 直接对部件　　　D. 沿部件斜进刀

4）在陡峭区域两层刀具轨迹之间存在的较大的平坦区域插入刀具轨迹的选项是：（　　　）。

A. 在层之间切削　　　B. 层到层　　　　　C. 临界深度顶面加工　D. 在边上延伸

5）模型进行自动编程时，如果模型很难创建符合要求的刀具轨迹，（　　　）。

A. 可以直接在原始模型上进行编辑处理

B. 可以将模型复制到新的图层，并在备份模型上编辑

C. 需要重新建模后，才能进行编程

D. 只能在原始模型上生成刀具轨迹

（2）多选题

1）深度轮廓铣中，"层到层"使刀具在所有层中无须抬刀至安全平面，使切削过程更加高效，有（　　　）等多个选项。

A. 使用转换方法　　B. 直接对部件　　　C. 沿部件交叉进刀　　D. 沿部件斜进刀

2）加工前，零件分析应该包含的内容有：（　　　）。

A. 极限尺寸　　　　B. 材料　　　　　　C. 最小凹圆角　　　　D. 毛坯形状

3）下边属于型腔铣子类型的操作是（　　　）。

A. 拐角粗加工　　　B. 深度轮廓铣　　　C. 残料加工　　　　　D. 区域轮廓铣

4）深度轮廓铣"在层之间切削"插入的刀具轨迹，其间距的控制方式有（　　　）。

A. 恒定　　　　　　B. 使用切削深度　　C. 刀具直径百分比　　D. 残余高度

5）加工前模型处理的基本方法有（　　　）。

A. 模型复制法　　　B. 填补规避区域法　C. 删除模型法　　　　D. 新建模型法

（3）判断题

1）深度轮廓铣一般用于陡峭区域的精加工和半精加工。（　　　）

2）层到层选择"直接对部件"，刀具在切削完一个切削层后，直接在零件表面直线运动到下一层，消除了不必要的内部退刀。（　　　）

3）深度轮廓铣"在层之间切削"选项可以控制在平坦区域插入另外的刀具轨迹。（　　　）

4）最大移刀距离选项只有"短距离移动上进给"选项选中才能被激活。（　　　）

5）加工铸件时，为了保证刀具平滑地切入和切出部件，需要在刀具轨迹起点和终点添加切削移动，这个选项是"在边上延伸"。（　　　）

2. 工艺方案确定

（1）零件工艺分析

1）分析零件的极限尺寸：X 方向极限尺寸 99.58mm，Y 方向极限尺寸 51.65mm，Z 方

向极限尺寸 43.25mm，所有凹圆角半径为 $R5mm$。

2）根据零件的形状特点，需要进行三个方向加工，三次装夹。为加工装夹、编程方便，按图 4-44 所示顺序进行加工。

3）零件中的曲面均可以采用三轴数控铣床进行加工，这些曲面基本为陡峭面，可采用深度轮廓铣进行这些面的半精加工及精加工。

4）孔放在最后加工。

（2）零件工艺编排——参考

1）第一面加工。

① 使用平面铣进行圆柱形腔粗加工。

② 使用平面轮廓铣进行圆柱腔侧面精加工，加工结果如图 4-45 所示。

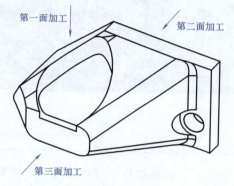

图 4-44　加工顺序

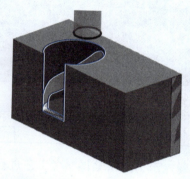

图 4-45　第一面加工

2）第二面加工。

① 使用型腔铣进行外侧面粗加工。

② 使用型腔铣进行内腔粗加工。

③ 使用型腔铣进行内腔半精加工。

④ 使用平面轮廓铣进行外侧面精加工。

⑤ 使用底壁铣进行内腔底面精加工。

⑥ 使用深度轮廓铣进行内腔侧面精加工，加工结果如图 4-46 所示。

3）第三面加工。

① 使用型腔铣进行右侧面粗加工。

② 使用型腔铣进行左侧面粗加工。

③ 使用平面铣进行平面精加工。

④ 使用深度轮廓铣进行右侧面精加工。

⑤ 使用深度轮廓铣进行左侧面精加工，如图 4-47 所示。

4）孔加工。

① 使用中心钻操作打中心孔。

② 使用钻孔操作进行通孔加工。

③ 使用扩孔操作进行台阶孔加工，加工结果如图 4-48 所示。

（3）零件工艺编排方案——学生　通过熟悉防护盖的任务描述、工艺分析，参考工艺过程，结合专业知识，完善防护盖工艺方案，填写工艺方案表。工艺方案表见表 4-7。

图 4-46　第二面加工

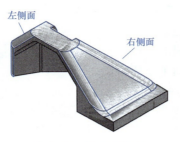

左侧面
右侧面

图 4-47　第三面加工

图 4-48　孔加工

表 4-7　防护盖工艺方案

姓　　名			班　　级		学　　号		
零件名称			材　　料		夹　　具		
最小凹圆角			最大切削深度/mm		机　　床		
序号	工序名称	刀具	刀具伸出长度/mm	主轴转速/(r/min)	进给率/(mm/min)	操作名称	
1							
2							
3							
4							

温馨提示： 如果觉得参考工艺过程有需要改善的地方，可在表格中进行体现，最终要求提交电子档的工艺方案表。

3. 任务实施步骤

（1）任务实施步骤——参考

1）打开文件 4-2. prt，并对模型进行分析和处理。方法：

① 使用"上边框条"→"复制至图层"工具按钮 🔲 复制至图层 将被加工模型复制到图层 10。

② 使用快捷键 Ctrl+L 打开图层设置对话框，将工作图层设为图层 10，并关闭图层 1。

③ 使用同步建模"删除面"工具按钮 🔘 将模型中的孔填补上，结果如图 4-49 所示。

④ 使用拉伸、面修剪、边圆角等工具创建右侧圆柱腔填补体，结果如图 4-50 所示。

⑤ 使用包容体和同步建模工具创建毛坯几何体，毛坯几何体参考尺寸为 100mm×52mm×44mm。

温馨提示： 创建毛坯时毛坯的底面、前面、右侧面和被加工零件的底面、前面、右侧面重合，结果如图 4-51 所示。

2）进行加工几何设置。方法：

① 使用默认设置转入加工应用模块。

② 调整 WORKPIECE 与 MCS_MILL 的关系。将工序导航器转入几何视图，并调整 WORKPIECE 与 MCS_MILL 的父子关系，最终使得 WORKPIECE 为父特征，MCS_MILL 为子特征。将 MC_MILLS 改名为 MCS1。

③ 定义 WORKPIECE。双击 WORKPIECE，系统弹出"工件"对话框，指定长方体为毛坯几何，零件模型为部件几何。

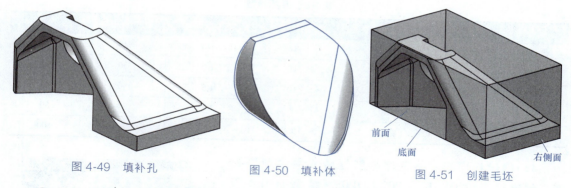

图 4-49 填补孔　　　　图 4-50 填补体　　　　图 4-51 创建毛坯

④ 定义 MCS1。将 MCS1 坐标系原点定义到毛坯顶面中心，安全平面距离毛坯顶面 20mm，结果如图 4-52 所示。

⑤ 定义 MCS2 和 MCS3。将 MCS1 在 Workpiece 下复制两个，分别重命名为 MCS2、MCS3。将 MCS2 原点定义到毛坯后面中心，结果如图 4-53 所示。MCS3 原点定义到毛坯底面中心，安全平面分别距离后面和底面 20mm，结果如图 4-54 所示。

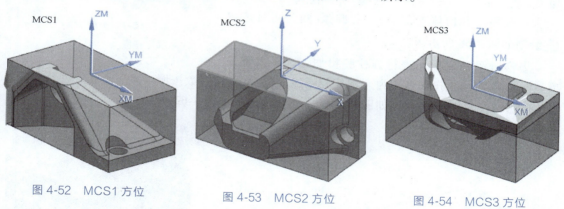

图 4-52 MCS1 方位　　　图 4-53 MCS2 方位　　　图 4-54 MCS3 方位

⑥ 在 MCS1 下创建 WORKPIECE1，将实体"体（1）"和圆柱腔修补体指定为部件几何，不指定毛坯几何。

⑦ 在 MCS1 下创建 WORKPIECE2，将产品原始模型"体（0）"指定为部件几何，不指定毛坯几何，结果如图 4-55 所示。

3）创建刀具，将工序导航器转入机床视图，创建刀具参数见表 4-8，结果如图 4-56 所示。

图 4-55 工序导航器-几何视图

图 4-56 工序导航器-机床视图

表4-8　刀具参数

序号	名称	刀具类型|子类型	直径/mm	下半径/mm	刃长/mm	长度/mm
1	D16	MILL	16	R0	40	105
2	D10	MILL	10	R0	30	75
3	D10R5	MILL	10	R5	30	75
4	D8R4	MILL	8	R4	20	50
5	Z10.8	钻头	10.8		70	100

4）创建程序组。将工序导航器转入程序顺序视图，创建程序组OP01、OP02、OP03。结果如图4-57所示。

扫描二维码E4-8观看步骤1）至步骤4）操作视频。

5）使用刀具D16创建平面铣操作，进行圆柱腔粗加工。方法：

① 使用"几何体"工具栏→"圆弧/圆"工具按钮绘制如图4-58所示圆。

② 创建平面铣操作进行圆柱腔粗加工，平面铣父项如图4-59所示，操作名称为"圆柱腔粗加工"，平面铣参数按照表4-9设置，边界定义如图4-60所示，生成刀具轨迹如图4-61所示，仿真结果如图4-62所示。

图4-57　工序导航器-程序顺序视图

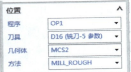

图4-58　绘制边界圆　　图4-59　平面铣父项

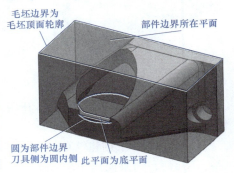

图4-60　平面铣边界定义

表4-9　平面铣切削参数

序号	参数名称	参数值	序号	参数名称	参数值
1	加工方法	平面铣	7	部件余量/mm	0.3
2	切削模式	跟随周边	8	底面余量/mm	0.12
3	步距	72%刀具直径	9	封闭区域进刀	螺旋（90%、5°、3、前一层、0、10%）
4	切深	1	10	区域内转移方式	进刀/退刀
5	刀具轨迹方向	向外	11	转速/(r/min)	2000
6	岛清理	选中、无	12	进给/(mm/min)	1000

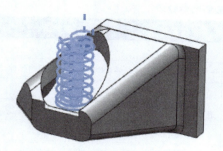

图 4-61　平面铣刀具轨迹

图 4-62　平面铣仿真结果

6）使用刀具 D16 创建平面铣操作，进行圆柱腔精加工。方法：

复制步骤 5）圆柱腔粗加工，名称改为"圆柱腔精加工"，方法父项改为 MILL_FINISH，切削参数修改见表 4-10，生成的刀具轨迹如图 4-63 所示，仿真加工结果如图 4-64 所示。

表 4-10　圆柱腔精加工切削参数

序号	参数名称	参数值	序号	参数名称	参数值
1	加工方法	平面铣	7	区域内转移方式	进刀/退刀
2	切削模式	轮廓	8	区域内转移类型	直接
3	切深/mm	6/mm	9	开放区域进刀	圆弧（7、45°、1、修剪/延伸、50%）
4	部件余量/mm	0/mm	10	转速/(r/min)	2500
5	底面余量/mm	0/mm	11	进给/(mm/min)	900
6	封闭区域进刀	与开放区域相同			

7）使用 D16 刀具创建型腔铣，对第二面外侧进行粗加工。方法：

① 在建模环境中，在零件底面创建如图 4-65 所示草图 1。

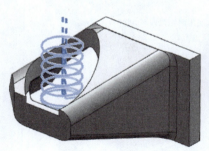

图 4-63　圆柱腔精加工刀具轨迹

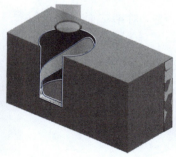

图 4-64　圆柱腔精加工仿真结果

图 4-65　草图 1

② 创建型腔铣操作，操作父项如图 4-66 所示，操作名称为"第二面外侧粗加工"，参数设置见表 4-11，修剪边界选择草图 1（图 4-65），刀具侧为内侧。生成刀具轨迹如图 4-67 所示，加工仿真结果如图 4-68 所示。

8）使用 D16 刀具创建轮廓铣，对第二面外侧进行精加工。方法：

图 4-66　平面铣操作父项

表 4-11　第二面外侧粗加工切削参数表

序号	参数名称	参数值	序号	参数名称	参数值
1	加工方法	型腔铣	7	余量	0.5
2	修剪边界	草图1(内侧)	8	开放区域进刀类型	线性(60%、0、0、1、修剪与延伸、50%)
3	切削模式	跟随部件	9	转速/(r/min)	2000
4	步距	65%刀具直径	10	进给/(mm/min)	1000
5	切深/mm	2	11	进刀速度	50%进给速度
6	切削层范围/mm	35	12	第一刀切削	60%进给速度

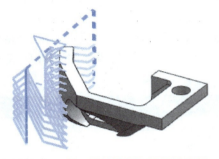

图 4-67　第二面外侧粗加工刀具轨迹

图 4-68　第二面外侧粗加工仿真结果

① 复制步骤 6）圆柱腔精加工操作，将程序父项改为 OP2，几何体父项改为 MCS3。

② 部件边界，毛坯边界，底平面设置如图 4-69 所示。

③ 生成刀具轨迹如图 4-70 所示，仿真结果如图 4-71 所示。

9）使用 D16 刀具创建型腔铣，对第二面内腔进行粗加工，方法：

① 复制步骤 7）创建的第二面外侧粗加工操作。

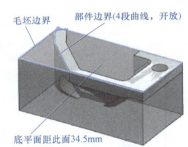

图 4-69　边界定义

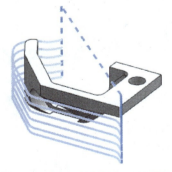

图 4-70　第二面外侧精加工刀具轨迹

图 4-71　第二面外侧精加工仿真结果

② 操作名称改为"第二面内腔粗加工"，修剪边界的修剪侧改为外侧，范围深度改为 39.25mm。

③ 刀具轨迹如图 4-72 所示，仿真结果如图 4-73 所示。

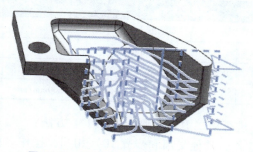

图 4-72　第二面内腔粗加工刀具轨迹

图 4-73　第二面内腔粗加工仿真结果

10）使用 D10 刀具创建型腔铣，对第二面内腔进行半精加工，方法：

① 复制步骤 9）创建的第二面内腔粗加工操作。

② 操作名称改为"第二面内腔半精加工"，刀具改为 D10，切削模式改为"跟随周边"，切深改为 1mm，余量改为 0.25mm，过程工件改为使用 3D，转速改为 4000r/min，进给 1800mm/min。

③ 刀具轨迹如图所示 4-74 所示，仿真结果如图 4-75 所示。

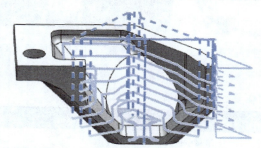

图 4-74　第二面内腔半精加工刀具轨迹

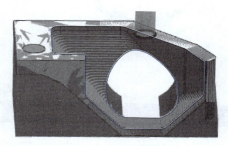

图 4-75　第二面内腔半精加工仿真结果

11）使用 D10 刀具底壁铣操作，进行第二面内腔底面精加工。方法：

① 创建底壁铣操作，操作父项如图 4-76 所示，操作名称为"第二面内腔底面精加工"。

② 切削区域底面选择如图 4-77 所示平面，操作参数见表 4-12。

③ 刀具轨迹如图 4-78 所示，仿真结果如图 4-79 所示。

位置	
程序	OP2
刀具	D10 (铣刀-5 参数)
几何体	MCS3
方法	MILL_FINISH

图 4-76　底壁铣父项

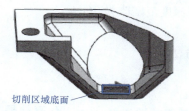

切削区域底面

图 4-77　切削区域地面

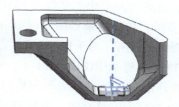

图 4-78　第二面内腔底面精加工
刀具轨迹

图 4-79　第二面内腔底面精加工
仿真结果

表4-12　底壁铣切削参数表

序号	参数名称	参数值	序号	参数名称	参数值
1	加工方法	底壁铣	5	切削区域空间范围	底面
2	切削模式	跟随周边	6	余量/mm	0
3	底面毛坯厚度/mm	0.5	7	开放区域进刀类型	线性（3、0、0、3、3）
4	切削步距	50%刀具直径	8	转速/进给	5000r/min/2000mm/min

12）使用刀具 D10R5 创建深度轮廓铣操作，进行第二面内腔侧面精加工。方法：

① 创建深度轮廓铣操作，除刀具使用 D10R5 外，其他父项和步骤 10）相同，操作名称为"第二面内腔侧面精加工"。

② 切削区域选择如图 4-80 所示，切削参数设置见表 4-13，生成刀具轨迹如图 4-81 所示，仿真结果如图 4-82 所示。

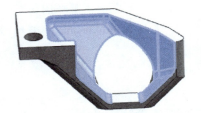

图 4-80　切削区域

图 4-81　第二面内腔侧面精加工
刀具轨迹

图 4-82　第二面内腔侧面精加工
仿真结果

表4-13　第二面内腔侧面精加工切削参数表

序号	参数名称	参数值	序号	参数名称	参数值
1	加工方法	深度轮廓铣	7	余量/mm	0
2	陡峭范围	无	8	层到层	直接对部件进刀
3	切深/mm	0.15	9	开放区域进刀类型	圆弧（50%,45°,1,50%）
4	切削层范围/mm	39.25	10	转速/（r/min）	3500
5	切削方向	混合	11	进给/（mm/min）	2000
6	切削顺序	深度优先			

13）使用刀具 D16 创建型腔铣操作，对第三面进行粗加工。方法：

① 将步骤 9）创建的第二面内腔粗加工操作复制到 WORKPIECE1 下。

② 程序组父项改为 OP3，操作名称改为"第三面粗加工"。

③ 取消选择修剪边界，切削模式改为"跟随部件"，切削深度范围改为 36mm。

④ 生成刀具轨迹如图 4-83 所示，仿真结果如图 4-84 所示。

14）使用刀具 D10 创建面铣，进行第三面平面精加工，方法：

① 将步骤 11）产生的刀具轨迹复制 WORKPIECE1 下。

② 程序组父项改为 OP3，操作改名为"第三面平面精加工"。

③ 选择如图 4-85 所示平面作为切削区域底面，生成刀具轨迹如图 4-86 所示，仿真结果如图 4-87 所示。

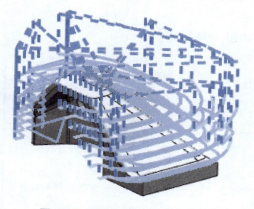

图 4-83　第三面粗加工刀具轨迹

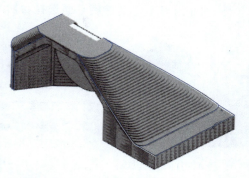

图 4-84　第三面粗加工仿真结果

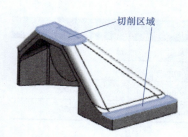

图 4-85　切削区域底面

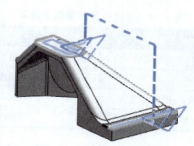

图 4-86　第三面平面精加工刀具轨迹

图 4-87　第三面平面精加工仿真结果

15）使用 D10R5 创建深度轮廓铣，进行第三面曲面精加工。方法：

① 将步骤 12）创建的第二面内腔侧面精加工刀具轨迹复制到 WORKPIECE1 下。

② 程序组父项改为 OP3，操作改名为"第三面曲面精加工"。

③ 切削区域修改为如图 4-88 所示曲面，生成刀具轨迹如图 4-89 所示，仿真结果如图 4-90 所示。

图 4-88　切削区域

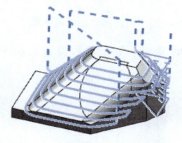

图 4-89　第三面曲面精加工刀具轨迹

图 4-90　第三面曲面精加工仿真结果

16）使用 D16 创建平面轮廓铣，进行台阶孔加工。

① 使用直线工具 ╱ 在如图 4-91 位置，过圆心沿 XC 方向创建长度为 10mm 的直线。

② 创建平面轮廓铣操作，操作父项如图 4-92 所示，操作名称为"台阶孔加工"。

③ 部件边界选择绘制的直线，刀具和直线对中。

④ 毛坯边界不定义，底平面选择台阶平面，如图4-93所示。

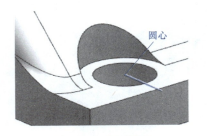

位置 ∧

程序	OP3 ▼
刀具	D16 (铣刀-5 参数) ▼
几何体	WORKPIECE2 ▼
方法	MILL_FINISH ▼

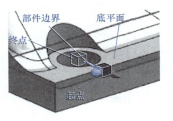

图 4-91　绘制直线　　　　图 4-92　操作父项　　　　图 4-93　加工边界和底平面

⑤ 切削参数定义见表4-14，产生的刀具轨迹如图4-94所示，仿真结果如图4-95所示。

表 4-14　台阶孔加工切削参数表

序号	参数名称	参数值	序号	参数名称	参数值
1	加工方法	平面轮廓铣	5	退刀类型	抬刀
2	余量/mm	0	6	高度/mm	12
3	开放区域进刀类型	线性-相对于切削	7	转速/(r/min)	2500
4	进刀参数	50%、0、0、1、3	8	进给/(mm/min)	2000

17）使用刀具Z10.8创建钻孔操作进行孔加工。方法：

① 创建钻孔操作，操作的父项如图4-96所示。

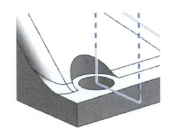

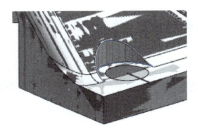

位置 ∧

程序	OP3 ▼
刀具	Z10.8 (钻刀) ▼
几何体	WORKPIECE2 ▼
方法	DRILL_METHOD ▼

图 4-94　台阶孔加工刀具轨迹　　图 4-95　台阶孔加工仿真结果　　　　图 4-96　操作父项

② 指定特征几何体如图4-97所示，切削参数设置见表4-15，生成刀具轨迹如图4-98所示，仿真结果如图4-99所示。

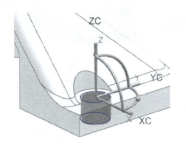

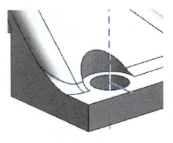

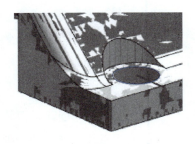

图 4-97　特征几何体　　　　图 4-98　钻孔加工刀具轨迹　　　图 4-99　钻孔加工仿真结果

表 4-15　钻孔加工参数表

序号	参数名称	参数值	序号	参数名称	参数值
1	加工方法	钻孔	5	底偏置距离/mm	2.5
2	循环	钻	6	转速/(r/min)	1000
3	顶偏置距离/mm	3	7	进给/(mm/min)	100
4	Rapto 偏置距离/mm	0	8		

18）保存文件。扫描二维码 E4-9 观看步骤 5）至步骤 17）操作过程。

（2）任务实施操作完善——学生　要求：

1）参考实施步骤第 12），型腔铣操作有较多的空切刀具轨迹，切削的效率比较低，考虑如何优化刀具轨迹以减少退刀和空走刀，请使用优化后的切削参数生成刀具轨迹，并进行仿真。

E4-9

温馨提示：可以改变加工方法，也可以增加或减少操作数量。

2）参考实施步骤第 14），深度轮廓铣操作生成的刀具轨迹虽然光顺，但有一定的空切刀具轨迹，请尝试进行相关参数更改，生成刀具轨迹，并进行仿真。

3）将以上自己得到的结果整理成电子文档。

4.2.3　课后拓展训练

1）拐角轮廓粗加工和深度轮廓铣在功能上和生成的刀具轨迹上有什么相似和区别？

2）对如图 4-100 所示零件进行加工自动编程。

请扫描二维码模型文件 4-4 下载模型文件。

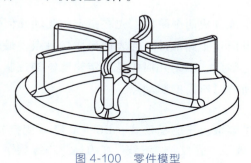

模型文件 4-4

图 4-100　零件模型

任务 4.3　塑料模嵌件加工编程

【知识点】

- 固定轮廓铣常用参数。
- 固定轮廓铣常用驱动方式。

【技能目标】

- 掌握固定轮廓铣常用参数的用法。

- 能合理运用固定轮廓铣的各种驱动方法生成零件加工刀具轨迹。
- 掌握模具嵌件的加工基本思路。

【任务描述】

塑料模制造中嵌件是非常常见的加工任务。为了满足产品的成形和模具的结构要求，嵌件上经常会出现一些数控加工无法完成的小圆角，甚至尖角，这些部分可以根据具体情况留作后续的电火花或线切割完成。另外，嵌件中还会出现一些深腔结构，在设计刀具轨迹时应该考虑刀具长度和刀柄，保证加工安全。

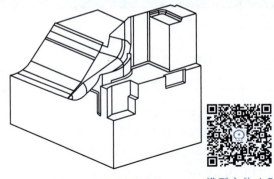

图 4-101　塑料模嵌件　　　模型文件 4-5

如图 4-101 所示塑料模嵌件，材料为模具钢 718，要求对嵌件成形面进行加工，数控铣削无法完成的部分可留作电火花或线切割加工。

请扫描二维码模型文件 4-5 下载模型文件。

4.3.1　课前知识学习

1. 固定轮廓铣加工概述

固定轮廓铣是一种三轴联动加工方式，在刀具轨迹生成过程中刀轴保持与指定矢量平行。它允许通过控制刀具轴和投影矢量，使刀具沿着复杂曲面轮廓运动，是曲面区域精加工刀具轨迹生成的主要方法。

固定轮廓铣刀具轨迹生成分成两个阶段：先在指定的驱动几何体上产生驱动点，再将这些驱动点沿着指定的矢量方向投影到部件几何表面形成接触点，最后将接触点按顺序连接起来，形成刀具的运动轨迹。因此，驱动几何体是固定轮廓铣的控制要素，通过指定不同的驱动方式可以创建生成刀具轨迹时所需的驱动点。

2. 常用驱动方式

固定轮廓铣刀具轨迹主要取决于驱动形式，UG NX 12.0 固定轮廓铣的驱动形式有"边界""区域铣削""曲面区域""清根""流线""刀轨""螺旋""曲线/点""径向切削""文本"等多种形式。

（1）边界驱动

1）边界驱动特点。"边界"驱动通过选择或创建一个封闭的边界或环来定义切削区域。切削区域由边界、环或二者的组合定义，将由边界定义的切削区域内的驱动点沿指定的投影矢量投影到工件表面生成刀具轨迹。

"边界"驱动的边界可以由一系列曲线创建的永久边界、点或面构成。它们可以定义切削区域及岛或腔的外形。在定义边界时可以为每个边界成员指定刀具与边界的位置属性："相切于""在上面"或"接触"。并且创建的边界可以超出工件表面的大小范围，也可以在工件表面内限制一个更小的区域，还可以与工件表面的边重合。

2）边界驱动使用方法。在"固定轮廓铣"对话框中"驱动方法"选项组"方法"选项列表中，选择"边界"驱动方式，系统弹出"边界驱动方法"对话框，如图 4-102 所示。

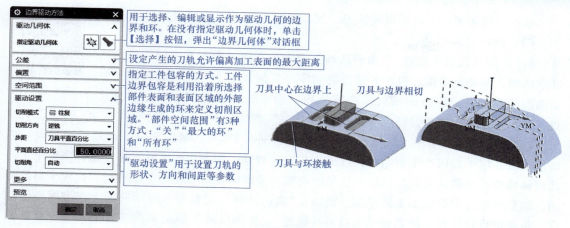

图 4-102   "边界驱动方法"对话框及实例

请扫二维码 E4-10 观看视频学习"边界"驱动使用方法。

（2）区域铣削驱动

1）区域铣削驱动特点。"区域铣削"驱动方式仅用于固定轮廓铣操作，它通过切削区域来定义固定轮廓铣操作，在该驱动方法中可以指定陡峭限制和修剪边界限制，与边界驱动方式类似，但不需要指定驱动几何体。在允许的情况下，应尽可能使用"区域铣削"驱动来代替"边界"驱动。

E4-10

"区域铣削"驱动中切削区域可以用表面区域、片体或表面来定义，如果不选择切削区域，系统将把已定义的整个部件几何体表面（包括刀具不能到达的区域）作为切削区域。

2）区域铣削驱动使用方法。在"固定轮廓铣"对话框中的"驱动方法"选项组"方法"选项列表中选择"区域铣削"，系统弹出"区域铣削驱动方法"对话框，如图 4-103 所示。

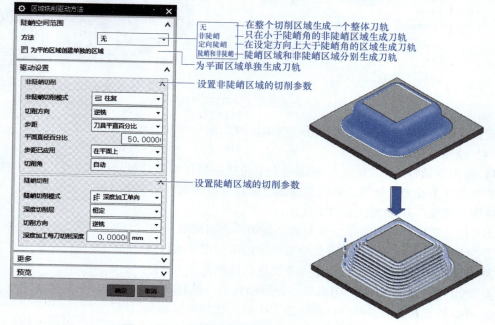

图 4-103   "区域铣削驱动方法"对话框及实例

请扫二维码 E4-11 观看视频学习"区域铣削"驱动模式使用方法。

（3）曲面区域驱动

1）曲面区域驱动概述。"曲面区域"驱动是在驱动曲面上创建网格状驱动点阵列，驱动点沿指定投影矢量投射到零件几何表面上生成刀具轨迹。驱动曲面必须按一定的行序或列序进行排列，相邻的曲面必须共享一条公共边，且不存在超出"首选项"定义的"链公差"的缝隙。

E4-11

"曲面区域"驱动和"区域铣削"驱动的区别在于："区域铣削"驱动是通过指定切削区域，在区域平面内产生驱动点，进而生成刀具轨迹。如果切削区域没有指定，则整个工件几何体将被系统默认为切削区域。区域驱动常与非陡峭角结合使用，用于加工比较平坦的曲面，然后再通过型腔铣加工陡峭部分曲面。"曲面区域"驱动是从驱动曲面上产生网格驱动点，将驱动点投影到工件表面上生成刀具轨迹。"曲面区域"驱动常用于对型面加工质量要求较高的情况下。

2）曲面区域驱动使用。在"固定轮廓"对话框"驱动方法"选项组"方法"选项列表中选择"曲面区域"，系统弹出"曲面区域驱动方法"对话框，如图 4-104 所示。

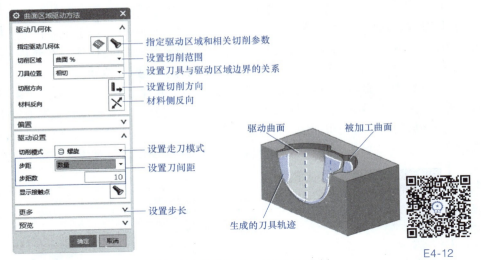

图 4-104 "曲面区域驱动方法"对话框及实例

请扫二维码 E4-12 观看视频学习"曲面区域"驱动模式使用方法。

（4）清根驱动

1）清根驱动特点。"清根"驱动是固定轮廓铣操作特有的驱动方式，它沿着工件表面形成的角和谷生成刀具轨迹，系统根据加工最佳方案规则自动决定清根方向和顺序。

使用"清根"驱动方式有以下优点：

① "自动清根"可以在加工往复式切削图样之前减缓角度。

② 可以移除之前较大球头刀具遗留下来的未切削区域材料。

③ 刀具轨迹沿着凹谷和角而不是在固定的切削角或 UV 方向。

④ 使用"自动清根"，当刀具从一侧运动到另一侧时，不会嵌入工件。

⑤ 可以使刀具在步进间保持连续进刀来最大化切削运动。

用"清根"驱动定义部件几何体可以选择工件模型的所有表面，且选择表面没有顺序要求。也可选择一个实体作为部件几何体，系统会自动判断部件几何体表面哪些地方需要清根操作。

2）清根驱动使用方法。在"固定轮廓铣"对话框"驱动方法"选项组"方法"选项列表中，选择"清根"选项，系统弹出"清根驱动方法"对话框，如图4-105所示。

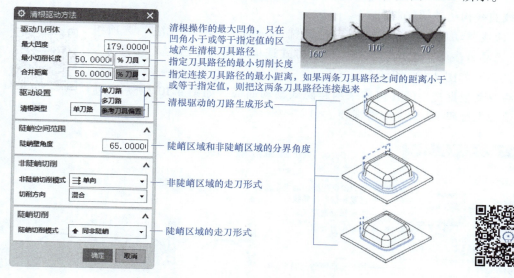

图4-105　"清根驱动方法"对话框

E4-13

请扫二维码E4-13观看视频学习"清根"驱动模式使用方法。

（5）流线驱动

1）流线驱动特点。"流线"驱动根据选中的几何体构建隐式驱动曲面，它可以更方便灵活地创建刀具轨迹，而被加工曲面不需要规则排列。流线可以定义流曲线和交叉曲线，也可以只定义流曲线，交叉曲线的作用和构建网格曲面时交叉曲线的作用相同，如图4-106所示。

图4-106　流线驱动

如果被加工区域比较简单，可以让系统根据选择的切削区域自动判断生成流线，从而控制刀具轨迹的形式。

温馨提示：

① 流线是系统根据切削区域的外边界生成，如果选择的切削区域在部件几何上没有外边界，将提示无法生成流线。

② 使用流线驱动生成的刀具轨迹会忽略切削区域内小的孔、槽。

③ 如果切削区域选择了多个不相连的曲面，系统会自动处理具有最长周边的单一连续

区域，其他区域被忽略。

④ 如果系统自动判断选择的流线不能满足加工要求时，用户可以根据需要手动选择流线，这个时候需要注意的是：假如用户既选择了流线曲线，又选择了切削区域，则流线控制刀具轨迹形式要求流线曲线完全覆盖需切削的区域；假如用户只选择了流线曲线，则系统会根据流线曲线构建被切削曲面。

2）流线驱动的用法。在"固定轮廓铣"对话框"驱动方法"选项组"方法"选项列表中，选择"流线"驱动方式选项，系统弹出"流线驱动方法"对话框，如图 4-107 所示。

流线驱动根据选中的几何体来构建隐式驱动曲面，如图 4-107 所示。使用方法请扫二维码 E4-14，观看视频。

E4-14

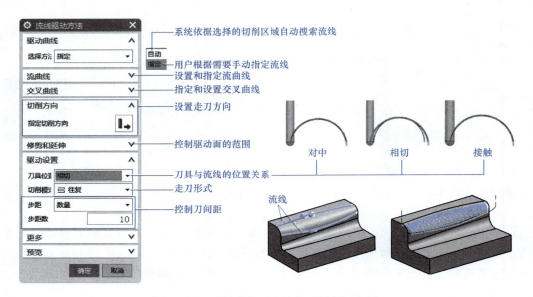

图 4-107 "流线驱动方法"对话框及实例

4.3.2 课中任务实施

1. 课前预习效果检查

（1）单选题

1）"边界"驱动方法对话框偏置选项组边界偏置用于指定驱动边界的（ ）大小。

A. 内公差　　　　B. 外公差　　　　C. 余量　　　　D. 最大环

2）"区域铣削"驱动只能用于（ ）。

A. 深度轮廓铣　　B. 平面铣　　　　C. 型腔铣　　　　D. 固定轴区域轮廓铣

3）区域轮廓铣中陡峭空间范围控制只在（ ）的区域生成刀具轨迹。

A. 定向陡峭　　　B. 无　　　　　　C. 非陡峭　　　　D. 陡峭和非陡峭

4）"区域铣削驱动方法"对话框中"步距已应用"选项可以控制在切削过程中的步距在工件中的使用位置，步距沿工件表面测量的选项是（ ）。

A. 在平面上　　　B. 在部件上　　　C. 在深度方向上　　D. 不确定

5）"边界"驱动方式，同心走刀的中心是（　　　）逐渐增大或减小的圆心切削图样。

A. 用户指定或系统最优中心点　　　　　B. 用户不能指定

C. 默认　　　　　　　　　　　　　　　D. 不确定

（2）多选题

1）固定轴区域轮廓铣的刀具轨迹生成分成（　　　）几个阶段。

A. 在指定的驱动几何体上产生驱动点

B. 生成刀具轨迹

C. 将驱动点沿指定矢量方向投影到零件集合表面形成接触点

D. 将接触点连接起来

2）"边界"驱动方式可以指定刀具与每个边界或环的位置属性，位置属性有（　　　）。

A. 相切于　　　　　B. 在上面　　　　　C. 接触　　　　　D. 刀具中心在边界上

3）"边界"驱动方式"驱动几何体"选项组用于（　　　）作为驱动几何的边界和环。

A. 选择　　　　　B. 接触于　　　　　C. 显示　　　　　D. 编辑

4）"边界"驱动方式的切削模式有（　　　）几类。

A. 平行线方式走刀　　B. 轮廓走刀　　　C. 米形走刀　　　D. 同心走刀

5）米形走刀可以细分为（　　　）。

A. 径向单向　　　　B. 径向往复　　　C. 径向单向轮廓　　D. 径向单向步进

（3）判断题

1）零件加工编程过程中，为了符合加工实际需要，可以对模型进行适当的变更。（　　　）

2）固定轴区域轮廓铣的刀轴保持与指定矢量平行。（　　　）

3）固定轴区域轮廓铣是一种两轴半的加工方式。（　　　）

4）固定轴区域轮廓铣刀具不能定位到零件几何体的延伸部分，但驱动几何体是可延伸的。（　　　）

5）"边界"驱动方式通过指定边界和环来定义切削区域。（　　　）

2. 工艺方案确定

（1）零件加工工艺分析

1）分析嵌件的极限尺寸：X方向极限尺寸为110.7mm，Y方向极限尺寸为76.3mm，Z方向极限尺寸为96.18mm。

2）嵌件中存在大量的水平面和竖直面，可以采用平面加工方法简化加工过程。

3）嵌件有部分曲面无法使用数控铣削加工，需要使用电火花或线切割进行加工，这部分曲面根据工艺需要进行适当处理。

4）曲面部分结构比较陡峭，可以考虑采用深度轮廓铣进行精加工。

（2）零件工艺编排方案——参考

1）使用型腔铣进行粗加工。

2）使用深度轮廓铣进行二次开粗。

3）使用型腔铣进行清角加工。

4）使用面加工对平面部分进行精加工。

5）使用深度轮廓铣和固定轴轮廓铣相结合的方法对其他成形面进行精加工。

（3）零件工艺编排方案——学生　通过熟悉塑料模嵌件的任务描述、工艺分析，参考工艺过程，结合专业知识，标识出嵌件中水平面、铅垂面和曲面，完善嵌件工艺方案，填写工艺方案卡。工艺方案卡见表4-16。

表 4-16　塑料模嵌件工艺方案

姓　　名		班　　级			学　　号	
零件名称		材　　料			夹　　具	
最小凹圆角 /mm		最大切削深度 /mm			机　　床	
序号	工序名称	刀具	刀具伸出长度 /mm	主轴转速 /(r/min)	进给率 /(mm/min)	操作名称
1						
2						
3						
4						
5						

温馨提示：如果觉得参考工艺过程有需要改善的地方，可在表格中进行体现，最终要求提交电子档的工艺方案表。

3. 任务实施步骤

（1）任务实施步骤——参考

1）打开文件4-3.prt，并对模型进行分析，参考结果如图4-108所示。方法：

① 分析嵌件的极限尺寸。

② 使用菜单【分析】→【模具部件验证】→【检查区域】，分析所有水平面和竖直面，并用颜色加以区分，结果如图4-108所示。

③ 设置工作坐标系，到嵌件底面中心上方97mm的位置，X轴和长边方向一致，如图4-109所示。

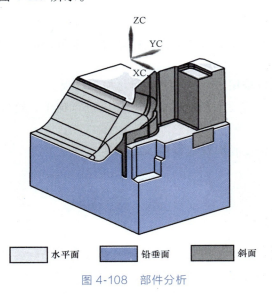

水平面　　铅垂面　　斜面

图 4-108　部件分析

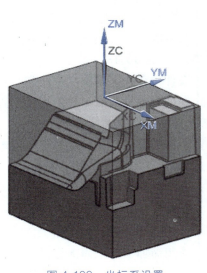

图 4-109　坐标系设置

2）进行加工前设置。方法：

① 将嵌件四个侧面向外偏置 1mm。

② 创建包容块，调整 Z 方向尺寸为 97mm。

③ 创建程序组 PROGRAM_1～PROGRAM_9。

④ 设置工件坐标系。设置工件坐标系和系统坐标系重合（位于毛坯顶面中心），安全平面距离毛坯顶面 20mm。

⑤ 定义 WORKPIECE，部件几何体为"体（2）"，毛坯几何体为前边创建的包容体。结果如上页图 4-109 所示。

⑥ 创建刀具。刀具参数见表 4-17。

表 4-17　刀具参数

序号	名称	刀具类型（子类型）	直径 /mm	下半径 /mm	刃长 /mm	长度 /mm	备注
1	D17R0.8	MILL	17	R0.8	50	75	用于粗加工
2	D10_L50	MILL	10	R0	50	75	夹持器 35mm×80mm
3	D6_L40	MILL	6	R0	40	55	夹持器 35mm×80mm
4	D6R0.5	MILL	6	R0.5	40	55	夹持器 35mm×80mm
5	D4R2_L40	MILL	4	R2	40	55	夹持器 35mm×80mm
6	D4R0.5	MILL	4	R0.5	20	30	
7	D12	MILL	12	R0	50	75	参考刀具

请扫二维码 E4-15 观看步骤 1）至 2）操作视频。

3）使用刀具 D17R0.8 创建型腔铣开粗加工程序。方法：

① 按照图 4-110 所示设置操作父项。

② 切削参数按表 4-18 所示设置。

③ 生成的刀具轨迹如图 4-111 所示，仿真结果如图 4-112 所示。

E4-15

图 4-110　型腔铣父项

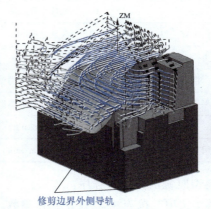

修剪边界外侧导轨

图 4-111　型腔铣刀具轨迹

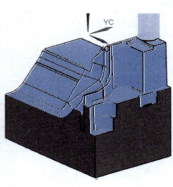

图 4-112　型腔铣仿真结果

表4-18　型腔铣切削参数表

序号	参数名称	参数值	序号	参数名称	参数值
1	加工方法	型腔铣	8	底部余量/mm	0.2
2	切削模式	跟随部件	9	区域之间/mm	前一平面2.0
3	步距	65%刀具直径	10	区域内/mm	进刀/退刀,前一平面,2.0
4	切削深度/mm	0.2	11	光顺半径/mm	0.5
5	切削层范围/mm	61.6	12	封闭区域进刀类型	螺旋(90%,5°,1,前一层,1,50%)
6	切削顺序	深度优先	13	开放区域进刀类型	圆弧(50%,90°,1,50%)
7	侧面余量/mm	0.35	14	转速/进给	2000r/min/2000mm/min

4）使用刀具 D10_L50 创建深度轮廓铣操作，进行二次开粗。方法：

① 按图 4-113 所示设置深度轮廓铣父项，按表 4-19 所示设置切削参数。

② 按图 4-114 所示选择切削区域，生成的刀具轨迹如图 4-115 所示。

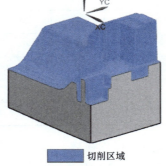

切削区域

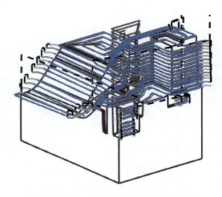

图 4-113　深度轮廓铣父项　　图 4-114　深度轮廓铣切削区域　　图 4-115　深度轮廓铣刀具轨迹

表4-19　深度轮廓铣切削参数表

序号	参数名称	参数值	序号	参数名称	参数值
1	加工方法	深度轮廓铣	9	在层之间切削	选中,刀间距:65%刀具直径
2	陡峭范围	无	10	光顺半径/mm	0.3
3	切削深度/mm	0.15	11	区域之间/mm	前一平面,2.0
4	切削层范围/mm	0~61.6	12	区域内/mm	进刀/退刀,前一平面,2.0
5	切削方向	混合	13	封闭区域进刀类型	与开放区域相同
6	切削顺序	深度优先	14	开放区域进刀类型	圆弧(50%,90°,1,50%)
7	余量/mm	0.1	15	转速/(r/min)	3500
8	层到层	使用转移方法	16	进给/(mm/min)	2000

5）使用刀具 D6_L40 创建型腔铣清角加工程序。方法：

① 按图 4-116 所示设置操作父项，按表 4-20 设置操作参数。

② 按图 4-117 选择切削区域，生成刀具轨迹如图 4-118 所示。

图 4-116　型腔铣父项

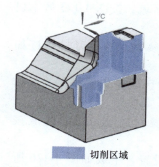

切削区域

图 4-117　型腔铣切削区域

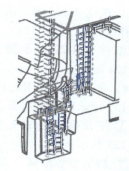

图 4-118　型腔铣刀具轨迹

表 4-20　型腔铣切削参数表

序号	参数名称	参数值	序号	参数名称	参数值
1	加工方法	型腔铣	9	光顺半径/mm	0.2
2	切削模式	跟随部件	10	参考刀具	D12
3	步距	65%刀具直径	11	区域之间/mm	前一平面,2.0
4	切削深度/mm	0.12	12	区域内/mm	进刀/退刀,前一平面,2.0
5	切削层范围/mm	0~61.3	13	封闭区域进刀类型	螺旋(90%,5°,1mm,前一层,0,50%)
6	切削顺序	深度优先	14	开放区域进刀类型	圆弧(50%,90°,1mm,50%)
7	开放刀具轨迹	变换切削方向	15	转速/(r/min)	3500
8	余量/mm	0.15	16	进给/(mm/min)	2000

6）使用刀具 D10_L50 创建带边界面铣操作，进行平面精加工。方法：

① 按图 4-119 所示设置操作父项，按图 4-120 所示选择面边界，且将刀具侧设为内侧。

② 按表 4-21 设置操作参数，生成刀具轨迹如图 4-121 所示。

图 4-119　面铣父项

边界面

图 4-120　面铣边界面

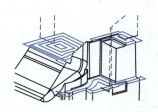

图 4-121　面铣刀具轨迹

表 4-21　面铣切削参数表

序号	参数名称	参数值	序号	参数名称	参数值
1	加工方法	带边界面铣	8	凸角	绕对象滚动
2	切削模式	跟随周边	9	封闭区域进刀类型	与开放区域相同
3	步距	50%刀具直径	10	开放区域进刀类型	线性(50%、0、0、3、50%)
4	毛坯距离/mm	0.20	11	区域之间/mm	安全距离-刀轴
5	切削深度/mm	0.0	12	区域内/mm	进刀/退刀、安全距离-刀轴
6	最终底面余量/mm	0.0	13	转速/(r/min)	3000
7	刀具轨迹方向	向内	14	进给/(mm/min)	1000

7）使用刀具 D4R2_L40 创建深度轮廓铣操作，对如图 4-122 所示区域进行精加工。方法：

① 按图 4-122 所示定义切削区域，按图 4-123 所示设置操作父项。

② 按表 4-22 所示设置切削参数，生成刀具轨迹如图 4-124 所示。

8）使用刀具 D4R2_L40 创建区域轮廓铣操作，对如图 4-125 所示区域精加工。方法：

① 按步骤 7）的父项定义操作父项，切削区域按图 4-125 所示选择。

② 切削参数按表 4-23 内容设置，生成如图 4-126 所示刀具轨迹。

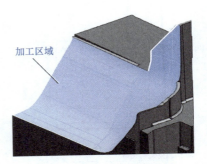

图 4-122 深度轮廓铣区域

图 4-123 深度轮廓铣父项

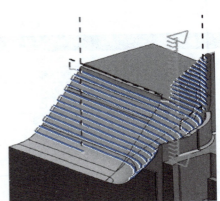

图 4-124 深度轮廓铣刀具轨迹

表 4-22 深度轮廓铣切削参数表

序号	参数名称	参数值	序号	参数名称	参数值
1	加工方法	深度轮廓铣	8	余量/mm	0.0
2	陡峭空间范围	仅陡峭的	9	层到层	直接对部件进刀
3	角度/（°）	35	10	封闭区域进刀类型	与开放区域相同
4	切削深度/mm	0.15	11	开放区域进刀类型	圆弧（50%,90°,1,55%）
5	切削方向	混合	12	区域之间/mm	前一平面,1
6	切削顺序	深度优先	13	区域内/mm	进刀/退刀,前一平面,1
7	在边上延伸/mm	0.3	14	转速/进给	4500r/min/2500mm/min

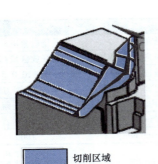

切削区域

图 4-125 区域轮廓铣切削区域

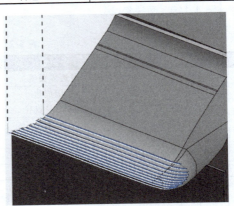

图 4-126 区域轮廓铣刀具轨迹

表 4-23 区域轮廓铣切削参数表

序号	参数名称	参数值	序号	参数名称	参数值
1	加工方法	区域轮廓铣	9	过切时	退刀
2	驱动方法	区域铣削	10	检查安全距离/mm	3
3	陡峭空间范围	非陡峭	11	开放区域进刀类型	插削 距离 1.00
4	角度/(°)	38	12	根据部件/检查-进刀位置	距离
5	切削模式	往复	13	根据部件/检查-长度/mm	1
6	切削步距/mm	0.15	14	碰撞检查	选中
7	在边上延伸/mm	0.3	15	转速/(r/min)	4500
8	余量/mm	0	16	进给/(mm/min)	2500

9）使用刀具 D6R0.5 创建深度轮廓铣，对如图 4-127 所示区域进行精加工。方法：

① 切削区域按图 4-127 所示选择，按图 4-128 所示选择操作父项。

② 切削参数按表 4-24 内容设置，生成如图 4-129 所示刀具轨迹。

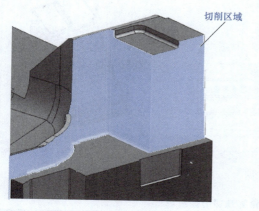

图 4-127 深度轮廓铣切削区域

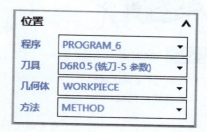

图 4-128 深度轮廓铣父项

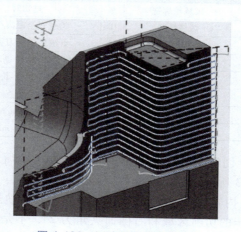

图 4-129 深度轮廓铣刀具轨迹

表 4-24　深度轮廓铣切削参数表

序号	参数名称	参数值	序号	参数名称	参数值
1	加工方法	深度轮廓铣	8	光顺半径/mm	0.5
2	切削深度范围/mm	-33～-37.5	9	层到层	直接对部件进刀
3	切削深度/mm	0.15	10	封闭区域进刀类型	与开放区域相同
4	切削方向	混合	11	开放区域进刀类型	圆弧（3,45°,1,30%）
5	切削顺序	深度优先	12	区域之间/mm	前一平面,1
6	在边上延伸/mm	0.3	13	区域内/mm	进刀/退刀,前一平面,1
7	余量/mm	0.0	14	转速/进给	4000r/min/2000mm/min

10）使用刀具 D4R2_L40 创建固定轴区域轮廓铣操作，对如图 4-130 所示区域精加工。方法：

① 切削区域按图 4-130 所示选择，按图 4-131 所示选择操作父项。

② 切削参数按表 4-25 所示设置，生成如图 4-132 所示刀具轨迹。

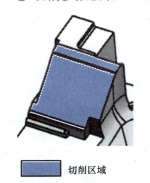

切削区域

图 4-130　固定轴区域轮
廓铣切削区域

图 4-131　固定轴区域轮
廓铣父项

图 4-132　固定轴区域轮廓铣
刀具轨迹

表 4-25　固定轴区域轮廓铣切削参数表

序号	参数名称	参数值	序号	参数名称	参数值
1	加工方法	区域轮廓铣	9	过切时	退刀
2	驱动方法	区域铣削	10	检查安全距离/mm	3
3	陡峭空间范围	无	11	开放区域进刀类型	插削 距离 1.00
4	切削模式	往复	12	根据部件/检查-进刀位置	距离
5	切削步距/mm	0.08	13	根据部件/检查-长度/mm	1
6	切削角/(°)	-90	14	碰撞检查	选中
7	在边上延伸/mm	0.2	15	转速/(r/min)	4000
8	余量/mm	0.0	16	进给/(mm/min)	2000

11）使用刀具 D6_L40 创建深度轮廓铣操作，对如图 4-133 所示区域清根加工。方法：

① 切削区域按图 4-133 所示选择，按图 4-134 选择操作父项。

② 切削参数按表 4-26 内容设置，生成如图 4-135 所示刀具轨迹。

提示：经过分析，本步的切削区域和右侧面夹角为 2°，不是铅垂面，故不能使用平面加工方法加工。

切削区域

图 4-133　深度轮廓铣切削区域

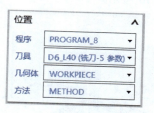

位置		∧
程序	PROGRAM_8	▼
刀具	D6_L40 (铣刀-5 参数)	▼
几何体	WORKPIECE	▼
方法	METHOD	▼

图 4-134　深度轮廓铣父项

图 4-135　深度轮廓铣刀具轨迹

表 4-26　深度轮廓铣切削参数表

序号	参数名称	参数值	序号	参数名称	参数值
1	加工方法	深度轮廓铣	9	余量/mm	0.0
2	陡峭空间范围	无	10	光顺半径/mm	0.5
3	切削深度/mm	0.05	11	层到层	直接对部件进刀
4	切削范围 1 的顶面/mm	−36.3	12	封闭区域进刀类型	与开放区域相同
5	范围深度/mm	2	13	开放区域进刀类型	圆弧（50%、90°、1、55%）
6	切削方向	混合	14	转速/进给	4000r/min/2500mm/min
7	切削顺序	深度优先	15	区域内	进刀/退刀、前一平面,1
8	在边上延伸/mm	0.3			

12）使用刀具 D6_L40 创建深度轮廓加工操作，对如图 4-136 所示区域精加工。方法：

① 复制步骤 11）创建的操作。

② 将复制出来的操作切削区域改为如图 4-136 所示曲面。

③ 生成刀具轨迹如图 4-137 所示。

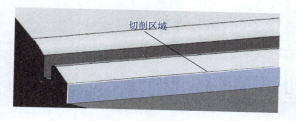

切削区域

图 4-136　深度轮廓铣切削区域

图 4-137　深度轮廓铣刀具轨迹

13）使用刀具 D4R0.5 创建深度轮廓铣操作，对如图 4-138 所示区域精加工。方法：

① 复制步骤 11）创建的操作。

② 将程序父项改为 PROGRAM_8，刀具改为 D4R0.5。

③ 将复制出来的操作切削区域改为图 4-138 所示曲面。

④ 选中"切削参数｜连接｜层间切削"，步距项设为"%刀具直径"，平面直径百分比

项设为"50"。

⑤ 生成刀具轨迹如图 4-139 所示。

14）仿真加工，结果如图 4-140 所示。

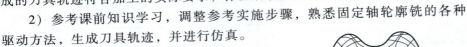

图 4-138　深度轮廓铣切削区域　　图 4-139　深度轮廓铣刀具轨迹　　图 4-140　仿真加工结果

15）保存文件。请扫二维码 E4-16 观看步骤 3）至 15）操作视频。

（2）任务实施操作步骤——学生　要求：

1）参考嵌件的工艺分析，进行模型处理，使得既能方便编程，又使生成的刀具轨迹符合加工的实际要求，保证后续加工的顺利进行。

2）参考课前知识学习，调整参考实施步骤，熟悉固定轴轮廓铣的各种驱动方法，生成刀具轨迹，并进行仿真。

3）将以上自己得到的结果整理成电子文档。

E4-16

4.3.3　课后拓展训练

1）分析各种驱动方式的特点，讨论它们的适用范围。

2）试着编写如图 4-141 所示零件的加工刀具轨迹。

请扫描二维码模型文件 4-6 下载模型文件。

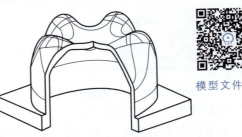

模型文件 4-6

图 4-141　练习零件图

任务 4.4　航空模型连接件加工编程

【知识点】
- 固定轮廓铣典型参数。
- 工艺搭子。

【技能目标】
- 能根据工艺需要合理使用固定轴轮廓铣的典型参数。
- 能根据零件的形状合理设计工艺搭子。

【任务描述】

如图 4-142 所示航空模型连接件，材料为尼龙，要求对零件的所有结构进行数控加工编程。

航空模型连接件是典型的结构零件，零件可以采用上下两面进行加工，零件中的薄壁结构给装夹定位加工带来一定的困难。

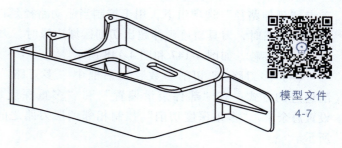

模型文件
4-7

图 4-142 航空模型连接件

请扫描二维码模型文件 4-7 下载模型文件。

4.4.1 课前知识学习

1. 固定轮廓铣典型参数

（1）在边上延伸 "在边上延伸"选项位于"切削参数"对话框"策略"选项卡"延伸路径"选项组下。该选项主要用于加工部件周围的铸件材料，将刀具轨迹沿切削曲面向侧面延伸指定的距离，如图 4-143 和图 4-144 所示。如果打开"在边上延伸"复选框，对话框中会多出"距离"输入框，用于控制刀具轨迹在边上延伸的距离，可以用刀具直径百分比和毫米两种方式给定。

图 4-143 关闭"在边上延伸"选项

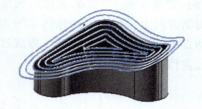

图 4-144 打开"在边上延伸"选项

（2）在凸角上延伸 "在凸角上延伸"选项位于"切削参数"对话框"策略"选项卡"延伸路径"选项组下，控制当刀具跨越零件内部的凸边边缘时，避免始终压住凸边缘。选中这个复选项，系统自动会让刀具从部件上抬起少许，而不用执行"退刀/转移/进刀"运动，此抬起动作将输出为切削运动，如图 4-145 和图 4-146 所示。

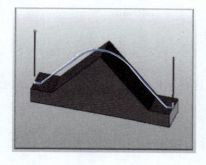

图 4-145 未选中"在凸角上延伸"选项

图 4-146 选中"在凸角上延伸"

（3）在边上滚动刀具 "在边上滚动刀具"选项位于"切削参数"对话框"策略"选

项卡"延伸路径"选项组下，用于控制当驱动路径延伸到切削区域之外时产生的刀具轨迹。选中该选项时，刀具轨迹延伸超出切削区域边缘时，刀具尝试生成滚动轨迹，同时保持与部件表面的接触，如图4-147和图4-148所示。

（4）多刀路 "切削参数"对话框中"多刀路"选项卡用于控制多层切削时逐层切削递进的方式，有"部件余量偏置"和"多重深度切削"两个选项。"部件余量偏置"设置总余量，"多重深度切削"控制相邻两层刀路之间的距离和多刀路的层数，如图4-149所示。

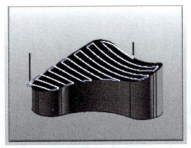
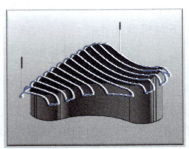
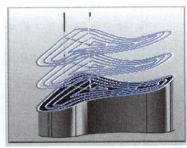

图4-147 未选中"在边上滚动刀具"　　　图4-148 选中"在边上滚动刀具"　　　图4-149 "多刀路"

（5）切削步长 "切削步长"选项位于"切削参数"对话框"更多"选项卡下，用于控制切削方向上刀具在零件几何上的相邻定位点之间的直线距离。最大步长值太大时，生成的驱动点不够，小特征被忽略，造成过切，如图4-150所示。指定的切削步长值应大于零件内外公差值。

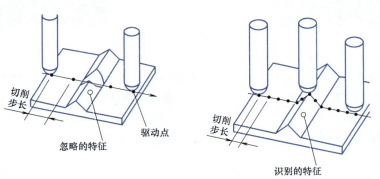

图4-150 切削步长

2. 工艺搭子

在机械加工时，经常会碰到异型零件，为了方便这些零件加工时装夹，工艺人员会使用专用夹具或在零件上添加部分工艺性结构，这些工艺人员添加的便于工件加工时装夹定位和夹紧而设计的工艺结构就称为工艺搭子。

（1）工艺搭子的形式 工艺搭子根据被加工零件的结构不同需求，有多种形式，常见的有凸台型、落料型、装配型等，如图4-151所示。

图4-151a所示汽车门把手为2016年全国职业院校技能大赛"工业产品三维建模与制造"赛项国赛加工题目。零件形状导致数控加工时无法进行装夹，根据所给的毛坯，适合

a)

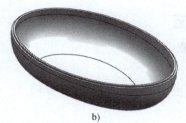
b)

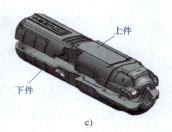
上件

下件
c)

图 4-151　工艺搭子类型

a）汽车门把手　b）肥皂盒盖　c）电动起子外壳

在零件上创建凸台型工艺搭子。

图 4-151b 所示肥皂盒盖为 2017 年陕西省职业院校技能大赛"工业产品三维建模与制造"赛项赛题。外形为椭圆，端面为平面，有内止扣。依据现场所给毛坯，采用落料式工艺搭子较为合理。

图 4-151c 所示电动起子外壳是 2019 年全国职业院校技能大赛"工业产品设计技术"试点赛国赛真题。为减少工艺搭子的影响，可以采用两件装配一起加工，这样只需要在一个零件上设计工艺搭子，减少后续的修配工作量。

（2）工艺搭子的创建原则　机械加工过程中，工艺搭子一般用于单件小批量产品的试制，特点是可以省去设计制造专用夹具，能基本保证加工的质量和结构要求，缺点是在一定程度上降低了生产的效率，多数会增加后续的钳工处理过程，容易降低产品的外观质量。为了减少工艺搭子对产品最终生产结果的影响，可以从产品的结构、工艺搭子的位置、形状等方面考虑，具体来讲有以下设计原则。

1）工艺搭子一般放在不影响使用的地方，如果后续检验等仍需使用的可以保留。图 4-152 所示为 2015 年机械产品三维建模与制造赛项赛题——连杆，连杆原型如图 4-152a所示，不便于装夹和定位，因此设计增加图 4-152b 所示工艺搭子。这里的工艺搭子既能用于装夹，也可以用于连杆体和连杆盖连接。

a)
b)

图 4-152　工艺搭子位置选择

a）原始连杆模型　b）创建工艺搭子后模型

2）工艺搭子一般应放在大面或平面上，便于后续去除。如果选在小面或转角面上，去除时容易破坏产品外观，影响质量。

3）工艺搭子必须保证工件在装夹、加工过程中不变形。

4）工艺搭子尽量设计成可以通过机械加工方式自动去除的形式。

4.4.2 课中任务实施

1. 课前预习效果检查

（1）单选题

1）"在边上延伸"选项主要用于加工部件周围的（　　）材料，将刀具轨迹沿切削曲面向侧面延伸指定的距离。

A. 毛坯　　　　　　B. 铸件　　　　　　C. 铸件　　　　　　D. 部件

2）"在边上延伸"选项位于"切削参数"对话框（　　）选项卡"延伸路径"选项组下。

A. 策略　　　　　　B. 连接　　　　　　C. 空间范围　　　　D. 安全设置

3）固定轮廓铣操作中控制当刀具跨越零件内部的凸边边缘时，避免始终压住凸边缘的选项是（　　）。

A. 在边上延伸　　　B. 在凸角上延伸　　C. 在边上滚动刀具　D. 切削步长

4）"多刀路"就是通过（　　）切削，切除零件上一定体积的材料。

A. 单层　　　　　　B. 两层　　　　　　C. 多层　　　　　　D. 多次

5）"切削步长"用于控制切削方向上刀具在零件几何上的相邻定位点之间的（　　）距离。

A. 最长　　　　　　B. 圆弧　　　　　　C. 曲线　　　　　　D. 直线

（2）多选题

1）如果打开"在边上延伸"复选框，对话框中会多出"距离"输入框，用于控制刀具轨迹在边上延伸的距离，可以用（　　）两种方式给定。

A. 刀具直径百分比　B. 余量　　　　　　C. 毫米　　　　　　D. 恒定

2）固定轮廓铣操作"切削参数"对话框"策略"选项卡"延伸路径"选项组包含以下（　　）选项。

A. 切削方向　　　　B. 在边上延伸　　　C. 在边上滚动刀具　D. 在凸角上延伸

3）工艺搭子可以根据被加工零件的结构确定，有多种形式，常见的有（　　）。

A. 伸出凸台型　　　B. 填料型　　　　　C. 落料型　　　　　D. 装配型

4）影响工艺搭子位置和形状的因素有（　　）。

A. 零件的形状　　　B. 毛坯的形状和尺寸　C. 机床　　　　　　D. 夹具

5）关于切削步长，下列叙述正确的是（　　）。

A. 固定轮廓铣操作中，"切削步长"选项位于"切削参数"对话框"更多"选项卡下。

B. 最大步长值太大时，生成的驱动点不够，小特征被忽略，造成过切。

C. 零件表面曲率变化越大，最大步长越小。

D. 切削步长与加工精度没有关系。

（3）判断题

1）"在边上延伸"选项位于"切削参数"对话框"策略"选项卡"延伸路径"选项组下。（　　）

2）工艺搭子只能设计成矩形截面形状。（　　）

3）工艺搭子常用于单件小批量生产中的不易装夹定位的零件。（　　）

4）工艺搭子在加工完成后必须去除。（　　　）

5）工艺搭子只能通过手工方式去除。（　　　）

2. 工艺方案确定

（1）零件加工工艺分析

1）零件外形不规则，装夹困难，由于是单件生产，故不适合设计专用夹具，故在零件上设计工艺搭子。

2）零件的最小凹圆角为 2mm。

3）零件大部分的壁厚比较薄，仅 1mm。

4）根据零件的形状，零件需要两面加工。

（2）零件工艺编排——参考

1）正面加工工艺。

① 使用面铣加工顶面。

② 使用型腔铣进行粗加工。

③ 使用固定轮廓铣对曲面进行精加工。

④ 使用底壁铣进行内腔精加工。

⑤ 使用深度轮廓铣进行内腔槽精加工。

⑥ 使用轮廓铣进行外轮廓精加工。

2）反面加工。

① 使用面铣加工底面。

② 使用型腔铣进行反面粗加工。

③ 使用固定轮廓铣对曲面进行精加工。

④ 使用底壁铣进行内腔精加工。

⑤ 使用轮廓铣进行外轮廓粗加工。

⑥ 使用轮廓铣进行外轮廓精加工。

⑦ 使用轮廓铣进行工艺搭子加工。

（3）零件工艺编排方案——学生　通过熟悉航空连接件的工艺分析，可以发现零件的加工难点有薄壁、小凹圆角、难装夹等。试分析教材提供的工艺方案，了解并解决这些难点的途径，如果觉得原始方案需要改进，请优化工艺方案，并填写航空连接件的工艺方案卡（表4-27）。

表 4-27　航空连接件工艺方案

姓　　名			班　　级			学　号	
零件名称			材　　料			夹　具	
最小凹圆角 /mm			最大切削深度 /mm			机　床	
序号	工序名称	刀具	刀具伸出长度 /mm	主轴转速 /（r/min）	进给率 /（mm/min）		操作名称
1							
2							
3							
4							
5							

温馨提示：如果觉得参考工艺过程有需要改善的地方，可在表格中进行体现，最终要求提交电子档的工艺方案表。

3. 任务实施操作步骤

（1）任务实施操作步骤——参考

1）打开文件 4-4. prt。

2）创建工艺搭子。方法：

① 将模型"体（1）"复制到 10 层，"体（2）"移动到 9 层。

② 将 10 层改为工作图层，隐藏 1 层，显示 9 层。

③ 参考图 4-153 所示建立凸台型工艺搭子。

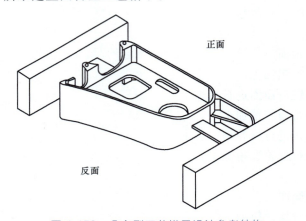

正面

反面

图 4-153　凸台型工艺搭子设计参考结构

3）进行加工前设置。方法：

① 进入加工环境，加工模板设定为"mill_contour"。

② 调整 WORKPIECE 和 MCS_MILL 的父子关系，将 WORKPIECE 变成 MCS_MILL 的父特征。

③ 定义 WORKPIECE。选择创建了工艺搭子的模型为部件几何，"体（2）"为毛坯几何。

④ 在 WORKPIECE 节点下定义正面加工坐标系 ZM_MCS，如图 4-154 所示。

⑤ 在 WORKPIECE 节点下定义反面加工坐标系 FM_MCS，如图 4-155 所示。

⑥ 在程序组 PROGRAM 节点下创建程序组 ZM_NC 和 FM_NC。

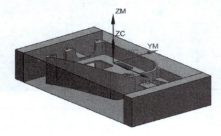

图 4-154　正面加工坐标系

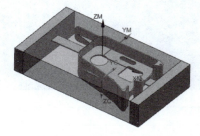

图 4-155　反面加工坐标系

⑦ 创建刀具。刀具参数见表 4-28。

表 4-28　刀具参数

序号	名称	刀具类型|子类型	直径/mm	下半径/mm	刃长/mm	长度/mm
1	D12	MILL	12	R0	50	50
2	D10	MILL	10	R0	50	50
3	D6	MILL	6	R0	50	50
4	D6R3	MILL	6	R3	30	50
5	D4	MILL	4	R0	20	50

请扫二维码 E4-17 观看步骤 1）至 3）操作视频。

4）使用刀具 D12 创建面铣操作，加工顶面。方法：

① 按图 4-156 所示设置操作父项，按图 4-157 所示选择面边界，且将刀具侧设为内侧。

② 按表 4-29 设置操作参数，生成刀具轨迹如图 4-158 所示。

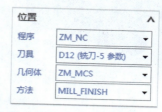

图 4-156　面铣父项

E4-17

表 4-29　面铣切削参数

序号	参数名称	参数值	序号	参数名称	参数值
1	加工方法	面铣	6	刀具延伸量	50%
2	切削模式	往复	7	与 XC 的夹角/（°）	0
3	步距	60%	8	封闭区域进刀类型	与开放区域相同
4	毛坯距离/mm	1	9	开放区域进刀类型	线性（50%、0、3、50%）
5	切削深度/mm	0.0	10	转速/进给	5000r/min/2000mm/min

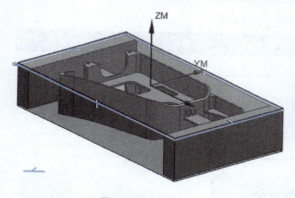

图 4-157　面边界

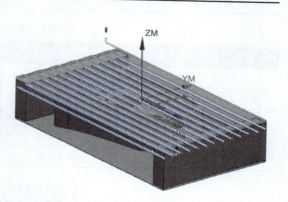

图 4-158　面铣刀具轨迹

5）使用刀具 D6 创建型腔铣 ZM_CAVITY_IN，进行正面粗加工。型腔铣父项如图 4-159 所示，切削参数见表 4-30，切削范围定义如图 4-160 所示，生成的刀具轨迹如图 4-161 所示。

6）使用刀具 D6 创建平面轮廓铣 PLANAR_PROFILE，进行后侧 U 形槽壁精加工。平面轮廓铣父项如图 4-162 所示，切

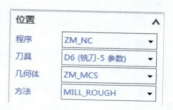

图 4-159　型腔铣父项

削参数见表4-31，部件边界如图4-163所示，生成刀具轨迹如图4-164所示。

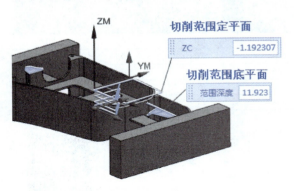

切削范围定平面
ZC   -1.192307

切削范围底平面
范围深度   11.923

图 4-160 型腔铣切削范围

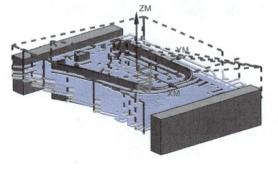

图 4-161 型腔铣刀具轨迹

表 4-30 型腔铣切削参数

序号	参数名称	参数值	序号	参数名称	参数值
1	加工方法	型腔铣	9	底面余量/mm	0.50
2	切削模式	跟随部件	10	光顺半径/mm	无
3	步距	60%刀具直径	11	封闭区域进刀类型	螺旋(70%,5,1,前一层,0,50%)
4	开放刀具轨迹	变换切削方向	12	区域内转移方式	进刀/退刀
5	切深/mm	2	13	区域内转移类型	前一平面,1
6	切削层范围/mm	-1.19~-11.93	14	转速/(r/min)	6000
7	切削顺序	深度优先	15	进给/(mm/min)	2000
8	侧壁余量/mm	1	16	第一刀切削进给	50%

表 4-31 平面轮廓铣切削参数

序号	参数名称	参数值	序号	参数名称	参数值
1	加工方法	平面轮廓铣	6	余量/mm	0
2	部件余量/mm	0	7	开放区域进刀类型	线性(50%、90°、1、3)
3	每刀切深/mm	2	8	区域间转移方式	安全距离—刀轴
4	切削方向	混合	9	转速/(r/min)	6000
5	切削顺序	深度优先	10	进给/(mm/min)	2000

位置
程序   ZM_NC
刀具   D6 (铣刀-5 参数)
几何体   ZM_MCS
方法   MILL_FINISH

图 4-162 平面轮廓铣父项

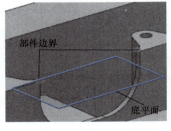

部件边界

底平面

图 4-163 轮廓和底平面

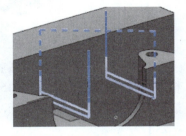

图 4-164 平面轮廓铣刀具轨迹

7）使用刀具 D6 创建平面轮廓铣 PLANAR_PROFILE_1，进行正面前侧 U 形槽壁精加工。操作父项和切削参数同步骤6），部件边界和底平面如图4-165所示，生成刀具轨迹如图4-166所示。

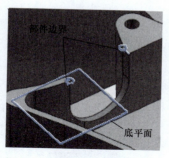

图 4-165 部件边界和底平面

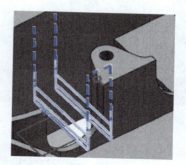

图 4-166 平面轮廓铣刀具轨迹

8）使用刀具D6R3创建固定轮廓铣操作，进行正面后侧U型槽曲面精加工。操作父项如图4-167所示，切削参数见表4-32，切削区域和生成的刀具轨迹如图4-168所示。

9）使用刀具D6R3创建固定轮廓铣操作，进行正面前侧U型槽曲面精加工，操作父项及切削参数与步骤8）相同，切削区域和生成的刀具轨迹如图4-169所示。

图 4-167 固定轮廓铣父项

图 4-168 后U槽切削区域和刀具轨迹

图 4-169 前U槽切削区域和刀具轨迹

表 4-32 固定轮廓铣切削参数

序号	参数名称	参数值	序号	参数名称	参数值
1	加工方法	固定轮廓铣	7	余量/mm	0
2	驱动方法	区域铣削	8	开放区域进刀	线性
3	陡峭空间方法	无	9	进刀位置	距离
4	切削模式	往复	10	进刀长度/mm	0
5	步距/mm	残余高度（0.01）	11	在边上延伸/mm	1.1
6	步距已应用	在平面上	12	转速/进给	4000r/min/1000mm/min

10）使用刀具D6R3创建固定轮廓铣操作，进行正面右侧曲面及右侧凸耳曲面精加工。除切削区域及切削角度需要调整外，其余参数均与步骤9）相同。切削区域和生成的刀具轨迹如图4-170和图4-171所示。

11）使用刀具D4创建底壁铣FLOOR_WALL，进行内腔壁和底的精加工。底壁铣的父项如图4-172所示，切削参数见表4-33，切削区域如图4-173所示，生成的刀具轨迹如图4-174所示。

图 4-170　右侧曲面切削区域和刀具轨迹

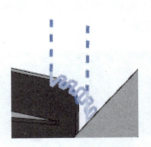

图 4-171　右侧凸耳曲面切削区域与刀具轨迹

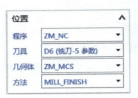

位置	^
程序	ZM_NC
刀具	D6 (铣刀-5 参数)
几何体	ZM_MCS
方法	MILL_FINISH

图 4-172　底壁铣父项

切削区域 ▨

图 4-173　底壁铣切削区域

图 4-174　底壁铣刀具轨迹

表 4-33　底壁铣切削参数（一）

序号	参数名称	参数值	序号	参数名称	参数值
1	加工方法	底壁铣	8	刀具轨迹方向	向外
2	自动壁	选中	9	岛清根	选中
3	切削空间范围	底面	10	跨空区域-运动类型	跟随
4	步距	50%	11	余量/mm	0
5	切削模式	跟随周边	12	封闭区域进刀类型	与开放区域相同
6	底面毛坯厚度/mm	0.5	13	开放区域进刀类型	圆弧（10%、90°、0.5、3）
7	每刀切削深度/mm	2	14	转速/进给	6000r/min/2000mm/min

12）使用刀具 D4 创建底壁铣 FLOOR_WALL_1 操作，进行内腔槽加工。操作的父项如图 4-175 所示，切削参数见表 4-34，指定壁几何体为内腔 4 个槽侧壁面，生成的刀具轨迹如图 4-176 所示。

表 4-34　底壁铣切削参数（二）

序号	参数名称	参数值	序号	参数名称	参数值
1	加工方法	底壁铣	8	每刀切削深度/mm	1
2	自动壁	不选中	9	刀具轨迹方向	向外
3	切削空间范围	底面	10	岛清根	选中
4	刀轴	+ZM 轴	11	跨空区域-运动类型	切削
5	步距	50%	12	余量/mm	0
6	切削模式	跟随周边	13	封闭区域进刀类型	沿形状斜进刀（5°、1、0、70%）
7	底面毛坯厚度/mm	2	14	转速/进给	6000r/min/2000mm/min

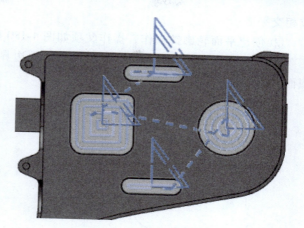

图 4-176 底壁铣刀具轨迹

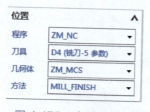

位置

程序	ZM_NC
刀具	D4 (铣刀-5 参数)
几何体	ZM_MCS
方法	MILL_FINISH

图 4-175 底壁铣父项

13）使用刀具 D4 创建面铣 FACE_MILLING_1，进行右侧凸耳顶面精加工。操作的父项与步骤 12）相同，切削参数见表 4-35，部件边界如图 4-177 所示，生成的刀具轨迹如图 4-178 所示。

表 4-35 面铣切削参数

序号	参数名称	参数值	序号	参数名称	参数值
1	加工方法	面铣	6	余量/mm	0
2	切削模式	跟随周边	7	刀具轨迹方向	向外
3	步距	50%	8	开放区域进刀类型	线性（50%、0、0、3、50%）
4	毛坯距离/mm	4	9	转速/(r/min)	6000
5	每刀切削深度/mm	2	10	进给/(mm/min)	2000

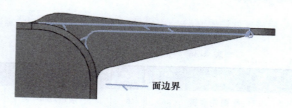

面边界

图 4-177 面铣切削边界

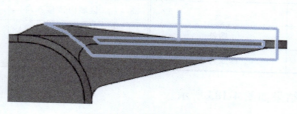

图 4-178 面铣刀具轨迹

14）使用刀具 D4 创建平面轮廓铣 PLANAR_PROFILE_2，进行正面外侧精加工。方法：
① 使用相交曲线创建如图 4-179 所示曲线。（注：将部件顶平面向下偏移一定的距离形

成相交平面。)

② 创建平面轮廓铣操作，操作父项如图 4-180 所示。

③ 选择如图 4-181 所示曲线，定义为部件边界，刀具侧为外侧，边界所在平面为部件顶面。

④ 指定如图 4-182 所示平面作为底平面。

⑤ 设置切削参数如表 4-36 所示。

⑥ 生成刀具轨迹如图 4-182 所示。

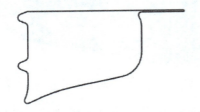

图 4-179　相交曲线

图 4-180　平面轮廓铣操作父项

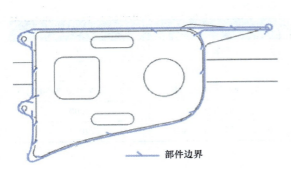

图 4-181　平面轮廓铣部件边界

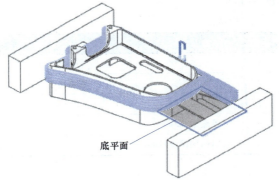

图 4-182　平面轮廓铣底平面与刀具轨迹

表 4-36　平面轮廓铣切削参数

序号	参数名称	参数值	序号	参数名称	参数值
1	加工方法	平面轮廓铣	6	余量/mm	0
2	部件余量/mm	0	7	开放区域进刀类型	圆弧（50%、90°、1、3）
3	每刀切深/mm	2	8	区域内转移方式	进刀/退刀
4	切削方向	顺铣	9	转移类型	前一平面
5	切削顺序	深度优先	10	转速/进给	6000r/min/2000mm/min

15）仿真加工，结果如图 4-183 所示。

16）保存文件。

请扫二维码 E4-18 观看步骤 4）至 14）操作视频。

（2）任务实施操作步骤——学生　要求：

1）认真分析正面加工仿真结果，会发现凸耳加强筋处有一点材料没有

E4-18

加工完成，请完善结果使得正面所有面得到加工。

2）参考正面加工工艺，创建反面加工的工艺及其操作。

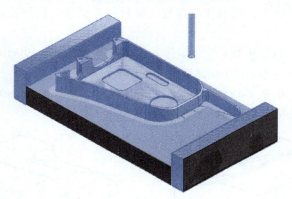

图 4-183　仿真加工结果

4.4.3 课后拓展训练

1）在本任务中使用平面轮廓加工的方法进行零件侧面的加工，试着运用深度轮廓铣的方法完成相同的加工，比较它们的优缺点。

2）参考正面的加工过程创建反面加工刀具轨迹。

温馨提示：反面加工时，因为工艺搭子的强度有限，请在工艺上解决加工容易振动的问题。

任务 4.5　曲面加工编程综合训练

【技能目标】

● 能合理选用并定义切削刀具。

● 能在加工过程中合理选择平面铣、型腔铣、深度轮廓铣、固定轴区域轮廓铣、拐角粗加工等切削方法完成简单零件的加工。

● 能独立使用典型 DNC 传输软件进行数控在线加工。

【任务描述】

曲面综合实操训练是完成拉深凸模、防护盖、塑料模嵌件、航空连接件等加工编程任务后让学员独立完成的实操题目。通过完成该任务，使学生初步具有将 UG NX 曲面加工方法和数控加工工艺、加工实际过程融为一体的能力。

请扫描二维码模型文件 4-8 下载模型文件。

● 编写加工零件的数控加工工艺，填写零件加工工艺卡。

● 选择合适的加工方法及参数生成刀具轨迹，从 UG NX 中输出车间文档。

● 使用 UG CAM 的仿真功能检查刀具轨迹的正确性，并截图。

模型文件 4-8

● 选择合适的后置处理程序，生成 G 代码。

● 使用数控机床的在线加工功能，验证刀具轨迹的合理性，提交加工零件的实物。

4.5.1 课前任务实施准备

熟悉综合训练题目要求，明确任务内容，分析任务模型，找到实训任务的难点，思考解决问题的基本方案。

综合训练题目一：如图4-184所示零件，毛坯尺寸100mm×100mm×30mm，对刀点在毛坯顶面中心，刀具要求使用 ϕ12mm 键槽铣刀、ϕ8mm 球刀。

综合训练题目二：如图4-185所示零件，毛坯尺寸100mm×100mm×30mm，对刀点在毛坯顶面中心，刀具要求使用 ϕ12mm 键槽铣刀、ϕ8mm 球刀。

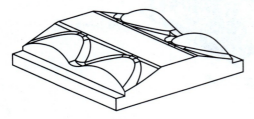

图4-184 综合训练题目一

图4-185 综合训练题目二

综合训练题目三：如图4-186所示零件，毛坯尺寸100mm×100mm×30mm，对刀点在毛坯顶面中心，刀具要求使用 ϕ12mm 键槽铣刀、ϕ8mm 球刀。

综合训练题目四：如图4-187所示零件，毛坯尺寸100mm×100mm×30mm，对刀点在毛坯顶面中心，刀具要求使用 ϕ12mm 键槽铣刀、ϕ8mm 球刀。

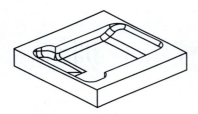

图4-186 综合训练题目三

图4-187 综合训练题目四

综合训练题目五：如图4-188所示零件，毛坯尺寸100mm×100mm×30mm，对刀点在毛坯顶面中心，刀具要求使用 ϕ12mm 键槽铣刀、ϕ8mm 和 ϕ6mm 球刀。

综合训练题目六：如图4-189所示零件，毛坯尺寸100mm×100mm×30mm，对刀点在毛坯顶面中心，刀具要求使用 ϕ12mm 键槽铣刀、ϕ8mm 球刀。

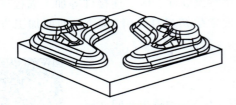

图4-188 综合训练题目五

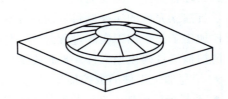

图4-189 综合训练题目六

综合训练题目七：如图4-190所示零件，毛坯尺寸100mm×100mm×30mm，对刀点在毛坯顶面中心，刀具要求使用 ϕ12mm 键槽铣刀、ϕ8mm 球刀。

综合训练题目八：如图 4-191 所示零件，毛坯尺寸 100mm×100mm×30mm，对刀点在毛坯顶面中心，刀具要求使用 φ12mm 键槽铣刀、φ8mm 球刀。

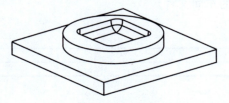

图 4-190　综合训练题目七

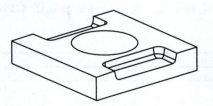

图 4-191　综合训练题目八

综合训练题目九：如图 4-192 所示零件，毛坯尺寸 100mm×100mm×30mm，对刀点在毛坯顶面中心，刀具要求使用 φ12mm 键槽铣刀、φ8mm 球刀。

综合训练题目十：如图 4-193 所示零件，毛坯尺寸 100mm×100mm×30mm，对刀点在毛坯顶面中心，刀具要求使用 φ12mm 键槽铣刀、φ8mm 球刀。

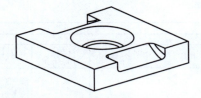

图 4-192　综合训练题目九

图 4-193　综合训练题目十

4.5.2　课中任务实施

1. 提出任务要求

任务的完成过程以小组为单位进行。要求讨论完成零件的工艺分析、制定加工方案，设置切削参数、生成刀具轨迹、进行 UG 加工仿真、生成 G 代码，最后在数控机床上完成零件的加工。提交任务零件的电子版工艺方案，包含加工刀具轨迹的任务模型，并将模型和实际加工完成的零件进行对比分析，找到结果和实际零件间的不足，并进行调整，进行总结和汇报。

2. 制定加工工艺方案

以小组为单位分析零件，制定加工方案，按照表 4-37 所示形式制作并填写实训任务的电子表格。

表 4-37　实训零件工艺表

姓　名		班　级		学　号	
零件名称		材　料		夹　具	
最小凹圆角/mm		最大切削深度/mm		机　床	

序号	工序名称	刀具	刀具伸出长度/mm	主轴转速/(r/min)	进给率/(mm/min)	操作名称
1						
2						
3						
4						
5						

3. 生成刀具轨迹并进行仿真

以小组为单位，根据制定的加工方案，选择合适的操作方式及参数生成刀具轨迹，并讨论优化和仿真。使用软件输出如图 4-194 所示格式的车间文件。

加工工艺卡

零件名称：		图号：	
单位：		零件编号：	
图样： 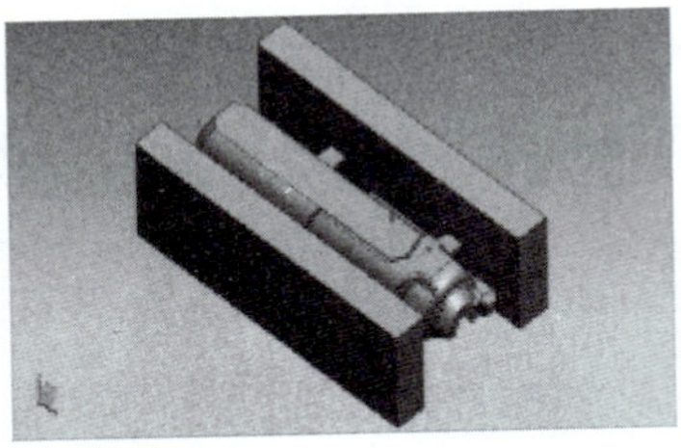		描述：	

序号	工序名称	加工类型	加工程序	机床	刀具	走刀时间/min	刀具轨迹图示
1							
2							
3							
4							

制表：　　　　　　　审核：　　　　　　　日期：

图 4-194　车间文件

4. 生成 G 代码

在老师检查认为基本可行的情况下，生成刀具轨迹的 G 代码。

5. 传输加工

将 G 代码传入数控机床进行加工验证。

6. 检查、总结和汇报。

1）由小组选派代表对自己加工的成品进行分析，找到满意点和不满意点，并对不满意的部分查找原因，制定修改方案。

2）小组间互相查找问题，并讨论修改方案。

3）老师对结果进行总结，点评结果。

4）按照表 4-38 所示书写任务报告，提交电子文档结果。

表 4-38　曲面加工综合训练任务报告

班级		姓名		学号		成绩	
组别		任务名称				参考课时	**6 课时**

任务要求：

模型与结果（附上任务模型加工结果图片）

任务完成总结：①总结的过程按照任务的要求进行，如果位置不够可加附页。②总结加工过程中发现的编程问题，探讨解决方法。

4.5.3　课后问题探讨

1）总结：在零件数控加工前对零件进行分析一般包括哪些内容？采用哪些方法？

2）总结：自动编程前的设置包括哪些内容？有哪些方法？

3）总结：平面铣、型腔铣、深度轮廓铣、拐角粗加工等加工方法各自有什么特点和使用场合？

参 考 文 献

[1]　徐家忠，金莹. UG NX 10.0 三维建模及自动编程项目教程［M］. 北京：机械工业出版社，2016.

[2]　徐家忠，刘明俊. 机械产品三维模型设计：中级［M］. 北京：机械工业出版社，2021.

[3]　陈学翔. UG NX 6.0 数控加工经典案例解析［M］. 北京：清华大学出版社，2009.

[4]　林清安. Pro/Engineer2000i 零件设计：基础篇 上册［M］. 北京：清华大学出版社，2000.

[5]　徐家忠，吴勤宝. CAD/CAM 应用软件：Pro/Engineer 实例精选［M］. 北京：北京邮电大学出版社，2010.